工业和信息化
精品系列教材·电子信息类

SystemVerilog
数字集成电路功能验证

王旭◎主编

陈艳 田晓华 汤顺◎副主编

Functional Verification
with SystemVerilog

人民邮电出版社

北 京

图书在版编目（ＣＩＰ）数据

SystemVerilog数字集成电路功能验证 / 王旭主编
. -- 北京 ：人民邮电出版社，2023.9
工业和信息化精品系列教材. 电子信息类
ISBN 978-7-115-61405-6

Ⅰ. ①S… Ⅱ. ①王… Ⅲ. ①数字电路－电路设计－
教材 Ⅳ. ①TN79

中国国家版本馆CIP数据核字(2023)第060282号

内 容 提 要

SystemVerilog 是当前国内外被广泛使用的数字集成电路验证语言，它可以高效地对被测设计进行受约束的随机测试，从而在尽可能短的时间内达到令人满意的代码和功能覆盖率。熟练掌握 SystemVerilog 语言是进一步学习 UVM 验证方法学的基础。

本书比较全面地讲解了 SystemVerilog 语言和面向对象编程。讲述的语言内容主要包括数据类型、接口、面向对象编程、随机化、约束、进程同步、功能覆盖和 DPI 技术等。在介绍面向对象编程时，详细说明了类、对象、句柄和构造方法之间的相互关系，并重点讲解了继承、派生、多态、复制方法、静态属性、静态方法和单例类等关键技术。为了更好地衔接后续 UVM 的学习，本书还使用 SystemVerilog 实现了 UVM 中的配置数据库、测试登记表、代理类和工厂机制（包括重写功能）。通过阅读本书中的简化 UVM 代码，读者可以更快速清晰地理解 UVM 常用机制的底层实现原理，为接下来系统学习 UVM 验证方法学打下坚实的基础。

为了方便读者学习和练习，本书的配套资源中提供了书中全部完整实例。第 9 章是本书的精华内容，这一章仿照 UVM 的工作过程，从零开始逐步搭建出一个支持工厂机制、带有覆盖收集和回调功能的受约束测试平台。读者通过反复阅读、改写和调试这个测试平台，可以更全面地理解面向对象编程的关键技术和 UVM 的常用机制。

本书适合作为高等院校集成电路、微电子、计算机相关专业的教材，同时适用于具有一定 Verilog 编程基础的人员参考使用，也可以作为数字集成电路验证工程师的语法参考手册。

◆ 主　编　王　旭
　　副主编　陈　艳　田晓华　汤　顺
　　责任编辑　赵　亮
　　责任印制　王　郁

◆ 人民邮电出版社出版发行　　　北京市丰台区成寿寺路 11 号
　　邮编　100164　　电子邮件　315@ptpress.com.cn
　　网址　https://www.ptpress.com.cn
　　天津嘉恒印务有限公司印刷

◆ 开本：787×1092　1/16
　　印张：20.75　　　　　　　　　　2023 年 9 月第 1 版
　　字数：497 千字　　　　　　　　2023 年 9 月天津第 1 次印刷

定价：79.80元

读者服务热线：(010)81055256　印装质量热线：(010)81055316
反盗版热线：(010)81055315
广告经营许可证：京东市监广登字 20170147 号

前　言

党的二十大报告强调"推动战略性新兴产业融合集群发展，构建新一代信息技术、人工智能、生物技术、新能源、新材料、高端装备、绿色环保等一批新的增长引擎。"集成电路是新一代信息技术重点发展的核心产业链之一，是支撑现代经济社会发展的战略性、基础性和先导性产业，是引领新一轮科技革命和产业变革的关键力量。

功能验证已经成为当下集成电路设计流程中最耗时间的环节之一，相关验证技术也是集成电路行业发展的瓶颈之一。即使电子设计自动化（Electronic Design Automation，EDA）工具在不断进步，验证方法学在不断演进，功能验证仍然跟不上当代芯片创新发展的脚步。保证芯片设计的正确性是功能验证的最终目标。

集成电路是一个技术门槛高、投入资金大、回报周期长的行业。芯片从设计到制造的任何一个环节出现问题都有可能导致流片失败。随着芯片的设计规模越来越大，复杂度越来越高。设计中的缺陷和错误也变得难以发现。任何微小的设计缺陷和错误都可能导致芯片无法正常工作，如果重新进行修改，不但需要投入更多的研发费用，更会严重拖后芯片的上市时间。这些风险对商业公司来说都是无法承担的。因此在流片之前，通过有效的验证手段发现所有的设计漏洞显得特别重要。

本书共 10 章，系统论述了基于 SystemVerilog 的功能验证，主要关注以下几个方面的内容。

1. 功能验证在整个芯片设计流程中的作用及主要的验证技术和方法学。
2. SystemVerilog 的语法结构及其在功能验证中的应用。
3. 通用验证方法学（Universal Verification Methodology，UVM）中一些关键机制的剖析，使用 SystemVerilog 实现简化版配置数据库和工厂机制等。
4. 使用 SystemVerilog 搭建层次化测试平台。
5. 功能覆盖收集。

本书每章的主要内容如下。

第 1 章验证导论。本章从芯片设计流程的角度介绍功能验证的地位和作用、验证的基本流程、验证的主要技术和方法学，介绍了在层次化测试平台下由覆盖率驱动的受约束随机测试（Constrained Random Test，CRT）的优点。

第 2 章测试平台和数据类型。本章分析了将测试代码放在 automatic 类型模块中的原因，涵盖 SystemVerilog 引入的各种新数据类型、时间值和流操作符。

第 3 章结构化过程。本章介绍了 SystemVerilog 引入的新过程语句以及在任务和函数上的一些改进。

第 4 章接口和断言。本章介绍了接口技术，并详细说明了接口内部的各种成员，例如 modport 和时钟块，在实例中使用接口建立测试模块和被测设计（Design Under Test，DUT）的数据连接。

本章还介绍了 SystemVerilog 断言的基本语法，并在实例中演示如何使用立即断言和并发断言。

第 5 章面向对象编程。本章介绍了基本的面向对象编程知识，对一些关键技术做了详细的说明，主要包括继承和派生、对象复制、抽象类和多态等；分析了 UVM 中的一些关键技术的简化源代码，主要包括静态类、测试登记表、代理类、工厂机制和全局数据库等；最后介绍虚接口。

第 6 章随机化。本章介绍了激励约束的定义和用法，说明了如何使用随机化方法产生受约束的随机激励。

第 7 章进程间通信。本章介绍了测试平台中多进程的创建，进程间的数据交换和同步。

第 8 章功能覆盖。本章说明了覆盖组的定义和触发、解释了如何使用仓记录采样数据，分析了如何使用功能覆盖率来衡量验证计划的进展。

第 9 章编写层次化测试平台。介绍了如何搭建一个基于 SystemVerilog 的层次化测试平台。

第 10 章直接编程接口。本章介绍了导入函数/任务和导出函数/任务，说明它们的定义、声明和调用方法，并介绍了 SystemVerilog 与 C++、Python 等编程语言的混合编程。

本书的出版离不开同事和亲朋好友的大力支持。感谢深圳信息职业技术学院和深圳市微纳集成电路与系统应用研究院提供的校企合作机会。陈艳、田晓华和汤顺老师对本书提出了很多建设性的意见，对他们的辛勤工作致以最真挚的感谢。感谢我的家人，是他们在背后一直默默地支持我、鼓励我。

由于本人水平有限，书中纰漏之处在所难免，恳请各位读者给予谅解并指正，我将虚心听取并及时更正，并欢迎进行技术切磋和探讨。为方便读者的实践与练习，本书提供全部实例的源代码，读者可登录人邮教育社区（www.ryjiaoyu.com）下载。

王　旭

2023 年 5 月

目　录

第 1 章

验证导论

本章从芯片设计流程入手，讨论功能验证在芯片设计流程中的重要作用及其涵盖的内容，介绍业界目前流行的验证技术和验证方法学，以及这些技术的优点和应用场景。

1.1　芯片设计流程

典型的芯片设计流程如图1.1所示，流程大概可以分解成如下步骤。

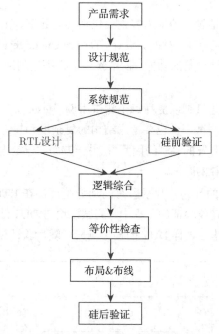

图 1.1　典型的芯片设计流程

1. 产品需求：主要是收集产品的应用需求，评估产品的市场价值，并评估项目所需的资源数量。
2. 设计规范：确定芯片的功能、接口和架构的规范。

3. 系统规范：提出芯片运行的系统级视图，芯片需要的所有组件，运行的时钟频率、功耗、性能和面积等要求。

4. RTL 设计：首先购买需要的知识产权（Intellectual Property，IP）核，这样可以节省大量的时间和精力。然后使用硬件描述语言（Hardware Description Language，HDL）在功能、性能和其他高级问题方面分析设计，完成寄存器传输级（Register Transfer Level，RTL）设计。

5. 硅前验证：RTL 设计准备就绪后，需要验证 RTL 代码的功能正确性，这是前端设计中最重要的工作，功能验证占整个开发时间的 70% 以上。这部分是本书重点要讲述的内容。

6. 逻辑综合：按照时序、面积、功耗等约束将设计转换成门级网表。

7. 等价性检查：使用形式验证工具检查门级网表和 RTL 设计的逻辑等效性。

8. 布局 & 布线：将门级网表输入到物理设计流程中，在电子设计自动化（Electronics Design Automation，EDA）工具的帮助下完成自动布局布线，这一步骤通常由精通技术结点和物理实现的物理设计团队处理。布局布线后仍然需要进行等价性检查。

9. 硅后验证：硅后在测试仪器上对芯片进行验证。若此阶段发现任何实际问题或设计错误，则必须在 RTL 设计中修复、重新验证。

1.2 功能验证与测试平台

芯片验证是一个广泛的话题，验证内容主要包括功能验证、形式验证、物理验证和时序验证等。本书讨论的重点是功能验证，对被测设计（Design Under Test，DUT）的行为进行验证，以保证能够正确完整地实现设计规范的功能。使用验证语言搭建测试平台（testbench）是业界十分重要的验证手段。

测试平台需要支持自动化机制以提高每个测试用例（testcase）的功能覆盖率和减少创建测试用例的时间。但是，搭建测试平台也要考虑结构的复杂度和投入的研发时间。一方面，测试平台的搭建不应该成为芯片开发的"制约因素"；另一方面，一定程度提高测试平台复杂度可以减少创建多个测试用例所消耗的时间。

功能验证主要关注设计的行为，几乎所有的功能验证都在 RTL 层级进行。图1.2展示了一种传统的测试平台结构。在功能验证的过程中，测试模块与 DUT 连接，它将生成的激励发送到DUT 中，并在 DUT 计算完毕后采样 DUT 的输出响应，随后验证计算结果是否正确。

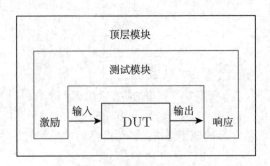

图 1.2 传统测试平台的结构

生成激励的方法有很多种，可以是确定的，也可以是随机生成的。激励是确定值的测试被称为定向测试（direct test）。激励是随机生成的测试被称为随机测试（random test）。在传统的测试平台中，激励的过程就是把二进制序列按照一定时间顺序送入 DUT 中。在分层的测试平台中，通过对激励和验证架构进行分层设计和高层抽象建模，实现对 DUT 的事务级验证。同时层次化测试平台还可以根据用户指定的约束自动生成激励，对 DUT 进行受约束随机测试验证。

1.3　验证流程

硬件设计的目的在于创建一个能够完成设计规范的设备，因此验证的目的不仅是寻找设计的错误和缺陷。更重要的是确保设计能够正确完成预定的任务，即该设计是对规范的一种准确表达。

验证流程并行于设计流程。设计者阅读每个设计的硬件规范，解释自然语言描述的规范，然后按照机器可读的形式（通常是 RTL 代码）创建对应的逻辑。为了完成这个过程，设计者需要知道输入格式、传输函数以及输出格式。因为设计文档中可能会存在表述不清、细节遗漏或者前后矛盾的情况，所以解释过程中总会有含糊不清的地方。作为验证工程师，需要阅读硬件规范并建立验证计划，然后按照计划创建测试用例来检查 RTL 代码是否实现了所有的功能特性。同时，不仅要理解设计及其意图，还要考虑设计者没有想到的特殊测试案例。

图1.3给出了基本的功能验证流程。这个验证流程可以被分解成三个主要阶段：制定验证策略和验证计划；搭建测试平台；覆盖率分析和回归测试（regression test）。这里验证策略和验证计划可以交互进行，在不同的阶段完成。不同的设计可能存在不同的验证流程。

1. 制定验证策略和验证计划阶段：此阶段主要处理以下问题。
   (a) 定义测试用例：复杂设计的初始测试空间是非常大的，可能有百万甚至上亿个需要测试的功能点。因此第一步是将测试空间缩小到一个可以管理的范围，或者说是一个有实际意义的集合，并且没有损害其期望的功能。针对这些功能点，根据具体情况制定验证策略和测试用例，最后具体化到一个详细的、可执行的验证计划中，作为整个验证工作的指导方向。
   (b) 测试平台抽象层次：测试平台的抽象层次决定了它主要的处理对象：比特流、数据包或者更高层次的事务对象。高层次的抽象建模可以让测试平台中低层次的功能自动化。同时创建测试用例和检查结果也会更加容易。
   (c) 激励生成方案和结果检查方案：这些规则定义了输入到测试平台的激励是如何生成的，响应是如何检查的，并判断测试是否通过。
2. 搭建测试平台阶段：此阶段包含测试平台的搭建，创建测试用例、运行和调试。在这个阶段，测试用例不断被添加进来，测试平台也持续被扩展。测试平台的搭建以可重用为基本原则，而且能够方便的添加测试用例。
3. 覆盖率分析和回归测试阶段：一旦全部测试用例都可以被成功运行，验证就进入了本阶段。覆盖率显示出该设计被测试的程度，是验证收敛的重要标准，覆盖率应该尽可能达到100%。在这个阶段随机测试需要使用反馈，根据覆盖率修改或者添加测试用例，期望可以覆盖更多的盲区，这被称为"覆盖率驱动的验证"，可以有效地减少测试时间。使用反馈和不使用反馈的测试进展如图1.4所示。

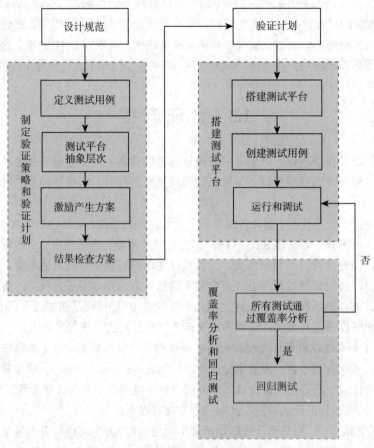

图 1.3　功能验证流程

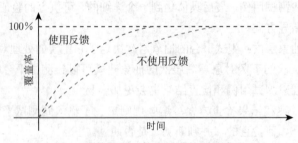

图 1.4　使用和不使用反馈的测试进展

1.4　验证语言和验证方法学

随着芯片复杂度的提高，验证在整个芯片设计周期的比重也越来越大。验证所花费的时间已经占到整个片上系统（System on Chip，SoC）研发周期的 70%～80%。因此，提高芯片验证的效率变得至关重要。快速搭建一个强大、高效、灵活、可扩展、复用性好的测试平台是芯片研发成功的关键。

　　伴随着验证技术的发展，出现了多种验证语言。图1.5给出了 Wilson 研究机构在 2020 年对功能验证语言使用的统计和预测数据（验证芯片时经常会使用多种语言，所以图中各种验证语言的使用率总和超过了 100%）。可以看到近 10 年来业界最流行的验证语言始终是 SystemVerilog，它完全兼容 Verilog HDL，又扩展了面向对象语言的特性（封装、继承和多态）。直接编程接口（Direct Programming Interface，DPI）技术大大降低了 SystemVerilog 与 C/C++ 等编程语言混合编程的难度。为了提高验证效率，SystemVerilog 还提供了一些独有的特性，如接口、随机属性、约束和覆盖率分析等。

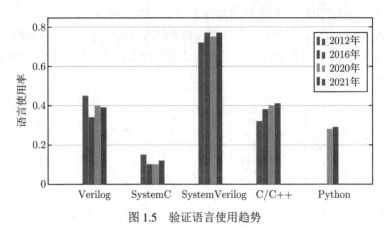

图 1.5　验证语言使用趋势

　　基于 SystemVerilog 的验证方法学主要有以下 3 种。

1. 验证方法学手册（Verification Methodology Manual，VMM），由 Synopsys 公司在 2006 年推出。VMM 提出了寄存器抽象层（Register Abstraction Layer，RAL）技术方便了配置寄存器的读写。面对开放式验证方法学（Open Verification Methodology，OVM）的激烈竞争，VMM 现在已经开源。

2. 开放式验证方法学，是由 Cadence 和 Mentor 公司（已被 Siemens 公司收购）于 2008 年推出的开源验证方法。它引入了工厂（factory）机制，功能非常强大，但是 OVM 没有很好的寄存器解决方案，这是它最大的缺陷。现在 OVM 已经停止更新，完全被通用验证方法学（Universal Verification Methodology，UVM）代替。

3. UVM 由 Accellera 组织在 2010 年推出，于 2017 年成为 IEEE 标准，它代表了验证方法学的最新发展方向。UVM 得到了 Synopsys、Cadence 和 Mentor 公司的一致支持。UVM 几乎完全继承了 OVM，同时又采纳了 VMM 的 RAL 寄存器解决方案。

1.5　定向测试和受约束随机测试

　　定向测试是一种传统的验证方法。首先需要阅读设计规范，然后写出验证计划，计划上列有各种测试，每个测试针对一系列相关的特性。按照验证计划编写出针对 DUT 具体特性的激励，然后使用这些激励对 DUT 进行仿真。仿真结束后，手动查看结果文件和波形，确保设计的行为与预期一致。一旦测试结果正确，就可以在验证计划中勾掉这个特性，然后开始下一个测试。定向测试的激励很容易生成，所以测试结果可以很快得到。定向测试的最大缺点是验证时间和 DUT 的复杂度成正比，定向测试很难在规定的时间内完成大型设计的验证，因此需要一种更快速的验证方法。

目前复杂设计的测试几乎都采用受约束随机测试（Constrained Random Test，CRT）。定向测试可以找出设计中预期的错误，而 CRT 能够找出预期外的错误。运行 CRT 时需要根据功能覆盖率结果去评估验证的进展情况，同时还需要能够自动判断结果的记分板。定向测试与受约束随机测试的验证进度比较如图1.6所示，可以看到搭建 CRT 测试平台需要比较长的时间，但 CRT 会把激励约束到特定的范围内并触发期望的异常，因此 CRT 的验证效率远高于定向测试。随着错误的减少，测试平台可以创建新的随机约束去探索新的测试区域。在最后阶段，RTL 设计中的一些错误可能只能通过定向测试来发现，这时可以通过约束使随机测试平台生成定向测试激励。

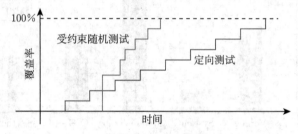

图 1.6   定向测试与受约束随机测试的验证进度比较

1.6   层次化测试平台

使用现代验证方法学时，首要任务通常是搭建一个层次化的测试平台，如图1.7所示。在 UVM 中层次化测试平台由一些组件（component）对象构成。组件对象简称组件，它们是组件类的实例，所有组件类从一个组件基类派生而来。在测试平台中，环境（environment）类作为一个容器使用，其他组件都被放置在这个容器中。测试平台中常见的组件还包括：代理（agent）、序列发生器（sequencer）、驱动器（driver）、监视器（monitor）、记分板（scoreboard）和参考模型（reference model）等。

测试平台可以分成如下的层次结构。

1. 信号（signal）层：信号层包含了 DUT 和用于连接 DUT 输入输出端口的接口（interface）实例，它位于测试平台的最底部。

2. 命令（command）层：命令层包括 driver 和 monitor。命令层通常将功能层中按照某种总线协议与信号层通信。例如 driver 将功能层发出的事务（transaction）对象按照总线协议发送给 DUT，monitor 按照总线协议收集 DUT 的响应数据并将其转换成功能层能够识别的事务对象。

3. 功能（function）层：功能层包括 agent、scoreboard 和 reference model 等，如果参考模型的逻辑功能比较简单，也可以将其集成到记分板中。功能层使用事务对象与其他层通信，例如 iagent 将场景层中的事务对象发送给 driver，并转发一份给 scoreboard。scoreboard 中的参考模型使用 iagent 发来的事务对象计算参考结果，并与 oagent 采集的实际结果进行比较，从而验证 DUT 是否功能正确。

4. 场景（scenario）层：场景层就是测试模块 test，场景层负责测试平台的运行。

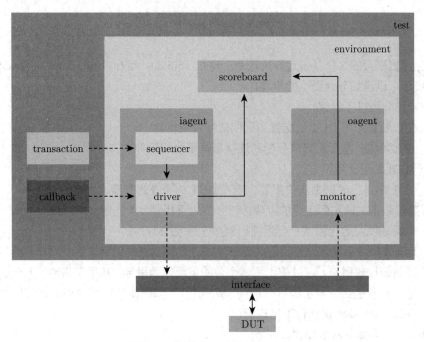

图 1.7　标准的层次化测试平台

　　agent 也是作为一个容器类使用，它的内部通常会包含 sequencer、driver 和 monitor 组件类。不同的 agent 类代表了不同的数据通信协议，agent 类可以直接在不同的测试平台中重复使用。在模块级或系统级测试平台中，agent 会根据配置信息例化其包含的全部或部分组件类。

　　图1.7中的 DUT 只有一组数据端口，实际的 DUT 通常还会有一组控制端口，用来配置它的寄存器。DUT 根据寄存器值改变自身行为，这组控制端口就是配置总线，如图1.8所示。图中

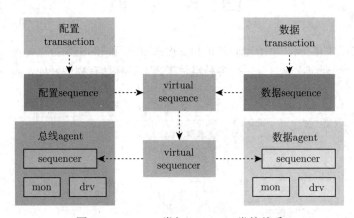

图 1.8　sequence 类与 sequencer 类的关系

DUT 的激励序列（virtual sequence）由两种基本序列组成，分别是配置信息序列和数据信息序列。sequencer 类的作用就是将接收到的各种序列转发到对应的 driver 中。driver 只负责发送激励，不产生激励。

1.7　层次化测试平台的执行

层次化测试平台的 3 个基本运行阶段是：建立（build）、运行（run）和收尾（wrap-up）。其中每个阶段还可以再细分为更小的步骤。

1. 建立阶段分为以下步骤。
    (a) 生成配置：将 DUT 的配置和周围的环境随机化。
    (b) 建立环境：基于配置来分配和连接测试平台的组件。
    (c) 对 DUT 进行复位。
    (d) 配置 DUT：根据生成的配置，载入 DUT 的命令寄存器。
2. 运行阶段是指测试实际运行的阶段，可分为以下步骤。
    (a) 启动环境：运行测试平台组件，例如序列发生器。
    (b) 运行测试：启动测试然后等待测试完成。定向测试的结果很容易判断，但随机测试的评估却比较困难。可以使用测试平台的层级作为引导。从顶层启动，上一层级的所有输入都发送到下一层级后，下一层级开始工作。在测试过程中还应该使用超时检测以确保 DUT 或测试平台不出现死锁。
3. 收尾阶段包含如下两个步骤。
    (a) 清空：在最下层完成以后，需要等待 DUT 清空最后的事务。
    (b) 报告：一旦 DUT 空闲下来，就可以清空遗留在测试平台中的数据了。有时候保存在记分板中的数据从来就没有被送出来过，这些数据可能是被 DUT 丢弃掉的。读者可以根据这些信息创建最终报告、说明测试通过或者失败。如果测试失败，务必把相应的功能覆盖率结果删除，因为它们可能是不正确的。

1.8　练　习　题

🖎　**练习 1.1**　根据自己的经验，写出定向测试和受约束随机测试的主要特点。

🖎　**练习 1.2**　将测试平台层次化，并使用各种组件搭建，这样做有哪些好处？

测试平台和数据类型

2.1 测 试 平 台

验证设计通常需要几个步骤：生成激励，捕获响应，判别对错和测量进度，这些步骤都是在测试平台下执行的。测试平台的基本结构如图2.1所示，内部通常包含测试模块 test、DUT、时钟信号 clk 和异步低电平复位信号 rst_n 等，各个子模块使用连线连接。测试模块 test 向 DUT 发送激励并捕获 DUT 的响应。

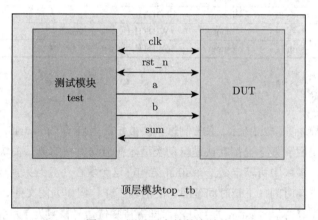

图 2.1　测试平台的基本结构

2.1.1　被测设计

假设 DUT 为一个加法器模块，它的定义如例2.1所示。为了便于阅读，本书例子中加入了代码在源文件中的实际行数，完整源文件请查看本书配套资源。模块头部使用了 Verilog HDL-2001 的端口声明风格。位宽参数 WIDTH 默认值为 4，在例化加法器模块时通过改写 WIDTH 可以生成不同位宽的加法器。当信号 rst_n 为 0 时，sum 始终输出 0。当 rst_n 为 1 时，sum 在每个时钟上升沿输出 a 与 b 的和。

例 2.1　加法器模块

src/ch2/sec2.1/1/dut.sv

```
4   module adder #(parameter WIDTH = 4) (
5     input clk,
6     input rst_n,
7     input [WIDTH-1:0] a,
8     input [WIDTH-1:0] b,
9     output reg [WIDTH:0] sum);
10
11    always @(posedge clk, negedge rst_n) begin
12      if (!rst_n) sum <= 0;
13      else sum <= a + b;
14    end
15  endmodule
```

加法器模块的端口描述如表2.1所示。

表 2.1　加法器模块的端口描述

信号名	方向	位宽	描述
clk	input	1	时钟
rst_n	input	1	异步低电平复位
a	input	WIDTH-1	加数
b	input	WIDTH-1	被加数
sum	output	WIDTH	求和结果

2.1.2　测试模块

加法器的测试模块如例2.2所示。通常测试模块被定义为自动（automatic）类型，这样它内部定义的各种变量、函数和任务也都默认是自动类型。在自动类型的测试模块中可以像 C 语言那样灵活高效地编程。模块中可以定义一个 final 结构，这个块在仿真结束前自动被执行。final 结构主要执行一些不消耗时间（不带时间延迟）的清理工作。例如关闭文件、输出错误和警告等。

测试启动后首先等待信号 rst_n 的上升沿，即等待复位信号恢复为 1。系统任务 $monitor 用于实时监测信号 rst_n 的变化，只要 rst_n 数值改变，就打印一次数据。复位结束后使用 repeat 语句在接下来的 5 个时钟周期连续向 DUT 发送随机激励。为了与时钟同步，变量 a 和 b 使用了非阻塞赋值，加法器在收到激励的下一个时钟上升沿更新输出信号 sum。格式符%0t 和参数 $time 配合使用输出当前的仿真时间，时间的输出格式可以使用系统任务 $timeformat 设置，详见2.3节。

例 2.2　测试模块

src/ch2/sec2.1/1/test.sv

```
4   module automatic test #(parameter WIDTH = 4) (
5     input clk,
6     input rst_n,
```

```
7    input [WIDTH:0] sum,
8    output reg [WIDTH-1:0] a,
9    output reg [WIDTH-1:0] b);
10
11   initial begin
12     $monitor("@%0t, rst_n=%0d", $time, rst_n);
13     @(posedge rst_n);
14     repeat(5) begin
15       @(posedge clk);
16       a <= $urandom_range(0, 4'hf);
17       b <= $urandom_range(0, 4'hf);
18       $display("@%0t, a=%0d, b=%0d, sum=%0d", $time, a, b, sum);
19     end
20     $finish();
21   end
22   final $display("@%0t end simulation", $time);
23 endmodule
```

在一些早期的测试平台中，会将测试代码放在程序（program）块中，如例2.3所示。程序块的概念源自 Synopsys 捐赠的 Vera 语言。使用程序块的目的是将测试代码和 DUT 的时序和逻辑彻底分离，从而仿真器可以在一个时间片内的不同阶段处理 DUT 和程序块的时序。目前 Vera 语言已经被淘汰，SystemVerilog 保留关键字 program 只是为了与早期的代码兼容，并没有什么实际应用，在测试平台中应该避免使用程序块。

例 2.3　测试程序块

src/ch2/sec2.1/2/test.sv

```
4    program automatic test #(parameter WIDTH = 4) (
24   endprogram
```

2.1.3　测试平台顶层模块

测试平台顶层模块如例2.4所示。顶层模块产生时钟和异步复位信号，并将测试模块和 DUT 连接起来。顶层模块中调用了 4 个与 fsdb 相关的系统函数用来指定将哪些结果数据转存（dump）到 fsdb 格式的波形文件中，代码中这些系统函数实现的功能如下。

1. $fsdbDumpfile：指定转存的文件名为"wave.fsdb"。
2. $fsdbDumpvars：转存 top_tb 模块下所有层级的信号和变量，包括结构类型变量。
3. $fsdbDumpMDA：参数 0 表示转存 top_tb 模块下所有层级中的多维数组。
4. $fsdbDumpSVA：转存断言（assertion）。

例 2.4 顶层模块

src/ch2/sec2.1/1/top_tb.sv

```
4   module top_tb;
5     reg clk;
6     reg rst_n;
7     wire [3:0] a;
8     wire [3:0] b;
9     wire [4:0] sum;
10
11    initial begin
12      clk <= 0;
13      forever #50 clk <= !clk;
14    end
15
16    initial begin
17      rst_n <= 1;
18      #10 rst_n <= 0;
19      #20 rst_n <= 1;
20    end
21
22    initial begin
23      $fsdbDumpfile("./wave.fsdb");
24      $fsdbDumpvars("+all");
25      $fsdbDumpMDA(0, top_tb);
26      $fsdbDumpSVA();
27    end
28
29    adder i_adder (
30      .clk(clk),
31      .rst_n(rst_n),
32      .a(a),
33      .b(b),
34      .sum(sum));
35
36    test i_test (
37      .clk(clk),
38      .rst_n(rst_n),
39      .a(a),
40      .b(b),
41      .sum(sum));
42  endmodule
```

2.2　基本数据类型

2.2.1　reg 和 wire 类型

Verilog HDL 主要包含 2 组不同的数据类型，分别是变量数据类型和连线数据类型。两组数据类型在赋值和保存数据时的用法不同，用来描述不同的硬件结构。reg 类型属于变量数据类型，用于过程赋值（procedural assignment）。wire 类型属于连线类型，用于连续赋值（continuous assignment），还可以用来连接代码中的门级原语和模块实例。

reg 和 wire 类型都可以用来描述组合电路。例2.5中定义了 wire 类型的矢量变量 a、b 和 c，还定义了 reg 类型的矢量变量 d、e 和 f。变量 c、d、e 和 f 所在的赋值语句中不存在时钟边沿触发，因此这些语句都在描述组合电路。其中变量 e 所在的 if 语句缺少配对的 else 语句，即只有当 a 等于 0 时 e 才被赋值，否则 e 保持当前值不变。变量 f 所在的 always 结构的敏感信号列表不完整，只有当 b 变化时 f 才被赋值，否则 f 保持当前值不变。e 和 f 都是在特定条件下才跟随输入发生改变，因此 e 和 f 的逻辑综合结果都是锁存器（latch）。

例 2.5　使用 reg 和 wire 建模组合电路

src/ch2/sec2.2/1/dut.sv

```
4   module dut (
5     input clk,
6     input [3:0] a, b,
7     output [3:0] c,
8     output reg [3:0] d, e, f);
9
10    assign c = a + b; // 连续赋值
11    always @(*) d = a + b; // 过程赋值，阻塞赋值
12    always @(*) if (a == 0) e = a + b; // 过程赋值，阻塞赋值，缺少else语句，锁存器
13    always @(b) f = a + b; // 过程赋值，阻塞赋值，敏感列表不完整，锁存器
14  endmodule
```

例2.5对应的测试模块如例2.6所示。

例 2.6　组合电路测试模块

src/ch2/sec2.2/1/test.sv

```
4   module automatic test(
5     input clk,
6     input [3:0] c, d, e, f,
7     output reg [3:0] a, b);
8
9     initial begin
10      $monitor("@%0t, a=%0d, b=%0d, c=%0d, d=%0d, e=%0d, f=%0d", $time, a, b, c, d, e
        , f);
```

```
11    @(posedge clk);
12    a <= 0;
13    b <= 0;
14    @(posedge clk);
15    a <= 1;
16    b <= 1;
17    @(posedge clk);
18    a <= 2;
19    @(posedge clk);
20    $finish();
21   end
22 endmodule
```

例2.6的运行结果如下所示，观察可知，当 DUT 的输入 a 和 b 发生变化时，组合逻辑输出 c 和 d 会立刻改变。整个仿真过程中 a 只在初始化时等于 0，所以 e 的结果一直锁存 0。只有当 b 不等于 0 时，f 才发生变化，否则 f 始终锁存已有的值。

例2.6的运行结果

```
@0, a=x, b=x, c=x, d=x, e=x, f=x
@0, a=0, b=0, c=0, d=0, e=0, f=0
@50000, a=1, b=1, c=2, d=2, e=0, f=2
@150000, a=2, b=1, c=3, d=3, e=0, f=2
```

reg 类型可以用来描述时序电路。例2.7中变量 c、d、e、f 和 g 所在的 always 结构的敏感信号列表都存在时钟边沿触发，变量 c、d、e、f 和 g 都在时钟 clk 上升沿到来后执行赋值，因此它们都会被逻辑综合成时序电路。区别是变量 c 和 d 使用了非阻塞赋值，即对 c 的赋值不会阻塞对 d 的赋值，两条赋值语句是并行执行的，对应的电路结构如图2.2所示。

例 2.7   使用 reg 建模时序电路

src/ch2/sec2.2/2/dut.sv

```
4  module dut (
5    input clk,
6    input [3:0] a, b,
7    output reg [3:0] c, d, e, f, g);
8
9    always @(posedge clk) begin // 过程赋值，非阻塞赋值
10     c <= a + b;
11     d <= c + 1;
12   end
13   always @(posedge clk) begin // 过程赋值，阻塞赋值
14     e = a + b;
15     f = e + 1;
16   end
```

```
17  always @(posedge clk) begin // 过程赋值，阻塞赋值
18    g = e + 1;
19  end
20  endmodule
```

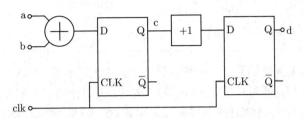

图 2.2　always 结构中非阻塞赋值对应的电路结构

例2.7中变量 e 和 f 使用了阻塞赋值，这意味着计算完 a 与 b 的和之后才执行 e 和 f 的赋值，对应的电路结构如图2.3所示。另一个 always 结构中对变量 g 也使用了阻塞赋值，即 g 也要在 a 与 b 求和结束后执行赋值。这说明了不同 always 结构中的阻塞赋值语句之间也存在执行顺序的依赖关系。因此使用阻塞赋值描述时序电路时经常会出现意料之外的结果。在实际工程中通常只使用非阻塞赋值描述时序电路。

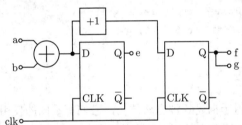

图 2.3　always 结构中阻塞赋值对应的电路结构

例2.7对应的测试模块如例2.8所示。

例 2.8　时序电路测试模块

src/ch2/sec2.2/2/test.sv

```
4   module automatic test(
5     input clk,
6     input [3:0] c, d, e, f, g,
7     output reg [3:0] a, b);
8
9     initial begin
10      $monitor("@%0t, a=%0d, b=%0d, c=%0d, d=%0d, e=%0d, f=%0d, g=%0d", $time, a, b,
         c, d, e, f, g);
11      @(posedge clk);
12      a <= 0;
13      b <= 0;
14      repeat(2) begin
```

```
15        @(posedge clk) a <= $urandom_range(0,7);
16        @(posedge clk) b <= $urandom_range(0,8);
17      end
18      repeat(2) @(posedge clk);
19      $finish();
20    end
21  endmodule
```

观察例2.8的运行结果的第 4 行,时钟沿后 c 的值被更新为 6,即时钟沿前 a (6) 和 b (0) 的和,d 的值被更新为 1,即时钟沿前 c (0) 和 1 的和。时钟沿后 c 和 e 的值相同都等于 6,但 f 和 g 的值被更新为 7,即先计算时钟沿前 a (6) 和 b (0) 的和,然后再加 1。

例2.8的运行结果

```
@0, a=0, b=0, c=x, d=x, e=x, f=x, g=x
@50000, a=3, b=0, c=0, d=x, e=0, f=1, g=1
@150000, a=3, b=1, c=3, d=1, e=3, f=4, g=4
@250000, a=5, b=1, c=4, d=4, e=4, f=5, g=5
@350000, a=5, b=5, c=6, d=5, e=6, f=7, g=7
@450000, a=5, b=5, c=10, d=7, e=10, f=11, g=11
@550000, a=5, b=3, c=8, d=11, e=8, f=9, g=9
```

2.2.2 四值 logic 类型

reg 和 wire 类型主要用于描述各种电路结构,它们有不同的使用方式,因此并不适合在测试模块中使用。测试模块中通常会使用语法更简单的 logic 类型统一替换 reg 和 wire 类型,这样验证工程师可以专注于验证环境的搭建,不必再考虑应该使用 reg 还是 wire。logic 类型可以用于所有 reg 和 wire 的使用场景,但是 logic 类型不能像 wire 类型那样支持多驱动。logic 变量有 4 种可能取值,分别是 0、1、z 或 x,默认值是 x。例2.9中将例2.2中的 reg 和 wire 类型全部替换成了 logic 类型。

例 2.9 使用 logic 替换测试模块中的 reg 和 wire

src/ch2/sec2.2/3/test.sv

```
4   module automatic test #(parameter WIDTH = 4) (
5     input logic clk,
6     input logic rst_n,
7     input logic [WIDTH:0] sum,
8     output logic [WIDTH-1:0] a,
9     output logic [WIDTH-1:0] b);
10
11    initial begin
12      $monitor("@%0t, rst_n=%0d", $time, rst_n);
13      @(posedge rst_n);
```

```
14    repeat(5) begin
15      a <= $urandom_range(0,4'hf);
16      b <= $urandom_range(0,4'hf);
17      @(posedge clk);
18      $display("@%0t, a=%0d, b=%0d, sum=%0d", $time, a, b, sum);
19    end
20    $finish();
21    end
22  endmodule
```

2.2.3　二值数据类型

SystemVerilog 在被设计之初就考虑到将硬件设计与软件测试分离开。软件测试（验证环境）中应该尽量使用二值逻辑，这样不仅能够提高验证环境的运行速度，还能省去很多不必要的问题。二值逻辑的默认值是 0。常见的二值数据类型如表2.2所示。有符号的数据类型可以添加关键字 unsigned 转换成无符号数据类型。另外注意 int 和 integer 的区别。

表 2.2　常见的二值数据类型

类型	描述	例子
bit	二值无符号整数	bit [3:0] a;
byte	二值 8 位有符号整数	byte a;
shortint	二值 16 位有符号整数	shortint a;
int	二值 32 位有符号整数	int a;
longint	二值 64 位有符号	longint a;
shortreal	二值 32 位有符号浮点数	shortreal a;
real	二值 64 位有符号浮点数	real a;
realtime	二值 64 位有符号浮点数时间	realtime rt;
integer	四值 32 位有符号整数	integer a;
time	四值 64 位无符号整数时间	time t;

二值数据类型在使用时需要注意两点。一是数据类型的符号和取值范围，在例2.10中 a、b 和 sum 的取值范围都是 [-128, 127]，当 a 与 b 的和大于 127 时会导致 sum 溢出，因此在例2.10的运行结果中 sum 的值打印为错误的-128。二是在四值到二值的数据类型转换时，z 和 x 会被转换成 0。例子中 c 是 logic 类型且未被初始化，它的初值为 x，但由于 b 是 byte 类型，因此赋值后 c 的初值 x 被转换成 0。

例 2.10　二值数据类型的使用

src/ch2/sec2.2/4/test.sv

```
4  module automatic test;
5    byte a, b, sum;
6    logic c;
7    initial begin
8      a = 8'd127;
```

```
 9     b = 8'd1;
10     sum = a + b;
11     $display("a=%0d, b=%0d, sum=%0d", a, b, sum);
12     b = c;
13     $display("c=%0d, b=%0d", c, b);
14   end
15 endmodule
```

例2.10的运行结果

```
a=127, b=1, sum=-128
c=x, b=0
```

2.2.4 常量和字符串

定义常量可以使用宏定义（`define）或参数（parameter）。宏定义通常用于定义全局常量，而参数通常用于定义局部常量。SystemVerilog 支持 C 语言的关键字 const，const 类型变量需要在定义的同时进行初始化，如例2.11所示，在代码的其他位置无法改变 const 类型变量的内容。

例 2.11 const 类型变量的定义

```
1 initial const byte colon = ":";
```

string 类型变量用来保存长度可变的字符串，一个长度为 n 的字符串的元素序号为 0 到 n-1。与 C 语言的字符串不同，SystemVerilog 的字符串的结尾不带 "\0"。表2.3列出了一些常用的字符串方法。

表 2.3 常用的字符串方法

方法	说明
function int len()	返回字符串的长度
function void putc(int i, byte c)	将字符 c 写入字符串的位置 i 中
function byte getc(int i)	提取位置 i 上的字符
function string toupper()	返回所有字符大写的字符串
function string tolower()	返回字符小写的字符串
function int compare(string s) 例如str.compare(s)	区分字母大小写比较 str 大于 s 返回 1，等于返回 0，小于返回-1
function int icompare(string s) 例如str.icompare(s)	不区分字母大小写比较 str 大于 s 返回 1，等于返回 0，小于返回-1
function string substr(int i, int j)	提取出位置 i 到 j 之间的字符串
str == s	区分字母大小写比较，等于返回 1，否则返回 0
{}	拼接字符串

这些字符串方法的使用如例2.12所示。$sformatf 方法返回一个格式化的临时字符串，并且可以直接传递给其他例程（函数和任务的统称）。

例 2.12　使用字符串方法

src/ch2/sec2.2/5/test.sv

```
4   module automatic test;
5     initial begin
6       string s;
7       s = "Abcd";
8       $display("%0d", s.getc(0));
9       $display(s.tolower());
10      $display(s.toupper());
11      $display(s.substr(1, 2));
12      s.putc(s.len()-1, " ");
13      s = {s, "EF"};
14      $display("%s", $sformatf("%s %0d", s, 0));
15    end
16  endmodule
```

例2.12的运行结果如下。

例2.12的运行结果

```
65
abcd
ABCD
bc
Abc EF 0
```

2.3　时　间　值

Verilog HDL 使用编译指令`timescale 设置全局性质的时间单位和时间精度。在编译工程文件时，先被编译的文件中的`timescale 会一直发挥作用，直到它在后续文件中被改写。因此按照不同的顺序编译文件，可能会得到不一致的仿真结果。例2.13和例2.14中文件 ns.sv 和 ps.sv 中定义的时间精度不同。当例2.15中 test.sv 导入 ps.sv 和 ns.sv 的顺序不同时，测试模块输出的时间结果也会随之不同。修改附录中的 Makefile 文件，注释掉带有编译选项"-timescale"的那一行代码，即编译时不在代码外部设置时间单位和时间精度。这样最后被导入的文件中的`timescale语句决定了文件 test.sv 中的时间单位和时间精度，代码中应该避免出现这种情况。

例 2.13　ns.sv 文件

src/ch2/sec2.3/1/ns.sv

```
4   `timescale 1ns/1ns
```

例 2.14 ps.sv 文件

src/ch2/sec2.3/1/ps.sv

```
4  `timescale 1ns/1ps
```

例 2.15 test.sv

src/ch2/sec2.3/1/test.sv

```
4   `include "ps.sv"
5   `include "ns.sv"
6
7   module automatic test;
8     initial begin
9       $timeformat(-9, 3, "ns", 8);
10      #1     $display("%0t", $realtime);
11      #2ns   $display("%0t", $realtime);
12      #0.1ns $display("%0t", $realtime);
13      #41ps  $display("%0t", $realtime);
14    end
15  endmodule
```

先导入和后导入 ps.sv 的运行结果分别如下。

例2.15中先导入 ps.sv 的运行结果

```
1.000ns

3.000ns

3.000ns

3.000ns
```

例2.15中后导入 ps.sv 的运行结果

```
1.000ns

3.000ns

3.100ns

3.141ns
```

2.3.1 时间常量

关键字 timeunit 和 timeprecision 用来在模块内部指定局部可见的时间单位和精度，使得模块中的时间单位和精度与文件编译顺序不再相关。在例2.16中，模块 test 的时间单位和精度分别被设置为 1ns 和 1ps。

例 2.16　在模块内设置时间单位和精度

src/ch2/sec2.3/2/test.sv

```
4   module automatic test;
5     timeunit 1ns;
6     timeprecision 1ps;
7     initial begin
8       $timeformat(-9, 3, "ns", 8);
9       #1      $display("%0t", $realtime);
10      #2ns    $display("%0t", $realtime);
11      #0.1ns  $display("%0t", $realtime);
12      #41ps   $display("%0t", $realtime);
13    end
14  endmodule
```

例2.16的运行结果如下。

例2.16的运行结果

```
1.000ns
3.000ns
3.100ns
3.141ns
```

系统任务 $timeformat 用来设置打印时间的格式，它的四个参数分别表示时间的单位值（如表2.4所示）、精度、后缀字符串以及最小显示宽度。系统任务 $time 可根据当前所在模块的时间单位返回当前的整数时间（舍去时间的小数部分），而 $realtime 则是返回一个完整的带小数部分的当前时间。

表 2.4　系统任务 $timeformat 的参数值说明

参数值	时间单位	参数值	时间单位
0	1s	-8	10ns
-1	100ms	-9	1ns
-2	10ms	-10	100ps
-3	1ms	-11	10ps
-4	100us	-12	1ps
-5	10us	-13	100fs
-6	1us	-14	10fs
-7	100ns	-15	1fs

2.3.2　时间变量

保存时间的数据类型有两种，分别是 64 位无符号整数的 time 类型和 64 位有符号浮点数的 realtime 类型。time 变量会根据当前的时间单位和时间精度对时间值进行四舍五入，它不能保存小数延迟。例2.17中使用了 realtime 变量保存精确的数值，这些数值通常只在被用作延迟的时候才被舍入。

例 2.17　时间变量的使用
src/ch2/sec2.3/3/test.sv

```
4   module automatic test;
5     timeunit 1ns;
6     timeprecision 100ps;
7     initial begin
8       realtime rtdelay = 800ps;  // 保存为800ps
9       time tdelay = 800ps;        // 四舍五入到1ns
10      $timeformat(-12, 0, "ps", 5);
11      #rtdelay $display("%0t", rtdelay);
12      #tdelay $display("%0t", tdelay);
13    end
14  endmodule
```

例2.17的运行结果如下。

例2.17的运行结果

```
800ps
1000ps
```

2.4　压缩和非压缩数组

数组（array）由数据类型相同的有限个数据组成，数组中的单个数据被称为数组元素。数组中的所有元素都有固定的排列序号（下标）。SystemVerilog 同时支持压缩（packed）和非压缩（unpacked）数组。

2.4.1　压缩数组

压缩数组通常用来描述一段连续存储的比特流。压缩数组可以将连续存储的比特流分割成多个等长的数据片段，从而更灵活地访问连续比特流的部分或全部内容。压缩数组可以是一维或多维的，压缩数组的维度写在数组名的前面。

例2.18中定义了一维压缩数组 a 和二维压缩数组 b，它们都用来描述连续存储的 32 位比特流。在 SystemVerilog 中，bit、reg 或 wire 类型的矢量变量通常被称为一维压缩数组。一维压缩数组 a 支持字和位的访问。二维压缩数组 b 将 32 位比特流分割成 4 个字节，因此它支持字、半字、字节和位的访问，如图2.4所示。注意 $displayh 中的两个逗号"„"表示在输出内容中插入一个空格。在 SystemVerilog 中，两个维度不同但长度相等的数组可以进行整体赋值和比较，具体详见2.4.5节。

例 2.18　压缩数组的定义和使用

src/ch2/sec2.4/1/test.sv

```
4   module automatic test;
5     initial begin
6       bit [31:0] a = 32'h89abcdef;
7       bit [3:0] [7:0] b;
8       $displayh(a,, a[3:0],, a[0]);
9       b = a;
10      $displayh(b,, b[3:2],, b[3],, b[1][3:0],, b[0][4]);
11      if(a == b)
12        $display("a equals b");
13    end
14  endmodule
```

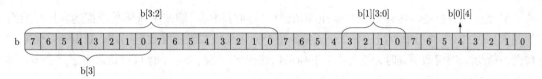

图 2.4　压缩数组的存储方式

例2.18的运行结果如下。

例2.18的运行结果

```
89abcdef f 1
0089abcdef 89ab 89 d 0
a equals b
```

2.4.2　非压缩数组

定义非压缩数组时，数组的长度写在变量名后，长度固定的非压缩数组被称为定长数组，长度不固定的非压缩数组被称为动态数组（见2.5节）。当数组的起始索引为 0 时，可以使用 C 语言的方式定义非压缩数组。例2.19中定义了 byte 类型的一维数组 a，它的长度为 2。注意代码中 a[n] 是 a[0:n-1] 的简化写法。

例 2.19　定义定长数组

```
1   byte a[2]; // 等价于byte a[0:1];
```

非压缩数组存储在连续的存储空间中，通常会使用 32 位的字保存每个数组元素。所以 byte、shortint 或 int 类型的数组元素都被存放在一个字中，而 longint 类型的数组元素会存放在双字中。例2.19中的数组 a 被保存在两个字的低 8 位中，如图2.5所示。

| a[0] | 高24位未使用 | 7 | 6 | 5 | 4 | 3 | 2 | 1 | 0 |
| a[1] | 高24位未使用 | 7 | 6 | 5 | 4 | 3 | 2 | 1 | 0 |

图 2.5　非压缩数组的存储方式

在 SystemVerilog 中，如果访问数组时下标超出地址边界，测试平台并不会报错退出，而是返回数组类型的默认值，然后继续运行。为了避免出现数组下标越界的情况，使用数组描述存储器时，可以使用系统函数 $clog2 计算存储器的地址位宽，如例2.20所示。

例 2.20　计算存储器的地址位宽

```
1  parameter int MEM_SIZE = 256;
2  parameter int ADDR_WIDTH = $clog2(MEM_SIZE); // $clog2(256) = 8
3  bit [15:0] mem[MEM_SIZE];
4  bit [ADDR_WIDTH-1:0] addr; // [7:0]
```

更复杂的情况是，压缩数组和非压缩数组可以同时使用，即使用压缩数组描述非压缩数组的元素。例2.21中非压缩数组 a 有 2 个元素，每个元素使用二维压缩数组描述，数组的存储方式如图2.6所示。访问数组 a 时，使用 1 个下标可以访问字，使用 2 个下标可以访问半字或字节，使用 3 个下标可以访问一个或多个比特位。

例 2.21　压缩和非压缩数组的混用

src/ch2/sec2.4/2/test.sv

```
4   module automatic test;
5     initial begin
6       bit[3:0] [7:0] a[2]; // 包含2个数组元素，每个元素使用二维压缩数组描述
7       bit[7:0] [3:0] b; // 包含8个半字节（nibble）的压缩数组
8       a[0] = 32'hcafe_dada;
9       a[0][3] = 8'h1;
10      a[0][1][7] = 1'b1;
11      a[0][0][7:4] = 4'b1011;
12      b = a[1]; // 压缩数组元素复制
13      if(b == a[1]) // 数组的比较
14        $displayb(a[0],, a[0][3],, a[0][1][7],, a[0][0][7:4]);
15    end
16  endmodule
```

例2.21的运行结果

```
00000000111111101101101010111010 00000001 1 1011
```

@ 操作符的敏感信号列表只能包含标量或者压缩数组。对于例子中的数组 a，等待整个数组变化的敏感信号列表只能写成 @(a[0] or a[1])。

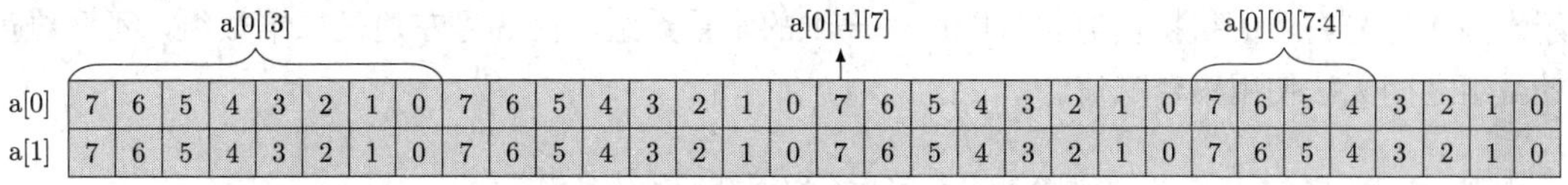

图 2.6   非压缩和压缩数组的混用

2.4.3   数组直接量

数组直接量（array literal）由单引号"'"、大括号和一些直接量元素组成。数组直接量在语法上和拼接（concatenation）运算符"{}"十分相似，区别是拼接运算符只能用来描述一维数组，而数组直接量则可以描述多维数组，同时数组直接量还可以内嵌拼接运算符。使用数组直接量初始化数组时，数组直接量的每个表达式子项的类型都要匹配数组中对应元素的类型，同时表达式子项的个数需要匹配数组的维数，如例2.22所示。

例 2.22   使用数组直接量初始化数组

src/ch2/sec2.4/3/test.sv

```
4   module automatic test;
5     initial begin
6       int a[2][3] = '{'{0,1,2},'{3{4}}};
7       int b[2][4] = '{2{'{2{4, 5}}}};
8       int c[2] = '{0,1};
9       int d[3] = '{default:2};
10      $display("a=%p", a);
11      $display("b=%p", b);
12      $display("c=%p", c);
13      $display("d=%p", d);
14      d = {{8{4'hf}}, c};
15      $display("d=%p", d);
16    end
17  endmodule
```

例2.22的运行结果如下。

例2.22的运行结果

```
a='{'{0, 1, 2}, '{4, 4, 4}}
b='{'{4, 5, 4, 5}, '{4, 5, 4, 5}}
c='{0, 1}
d='{2, 2, 2}
d='{-1, 0, 1}
```

使用拼接运算符初始化多维数组（如例2.22中的二维数组 a）会导致编译错误，如例2.23所示。因为等号右边的拼接运算符只能产生一维的常量数组，而等号左边是二维数组，不同维度的数组之间无法使用集合赋值。

例2.23　拼接运算符无法初始化多维数组

```
1  int a[2][3] = {'{0,1,2},'{3{4}}}; // 编译错误
```

2.4.4　数组的遍历

数组的遍历可以使用循环语句实现，如例2.24所示。i 被声明为 for 语句的局部变量。系统函数 $size 返回数组的长度。在 foreach 语句中，只需要指定数组名并在"[]"中指定索引变量，foreach 语句就会自动遍历数组中的元素，索引变量是自动声明的局部变量，只在 foreach 语句内有效。

例2.24　使用 for 和 foreach 遍历数组

src/ch2/sec2.4/4/test.sv

```
4  module automatic test;
5    initial begin
6      bit [3:0] a[4];
7      for (int i=0; i<$size(a); i++)
8        a[i] = i;
9      foreach (a[i])
10       $display("a[%0d]=%0d", i, a[i]);
11     $displayb(a[0],, a[0][0],, a[0][2:1]);
12   end
13 endmodule
```

例 using arrays with for and foreach loops 的运行结果如下。

例2.24的运行结果

```
0
1
2
3
0000 0 00
```

foreach 语句支持多维数组的遍历，循环变量i和j被放在方括号中，如例2.25所示。当某些维度不需要遍历时，可以在 foreach 语句中忽略对应的维度的索引。代码中使用了嵌套循环，外层循环遍历行，内层循环遍历列。

例 2.25　遍历多维数组

src/ch2/sec2.4/5/test.sv

```
4   module automatic test;
5     initial begin
6       int a[2][2] = '{'{0,1}, '{2{2}}};
7       foreach(a[i,j])
8         $display("a[%0d][%0d]=%0d", i, j, a[i][j]);
9       foreach (a[i]) begin // 第一维度
10        $write("%0d:", i);
11        foreach(a[,j]) // 第二维度
12          $write("%2d", a[i][j]);
13        $display;
14      end
15    end
16  endmodule
```

例2.25的运行结果

```
a[0][0]=0
a[0][1]=1
a[1][0]=2
a[1][1]=2
0: 0 1
1: 2 2
```

2.4.5　数组的赋值和比较

在 SystemVerilog 中，数组之间可以进行整体赋值和比较，其中比较只限于等于或不等于，不同长度的定长数组间的赋值会引起编译错误，如例2.26所示。

例 2.26　数组的赋值和比较操作

src/ch2/sec2.4/6/test.sv

```
4   module automatic test;
5     initial begin
6       bit [31:0] a[5] = '{0,1,2,3,4}, b[5] = '{5,4,3,2,1};
7       if (a == b) // 数组的比较
8         $display("a is equal to b");
9       else
10        $display("a is not equal to b");
11      b = a; // 数组的赋值
12      $display("a[1:4]%sb[1:4]", (a[1:4] == b[1:4]) ? "==" : "!=");
13    end
```

```
14   endmodule
```

例2.26的运行结果如下。

例2.26的运行结果

```
a is not equal to b
a[1:4]==b[1:4]
```

2.5 动 态 数 组

随机测试在运行时生成事务的数量可能是随机的，这时就应该使用动态数组保存它们。动态数组是指定义时不指定数组长度（省略方括号中的下标）的非压缩数组，即编译时不分配存储空间。动态数组在测试模块运行的过程中可以随时调整自身长度。从操作系统的角度看，动态数组申请的存储空间位于堆中，堆是程序运行时请求操作系统分配的存储空间。动态数组使用如下方式申请存储空间。

1. 使用 new 操作符，并在方括号中指定数组长度，new 的可选数组参数用于数组初始化。
2. 使用等号将一个数据类型相同的数组整体赋值给动态数组。

动态数组的使用如例2.27所示。

例 2.27   使用动态数组

src/ch2/sec2.5/1/test.sv

```
4    module automatic test;
5      initial begin
6        int d1[], d2[], d3[5];
7        d1 = new[5]; // 动态数组申请5个元素
8        foreach (d1[i])
9          d1[i] = i; // 元素初始化
10       d2 = d1; // 动态数组赋值给动态数组
11       d3 = d1; // 动态数组赋值给定长数组（同长度）
12       d1 = new[10](d1); // 数组申请10个元素，再将原有内容复制进数组
13       $display("%p", d1);
14       d2 = d1;
15       // d3 = d1; // 错误，动态数组赋值给定长数组（不同长度）
16       d1.delete(); // 删除数组全部元素
17     end
18   endmodule
```

例2.27的运行结果如下。

例2.27的运行结果

```
'{0, 1, 2, 3, 4, 0, 0, 0, 0, 0, 0}
```

动态数组自带一些内置方法，例如方法 size 用于计算动态数组的长度，方法 delete 用于释放动态数组的存储空间。定长数组没有内置方法，只能使用系统函数 $size 计算数组长度。例2.27中对定长数组进行整体赋值时，必须要求等号两端的数组长度相等，否则会导致运行时出错。

多维动态数组可以看成是一个包含了数组的数组。使用它时先创建最左边的维度，然后再创建每个子数组，如例2.28所示。例子中每个子数组的长度都不同。

例 2.28　多维动态数组

```
1  int d[][];
2  d = new[4]; // 创建第一维度
3  foreach(d[i]) d[i] = new[i+1]; // 创建第二维度
```

2.6　关联数组

在测试平台运行时，数组都是按其长度一次分配全部的存储空间，而关联数组只为实际写入的数据分配存储空间。因此关联数组非常适合建模大容量的存储器。例如建模处理器的指令 ROM 或数据 RAM，处理器可能只会访问存储器的几百或几千个字节。图2.7中关联数组只保留地址为 0、10、100、1000 和 10000 的值。关联数组占用的存储空间比长度为 10000 的数组小很多。

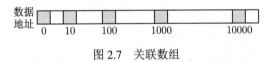

图 2.7　关联数组

定义关联数组时需要在数组名后的方括号中指定索引的数据类型，例如 [bit [3:0]]。注意，如果关联数组的索引数据类型为通配符"*"，则表示关联数组可以被任意位宽的整数表达式索引。关联数组的常用查询方法的声明如表2.5所示，这些方法使用引用传递的参数 index 返回对应元素的索引值。以 first 方法为例进行说明，first 方法将关联数组的首个元素的索引值保存到参数 index 中，如果关联数组内容为空，则 first 方法的返回值为 0，否则返回值为 1。另外可以使用 num 或 size 方法查询关联数组的元素个数。

表 2.5　关联数组的常用查询方法

方法名	说明
`function int first(ref index)`	返回关联数组第一个元素的索引值
`function int last(ref index)`	返回关联数组最后一个元素的索引值
`function int next(ref index)`	返回关联数组当前位置的下一个元素的索引值
`function int prev(ref index)`	返回关联数组当前位置的前一个元素的索引值
`function int exists(ref index)`	判断关联数组是否存在索引值为 index 的元素

关联数组的地址不具有连续性，因此 foreach 语句比较适合用于关联数组的遍历。当然也可以在 do while 语句中使用 first 和 next 等方法实现遍历，如例2.29所示。

例 2.29　关联数组的使用

src/ch2/sec2.6/1/test.sv

```
4   module automatic test;
5     initial begin
6       int a[int], i;
7       a = '{0:0, 10:2, 100:4, 1000:6, 10000:8};
8       foreach (a[i])
9         $display("a[%0d]=%0d", i, a[i]);
10      if (a.first(i)) begin // 得到第一个元素的索引
11        do
12          $display("a[%0d]=%0d", i, a[i]);
13        while (a.next(i)); // 得到第二个元素的索引
14      end
15      if (a.first(i))
16        a.delete(i);
17      $display("The array now has %0d elements", a.num);
18    end
19  endmodule
```

例2.29的运行结果如下。

例2.29的运行结果

```
a[0]=0
a[10]=2
a[100]=4
a[1000]=6
a[10000]=8
a[0]=0
a[10]=2
a[100]=4
a[1000]=6
a[10000]=8
The array now has 4 elements
```

关联数组的索引可以是字符串。例2.30中使用带字符串索引的数组直接量初始化关联数组 range。使用%p 可以按数组直接量的方式输出关联数组。在元素赋值之前可以使用 exists 方法检查关联数组的元素是否存在。如果试图读取不存在的元素，会返回数组类型的默认值。

例 2.30　使用带字符串索引的关联数组

src/ch2/sec2.6/2/test.sv

```
4   module automatic test;
5     initial begin
```

```
6      int range[string] = '{"min":0, "max":256};
7      foreach(range[i])
8        $display("%0d", range[i]);
9      if (range.exists("max"))
10       range["max"] = 1024;
11     $display("%p", range);
12     $display("%0d", range["mid"]); // 输出默认值0
13   end
14 endmodule
```

例2.30的运行结果如下。

例2.30的运行结果

```
256
0
'{"max":1024, "min":0}
0
```

2.7　队　列

队列（queue）是长度可变的连续存放的同类型数据集合，它结合了链表和数组的优点。队列可以像链表那样随意增加或删除元素。队列定义时在方括号中使用符号"$"，表示元素编号从 0 到 $。队列可以像数组那样使用索引访问队列元素，队列的常用内置方法如表2.6所示，表中 element_t 表示队列的数据类型，index 表示队列的索引，item 表示一个常量或变量。

表 2.6　队列的常用内置方法

方法	说明
function int size()	返回队列长度
function void insert(index, item)	在索引为 index 的位置插入 item
function element_t pop_front()	弹出队列的首个元素作为方法的返回值
function element_t pop_back()	弹出队列的末尾元素作为方法的返回值
function void push_front(item)	将 item 插入到队列最前面
function void push_back(item)	将 item 插入到队列最后面
function void delete(index)	删除索引为 index 的元素，不加参数则删除整个队列

图2.8给出了整数类型队列 a 调用一系列内置方法后内容的变化情况。因为队列中的元素是连续存放的，所以在队列首尾添加和删除数据的速度最快。一定要慎用 insert 和 delete 方法，因为在队列的中间位置插入或删除元素后，后续的所有元素都要在内存中向后或向前迁移，数据迁移所耗费的时间会随着队列的长度线性增加。

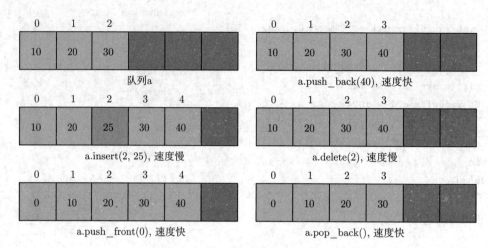

图 2.8　队列的常用操作方法

例2.31展示了使用队列方法的使用，可以看到队列方法一次只能添加或删除一个队列元素。

例 2.31　使用队列方法操作队列

src/ch2/sec2.7/1/test.sv

```
4   module automatic test;
5     initial begin
6       int a[$] = {0,2,3}, b = 1;
7       a.insert(1, b); // 插入变量b
8       a.insert(2, 4); // 插入常量4
9       $display("a=%p", a);
10      a.delete(2);
11      $display("a=%p", a);
12      a.push_front(-1);
13      $display("a=%p", a);
14      a.push_back(4);
15      $display("a=%p", a);
16      a.pop_front;
17      $display("a=%p", a);
18      b = a.pop_back;
19      $display("a=%p, b=%0d", a, b);
20      a.delete(); // 删除队列
21    end
22  endmodule
```

例2.31的运行结果如下。

例2.31的运行结果

```
a='{0, 1, 4, 2, 3}
a='{0, 1, 2, 3}
```

```
a='{-1, 0, 1, 2, 3}
a='{-1, 0, 1, 2, 3, 4}
a='{0, 1, 2, 3, 4}
a='{0, 1, 2, 3} , b=4
```

使用拼接运算符可以让队列的某些操作更简单，例如读写、添加或删除队列的多个元素，或将一个数组或队列插入到另一个队列中。例2.32使用拼接运算符实现了与例2.31相同的队列操作，注意 $ 在方括号中的左边或右边分别代表队列的索引下限和上限。

例 2.32　使用拼接运算符操作队列

src/ch2/sec2.7/2/test.sv

```
4  module automatic test;
5    initial begin
6      int a[$] = {0, 2, 3}, b = 1;
7      a = {a[0], b, 4, a[1:$]};
8      $display("a=%p", a);
9      a = {a[0:1], a[3:$]};
10     $display("a=%p", a);
11     a = {-1, a}; // push_front
12     $display("a=%p", a);
13     a = {a, 4}; // push_back
14     $display("a=%p", a);
15     a = a[1:$]; // pop_front
16     $display("a=%p", a);
17     b = a[$];
18     a = a[0:$-1]; // pop_back
19     $display("a=%p, b=%0d", a, b);
20     a = {}; // delete
21   end
22 endmodule
```

2.8　数组的内置方法

数组自带有各种内置方法，例如查询数组长度、数组排序等。这些内置方法适用于各种非压缩数组，包括定长数组、动态数组、关联数组和队列。

2.8.1　数组缩减方法

数组缩减方法（reduction method）可以对非压缩整数数组的全部或部分元素进行迭代计算而得到一个数值结果，主要包括求和、积和逻辑运算。数组缩减方法可以与 with 语句结合使用。with 语句先根据表达式计算出结果序列，然后数组缩减方法对结果序列进行处理。

例2.33展示了数组缩减操作的使用方法。第7行中对数组 a 求和。第8行统计数组中元素值大于2的个数，逻辑表达式 item > 2 的计算结果需要转换成 int 类型，才能保证求和结果不会溢出。第9行中将数组元素值都加1再求和。with 语句中 item 是默认的迭代参数，它表示数组的一个元素。也可以在数组方法的参数列表中设置自定义的迭代参数名字。

例 2.33　数组的缩减操作

src/ch2/sec2.8/1/test.sv

```
4  module automatic test;
5    initial begin
6      int a[] = '{1, 2, 3, 4};
7      $write("%0d ", a.sum());
8      $write("%0d ", a.sum with (int'(item > 2)));
9      $write("%0d ", a.sum(x) with (x + 1));
10     $write("%0d ", a.product);
11     $display("%0d", a.and);
12   end
13 endmodule
```

例2.33的运行结果如下。

例2.33的运行结果

```
10 2 14 24 0
```

如果想从数组或队列中随机选取元素，可以使用系统函数 $urandom_range 生成队列元素的随机序号实现，如例2.34所示。由于关联数组的索引不是连续的，所以需要在 foreach 语句中查找第 r 个元素所对应的索引 i，然后将被选中的元素打印输出。

例 2.34　从关联数组中随机选取一个元素

src/ch2/sec2.8/2/test.sv

```
4  module automatic test;
5    initial begin
6      int a[int] = '{0:0, 10:2, 100:4, 1000:6, 10000:8};
7      int r, count = 0;
8      r = $urandom_range(a.size()-1);
9      foreach(a[i]) begin
10       if (count++ == r) begin
11         $display("The %0d'th element a[%0d]=%0d", r, i, a[i]);
12         break; // 跳出循环
13       end
14     end
15   end
16 endmodule
```

例2.34的运行结果如下。

例2.34的运行结果

```
The 3'th element a[1000]=6
```

2.8.2　数组定位方法

数组定位方法（locator method）可以操作任意的非压缩数组或队列，根据给定的表达式返回一个满足结果的队列。例2.35中使用 min 和 max 方法分别返回数组的最小值和最大值队列。unique 方法用来排除数组中的重复值，返回唯一值队列。注意数组定位方法的返回结果一定是队列类型，因为一旦它操作的是一个空数组或者空队列，就不会产生有效的结果，因此只能返回一个空队列。

例 2.35　数组定位方法 min、max 和 unique 的使用
src/ch2/sec2.8/3/test.sv

```
4    module automatic test;
5      initial begin
6        int f[6] ='{1,6,2,6,8,6};
7        int d[] ='{2,4,6,8};
8        int q[$]= {1,3,5,7};
9        int tq[$];   // 保存结果的临时队列
10       tq = q.min(); // 操作队列
11       $display("%p", tq);
12       tq = d.max(); // 操作动态数组
13       $display("%p", tq);
14       tq = f.unique(); // 操作定长数组
15       $display("%p", tq);
16       tq = f.unique_index();
17       $display("%p", tq);
18     end
19   endmodule
```

例2.35的运行结果如下。

例2.35的运行结果

```
'{1}
'{8}
'{1, 6, 2, 8}
'{0, 1, 2, 4}
```

一些常用的数组定位方法如表2.7所示，它们可以与 with 语句配合使用，返回一个满足 with 语句条件的元素队列或索引队列，例如 find 方法返回的是元素队列，而 find_index 方法返回一个 int 类型的索引队列。

表 2.7 常用的数组定位方法

方法名	说明
find()	返回满足表达式的全部元素
find_index()	返回满足表达式的全部元素的索引
find_first()	返回满足表达式的第一个元素
find_first_index()	返回满足表达式的第一个元素的索引
find_last()	返回满足表达式的最后一个元素
find_last_index()	返回满足表达式的最后一个元素的索引

数组定位方法的使用如例2.36所示。

例 2.36 数组定位方法的使用

src/ch2/sec2.8/4/test.sv

```
4   module automatic test;
5     initial begin
6       int d[] = '{9,1,8,3,4,4}, tq[$];
7       tq = d.find with (item > 3);
8       $display("%p", tq);
9       tq = d.find_index with (item > 3);
10      $display("%p", tq);
11      tq = d.find_first with (item > 99);
12      $display("%p", tq);
13      tq = d.find_first_index with (item==8);
14      $display("%p", tq);
15      tq = d.find_last with (item==4);
16      $display("%p", tq);
17      tq = d.find_last_index with (item==4);
18      $display("%p", tq);
19    end
20  endmodule
```

例2.36的运行结果如下。

例2.36的运行结果

```
'{9, 8, 4, 4}
'{0, 2, 4, 5}
'{}
'{2}
'{4}
'{5}
```

2.8.3　数组排序方法

数组的排序方法（ordering method）包括正排序、逆排序和乱序方法，如例2.37所示。注意，排序方法直接对数组本身操作，它们会改变数组的内容。

例 2.37　数组排序方法的使用

src/ch2/sec2.8/5/test.sv

```
4   module automatic test;
5     initial begin
6       int d[] = '{3,1,4,1,5,9};
7       d.reverse();
8       $display("d=%p", d);
9       d.sort();
10      $display("d=%p", d);
11      d.rsort();
12      $display("d=%p", d);
13      d.shuffle();
14      $display("d=%p", d);
15    end
16  endmodule
```

例2.37的运行结果如下。

例2.37的运行结果

```
d='{9, 5, 1, 4, 1, 3}
d='{1, 1, 3, 4, 5, 9}
d='{9, 5, 4, 3, 1, 1}
d='{4, 5, 3, 9, 1, 1}
```

reverse 和 shuffle 方法比较特殊，它们不能和 with 语句配合使用，这两种方法的作用范围是整个数组。例2.38展示了如何使用子域对一个结构（详见2.10节）类型数组排序。定长数组、动态数组和队列支持排序方法，关联数组不支持排序方法。

例 2.38　对结构类型数组排序

src/ch2/sec2.8/6/test.sv

```
4   module automatic test;
5     initial begin
6       typedef struct { bit [7:0] r, g, b; } color_s;
7       color_s color[] = '{'{r:1, g:4, b:7}, '{r:2, g:5, b:8}, '{r:1, g:5, b:9}};
8       color.sort with (item.g); // 只排序g
9       $display("color=%p", color);
10      color.sort with ({item.g, item.b}); // 先排序g，再排序b
11      $display("color=%p", color);
```

```
12    end
13  endmodule
```

例2.38的运行结果如下。

例2.38的运行结果

```
color='{'{r:'h1, g:'h4, b:'h7}, '{r:'h1, g:'h5, b:'h9}, '{r:'h2, g:'h5, b:'h8}}
color='{'{r:'h1, g:'h4, b:'h7}, '{r:'h2, g:'h5, b:'h8}, '{r:'h1, g:'h5, b:'h9}}
```

2.9　自定义数据类型

关键字 typedef 用来创建新的自定义数据类型，例如可以将经常使用的无符号整数类型重新定义成 uint 类型，如例2.39所示。本书约定除了 uint，其他自定义类型都带后缀"_t"。推荐将 parameter 和 typedef 语句放到包（package）中，使它们能被整个设计和测试平台共用，详见2.13节。

例 2.39　自定义数据类型 uint

```
1  typedef bit [31:0] uint; // typedef int unsigned uint;
2  uint a;
```

使用关键字 typedef 自定义数组类型时需要把数组索引放在新类型名后面。例2.40创建了新类型 array5_t，接着使用它定义了数组 a。

例 2.40　自定义数组类型
src/ch2/sec2.9/1/test.sv

```
4  module automatic test;
5    typedef int array5_t[5];
6    initial begin
7      array5_t a; // int a[5]
8      foreach (a[i])
9        a[i] = i;
10   end
11 endmodule
```

2.10　结构和联合

2.10.1　结构

结构（structure）是一种将多个变量组织到一起的复杂数据类型，结构中不能包含操作数据的例程，结构可以被逻辑综合。结构可以使用关键字 struct 直接定义，如例2.41所示。例子中在定义结构类型的同时创建了结构变量 pixel，它的 3 个无符号字节变量分别代表红、绿和蓝。

例 2.41　定义结构变量 pixel

```
1  struct {
2    bit [7:0] r;
3    bit [7:0] g;
4    bit [7:0] b;
5  } pixel;
```

结构变量 pixel 的内容被保存在连续存储的 3 个字的低 8 位中，如图2.9所示。

高24位未使用	r
高24位未使用	g
高24位未使用	b

图 2.9　非压缩结构的存储方式

单独使用关键字 struct 只能定义无名的结构类型，更好的方式是使用 typedef 创建一个自定义结构类型，这样就可以方便地使用自定义结构类型创建结构变量，例如例2.42所示。为了区别于普通数据类型，本书中会使用后缀"_s"来表示结构类型。结构直接量可以直接赋值给结构变量。赋值时只需要把数值放到带单引号的花括号中。

例 2.42　使用 typedef 创建自定义结构类型

src/ch2/sec2.10/1/test.sv

```
4   module automatic test;
5     typedef struct {bit [7:0] r, g, b;} pixel_s;
6     typedef struct packed {bit [7:0] r, g, b;} packed_pixel_s;
7     initial begin
8       pixel_s pixel = '{8'h1, 8'h2, 8'h3};
9       packed_pixel_s packed_pixel = {8'h1, 8'h2, 8'h3};
10      $display("pixel=%p", pixel);
11      $display("packed_pixel=%p", packed_pixel);
12    end
13  endmodule
```

例2.42的运行结果如下。

例2.42的运行结果

```
pixel='{r:'h1, g:'h2, b:'h3}
packed_pixel='{r:'h1, g:'h2, b:'h3}
```

压缩结构和压缩数组类似，它被保存在连续的存储空间中。例2.42使用 packed 关键字将占用 3 个字的 pixel_s 结构压缩成 packed_pixel_s 结构，图2.10给出了它的存储方式。

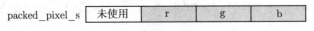

packed_pixel_s　　未使用　　r　　g　　b

图 2.10　压缩结构的存储方式

2.10.2 联合

联合（union）是一种特殊的数据类型，一个联合中可以包含多种不同数据类型的成员，所有成员共享同一个存储空间，占据存储空间最大的成员决定了联合占据存储空间的大小。访问不同的成员等同于使用不同的数据类型格式访问同一块存储空间。

例2.43中的联合描述了一块 8 位的存储空间，它可以按无符号和有符号两种数据类型访问。为了区别于普通数据类型，本书中定义联合类型时类型名后都带有后缀"_u"。

例 2.43　使用 typedef 创建自定义联合类型

src/ch2/sec2.10/2/test.sv

```
4   module automatic test;
5     typedef union {bit [7:0] bu; byte bs;} num_u;
6     initial begin
7       num_u uni;
8       uni.bu = 255;
9       $display("uni.bu=%0d, uni.bs=%0d", uni.bu, uni.bs);
10    end
11  endmodule
```

例2.43的运行结果如下。

例2.43的运行结果

```
uni.bu=255, uni.bs=-1
```

2.11　枚　　举

枚举（enumeration）是一些符号常量的集合。简单地说，枚举中定义了一些符号，每个符号和一个整数常量值绑定。编译器对枚举的认知就是符号常量所绑定的那个常量值。枚举类型在定义时包含一个枚举名列表，每个枚举名都对应一个整数值，枚举变量只能在由枚举名构成的数值范围内取值。像状态机的状态变量就非常适合声明成枚举类型。

2.11.1 定义枚举类型

使用 enum 关键字可以在定义枚举类型的同时定义枚举变量，如例2.44所示，其中 INIT、DECODE 和 IDLE 是枚举名，pstate 和 nstate 是枚举变量。枚举名和枚举变量默认都是 int 类型，可以在 enum 关键字后面指定枚举名和枚举变量的数据类型，从而更严格地限制枚举变量的取值范围。默认情况下枚举名的取值从 0 开始递增计数。所以 INIT、DECODE 和 IDLE 的取值分别是 0、1 和 2。枚举名和变量的作用域相同，因此在一个作用域中枚举名和变量名不能重名。

例 2.44　使用 enum 定义枚举变量

```
1  enum {INIT, DECODE, IDLE} pstate, nstate;
2  enum bit [1:0] {OKAY, ERROR, RETRY, SPLIT} hresp;
```

和结构体类型类似，使用 typedef 创建自定义枚举类型可以简化枚举变量的定义。为了区别于普通数据类型，本书中会使用后缀"_e"来表示枚举类型。在例2.45中，首先创建了枚举类型 state_e，然后使用枚举类型创建了枚举变量 pstate 和 nstate。直接访问枚举变量得到的是当前枚举名的取值，使用 name 方法可以得到枚举变量对应的枚举名。

例 2.45　使用 typedef 和 enum 定义枚举类型

src/ch2/sec2.11/1/test.sv

```
4  module automatic test;
5    typedef enum {IDLE, INIT, DECODE} state_e;
6    initial begin
7      state_e pstate, nstate;
8      case (pstate)
9        IDLE: nstate = INIT;
10       INIT: nstate = DECODE;
11       default: nstate = IDLE;
12     endcase
13     $display("next state %s=%0d", nstate.name(), nstate);
14   end
15 endmodule
```

例2.45的运行结果如下。

例2.45的运行结果

```
next state INIT=1
```

枚举变量默认按 int 类型存储，它的默认值是 0。所以在定义枚举类型时一定要加入与 0 绑定的枚举名。例2.46中 IDLE 对应默认值 0，INIT 对应数值 2，DECODE 对应 3。

例 2.46　指定枚举值

```
1  typedef enum {IDLE, INIT = 2, DECODE} state_e;
```

2.11.2　枚举的方法

表2.8给出了一些遍历枚举名的方法。比较特殊的是在枚举名列表的开始（或结尾）位置调用 prev（或 next）方法，它们会以循环的方式返回结尾（或开始）位置的枚举名。

表 2.8　遍历枚举名的方法

方法	说明
function enum first()	返回第一个枚举名
function enum last()	返回最后一个枚举名
function enum next(int unsigned N = 1)	返回当前位置后第 N 个枚举名
function enum prev(int unsigned N = 1)	返回当前位置前第 N 个枚举名
function int num()	返回队列的长度
function string name()	以字符串的形式返回枚举名

如果要想遍历所有枚举名，应该先记录开始位置的枚举名，然后在循环语句中使用 next 方法逐个遍历枚举名，当再次读到开始位置的枚举名时结束循环语句，如例2.47所示。

例 2.47　遍历所有枚举名

src/ch2/sec2.11/2/test.sv

```
4   module automatic test;
5     typedef enum {IDLE, INIT, DECODE} state_e;
6     initial begin
7       state_e state;
8       state = state.first;
9       do begin
10        $display("State %s=%0d", state.name(), state);
11        state = state.next;
12      end while (state != state.first);
13    end
14  endmodule
```

例2.47的运行结果如下。

例2.47的运行结果

```
State IDLE = 0
State INIT = 1
State DECODE = 2
```

2.11.3　枚举变量和类型转换

枚举变量的默认类型为 int，但它只能在由枚举名构成的数值范围内取值。枚举变量可以直接赋值给 int 变量，但 int 变量应该使用动态类型转换函数 $cast 尝试赋值给枚举变量，如例2.48所示。函数 $cast 尝试将 int 变量 s 赋值给枚举变量 state。如果赋值成功 $cast 返回 1，如果变量 s 的数值越界则不进行赋值并返回 0。

例 2.48　整型变量与枚举变量间的赋值

src/ch2/sec2.11/3/test.sv

```
4   module automatic test;
5     typedef enum {IDLE, INIT, DECODE} state_e;
6     initial begin
7       state_e state;
8       int s;
9       state = INIT;
10      s = state;
11      if (!$cast(state, ++s)) // 动态转换
12        $display("Cast failed for s=%0d", s);
13      $display("State %s=%0d", state.name, state);
14      state = state_e'(++s); // 静态转换
15      $display("State %s=%0d", state.name, state);
16    end
17  endmodule
```

例2.48的运行结果如下。静态类型转换不进行任何检查，直接将越界的 int 变量 s 赋值给枚举变量 state，数值 3 并没有对应的枚举名。

例2.48的运行结果

```
State DECODE = 2
State  = 3
```

2.12　流 操 作 符

流操作符包括"<<"和">>"。在赋值表达式右侧，流操作符可以将表达式、结构或数组等源数据打包成一个比特流。操作符">>"表示从左向右打包，而"<<"表示从右到左打包。打包源数据时，可以在流操作符后指定一个片段长度，源数据会按这个片段长度分段再转变成比特流。

在赋值表达式左侧，流操作符执行相反的解包操作，可以将比特流形式的源数据解包到一个或多个目标变量中，如例2.49所示。注意不能将比特流源数据直接赋给非压缩数组，而应该在赋值表达式的左边使用流操作符将比特流拆分到非压缩数组中。

例 2.49　基本的流操作

src/ch2/sec2.12/1/test.sv

```
4   module automatic test;
5     initial begin
6       shortint h;
7       bit [3:0] a[4] = '{'ha, 'hb, 'hc, 'hd};
```

```
8     bit [3:0] b[4], c, d, e, f;
9     h = {>> {a}}; // 将数组a打包到h
10    $display("%h", h);
11    h = {<< {a}}; // 将数组a按位逆序打包到h
12    $display("%h", h);
13    h = {<< byte {a}}; // 将数组a按字节逆序打包到h
14    $display("%h", h);
15    {>>{b}} = { << 4 {a}}; // 将数组a按字节逆序并解包到数组b
16    $display("%p", b);
17    {>> {c, d, e, f}} = a; // 将数组a解包成多个半字（nibble）
18    h = {>>{f, e, d, c}}; // 将多个半字打包到h
19    $display("%h", h);
20    end
21  endmodule
```

例2.49的运行结果

```
abcd
b3d5
cdab
'{'hd, 'hc, 'hb, 'ha}
dcba
```

如果要压缩或者解压缩数组，可以使用流操作符完成不同数据类型的数组间的转换，例如将字节数组转换成字数组。定长数组、动态数组和队列都支持流操作符操作。例2.50使用流操作符在队列之间进行转换，这也适用于动态数组。数组元素会根据需要自动分配。

例 2.50   使用流操作符进行队列间的转换

src/ch2/sec2.12/2/test.sv

```
4   module automatic test;
5     initial begin
6       bit [15:0] wq[$] = {16'h1234, 16'h5678};
7       bit [7:0] bq[$];
8       bq = { >> {wq}}; // 将半字队列转换成字节队列
9       $display("bq=%p", bq);
10      bq = {8'h87, 8'h65, 8'h43, 8'h21}; // 将字节数组转换成字节队列
11      wq = { >> {bq}};
12      $display("wq=%p", wq);
13    end
14  endmodule
```

例2.50的运行结果如下。

例2.50的运行结果

```
bq='{'h12, 'h34, 'h56, 'h78}
wq='{'h8765, 'h4321}
```

数组间使用流操作符的常见错误是索引不匹配。数组的缩写定义 [high] 等同于 [0:high]，而很多数组会使用 [high:0] 的形式定义，两者使用流操作符赋值时会造成元素倒序。同样，如果使用流操作符将 bit [7:0] src [255:0] 的非压缩数组赋值给 bit [7:0] [255:0] dst 的压缩数组，则数值的顺序会被打乱，正确的压缩字节数组定义形式应该是 bit[255:0] [7:0] dst。

流操作符也可用来将结构压缩或者解压缩到字节数组中。在例2.51中使用流操作符将结构转换成字节类型的动态数组，然后字节类型的动态数组又被反过来转换成结构。

例 2.51　使用流操作符在结构和数组间进行转换
src/ch2/sec2.12/3/test.sv

```
4   module automatic test;
5     typedef struct {
6       int unsigned a;
7       byte unsigned b;
8     } my_struct_s;
9
10    initial begin
11      my_struct_s st = '{32'h12345678, 8'h9a};
12      byte unsigned b[];
13      b = {>> {st}}; // 将结构转换成字节数组
14      $display("b=%p", b);
15      st = {>> {b}}; // 将字节数组转换成结构
16      $display("st=%p", st);
17    end
18  endmodule
```

例2.51的运行结果如下。

例2.51的运行结果

```
b='{'h12, 'h34, 'h56, 'h78, 'h9a}
st='{a:305419896, b:154}
```

2.13　包

Verilog HDL 中通常将常用的参数、变量和数据类型保存在头文件中，并使用 'include 语句将头文件导入设计中，头文件的全部内容在设计中都是可见的。当同时导入多个头文件时，非常容易出现重复命名的问题。为此，SystemVerilog 引入了包（package）的概念，包提供了一个可以被其他块共享的声明空间。将头文件的内容放入包中，在设计中可以根据需要使用 import 语句和域操作符 "::" 导入包的部分或全部内容。

例2.52展示了包的定义和使用。例子中定义了包 pkg_2d 和 pkg_3d，测试模块中的第一条 import 语句导入包 pkg_2d 的全部内容，第二条 import 语句只导入了包 pkg_3d 中的自定义结构类型 point3_s，这是因为这两个包中存在同名变量 message，整体导入包 pkg_3d 会引起冲突。另外，由于模块中也存在同名变量 message，这会屏蔽掉 pkg_2d 中的变量 message，这时可以使用域操作符显式访问 pkg_2d 中的变量 message。

例 2.52　包的定义和使用

src/ch2/sec2.13/1/test.sv

```
4  package pkg_2d;
5    typedef struct {int x, y;} point2_s;
6    string message = "message in pkg_2d";
7  endpackage
8
9  package pkg_3d;
10   typedef struct {int x, y, z;} point3_s;
11   string message = "message in pkg_3d";
12 endpackage
13
14 module automatic test;
15   import pkg_2d::*;
16   import pkg_3d::point3_s;
17
18   point2_s  xy;
19   point3_s xyz;
20   string message = "message in test"; // 使pkg_2d包中的message不可见
21
22   initial begin
23     $display("%s, %s", message, pkg_2d::message);
24   end
25 endmodule
```

例2.52的运行结果如下。

例2.52的运行结果

```
message in test, message in pkg_2d
```

在包中，只有其内部定义的内容和从其他包中导入的符号可见。不能通过层次化引用包外的信号、例程或者模块。可以认为包是完全独立的，可以在任何所需位置插入包，包没有外部关联。

2.14 练 习 题

✍ 练习 **2.1**　　根据测试模块中的代码回答下列问题。

```
4   module automatic test;
5     initial begin
6       byte unsigned my_byte;
7       int my_int;
8       bit [15:0] my_bit;
9       shortint my_int1;
10      shortint my_int2;
11
12      my_int = 32'h01xz;
13      my_bit = 16'h8000;
14      my_int1 = my_bit;
15      my_int2 = my_int1 - 1;
16    end
17  endmodule
```

1. my_byte 的取值范围是多少？
2. my_int 的十六进制值是多少？
3. my_bit 的十进制值是多少？
4. my_int1 的十进制值是多少？
5. my_int2 的十进制值是多少？

✍ 练习 **2.2**　　按执行顺序分析测试模块中第 10~16 行的赋值结果。

```
4   module automatic test;
5     initial begin
6       bit [7:0] my_mem[3] = '{default:8'ha5};
7       logic [3:0] my_logicmem[4] = '{0,1,2,3};
8       logic [3:0] my_logic = 4'hf;
9
10      my_mem[2] = my_logicmem[4];
11      my_logic = my_logicmem[4];
12      my_logicmem[3] = my_mem[3];
13      my_mem[3] = my_logic;
14      my_logic = my_logicmem[1];
15      my_logic = my_mem[1];
16      my_logic = my_logicmem[my_logicmem[4]];
17    end
18  endmodule
```

✍ **练习 2.3** 按如下要求编写 SystemVerilog 代码。

1. 声明一个宽度为 12 比特长度为 4 的二值数组 my_array。
2. 使用数组直接量初始化数组 my_array，使得。

    (a) my_array[0] = 12'h012。

    (b) my_array[1] = 12'h345。

    (c) my_array[2] = 12'h678。

    (d) my_array[3] = 12'h9ab。

3. 分别使用 for 和 foreach 语句遍历 my_array，并打印每个元素的 [5:4] 位。

✍ **练习 2.4** 定义 logic 类型的 4*16 的二维数组 my_array，回答下面哪些赋值语句可以正确执行。

1. my_array[3][15] = 1'b1;
2. my_array[2][16] = 1'b1;
3. my_array[3] = 31'b1;

✍ **练习 2.5** 下面代码的运行结果是什么？

```
4  module automatic test;
5    initial begin
6      string fruit[$];
7      fruit = {"Apple", "Orange", "Peach"};
8      $display("fruit[0]=%s", fruit[0]);
9      fruit.insert(2, "Banana");
10     $display("fruit[2]=%s", fruit[2]);
11     fruit.push_front("Strawberry");
12     $display("fruit[2]=%s", fruit[2]);
13     $display("pop_back=%s", fruit.pop_back);
14     $display("fruit.size=%0d", fruit.size);
15   end
16 endmodule
```

✍ **练习 2.6** 按如下需求编写代码。

1. 使用关联数组建模一块存储器，其中数据位宽为 32 比特，地址位宽为 10 比特。
2. 使用如下指令填充存储器。

    (a) 在地址'h0 处存储 32'h8。

    (b) 在地址'h100 处存储 32'h10。

    (c) 在地址'h200 处存储 32'h18。

    (d) 在最大地址处存储 32'h20。

3. 打印关联数组的元素个数和内容。

✍ **练习 2.7** 按如下要求编写代码。

1. 创建一个 3 个字节的队列，初始值为 2、−1 和 127。
2. 以十进制格式打印队列的元素和。
3. 打印出队列的最小和最大值。

4. 将队列全部元素排序并打印结果队列。

5. 打印队列中全部负数的索引。

6. 打印队列中全部正数的索引。

7. 将队列倒序排序并打印结果队列。

练习 2.8　定义压缩结构 data_s，其内部的各个域如下图所示，随后将 header 域赋值为 8'h5a。

31　　　　　　24 23　　　　　　16 15　　　　　　8 7　　　　　　0
header	cmd	data	crc

练习 2.9　按如下要求编写 SystemVerilog 代码

1. 创建一个宽度为 4 比特的自定义类型 nibble。

2. 创建一个实数变量 r 并初始化为 4.33。

3. 创建一个短整形变量 i_pack。

4. 创建一个类型为 nibble 长度为 4 非压缩数组 k，并初始化为 4'h0、4'hf、4'he 和 4'hd。

5. 打印 k。

6. 使用流操作符按从右到左的顺序把 k 的值赋值给 i_pack 并打印。

7. 使用流操作符按 nibble 类型从右到左的顺序把 k 的值赋值给 i_pack 并打印。

8. 将实数类型 r 转换成 nibble 类型，将 k[0] 的值赋值给它并打印。

练习 2.10　一个算数逻辑单元（Arithmetic and Logic Unit, ALU）的操作码如表2.9所示。

表 2.9　ALU 操作码

Opcode	Encoding
ADD: A + B	2'b00
SUB: A - B	2'b01
INV: ~A	2'b10
OR: |B	2'b11

编写一个测试模块并执行如下任务。

1. 创建一个操作码的枚举类型：opcode_e。

2. 创建一个 opcode_e 类型的变量 opcode。

3. 以 10ns 为时钟周期循环遍历 opcode 的所有值。

4. 例化一个带有 2 比特输入操作码的 ALU。

练习 2.11　使用系统函数 $timeformat 设置打印时间，以 ps 为单位，同时小数点后保留 2 位精度。

练习 2.12　使用上例的时间格式系统任务，给出下面例子的运行结果。

```
module automatic test;
  timeunit 1ns;
  timeprecision 1ps;
  parameter real t_real = 5.5;
  parameter time t_time = 5ns;

  initial begin
```

```
11    $timeformat(-12, 2, "ps", 8);
12    #t_time $display("1 %t", $realtime);
13    #t_real $display("1 %t", $realtime);
14    #t_time $display("1 %t", $realtime);
15    #t_real $display("1 %t", $realtime);
16  end
17
18  initial begin
19    $timeformat(-12, 2, "ps", 8);
20    #t_time $display("2 %t", $time);
21    #t_real $display("2 %t", $time);
22    #t_time $display("2 %t", $time);
23    #t_real $display("2 %t", $time);
24  end
25  endmodule
```

结构化过程

SystemVerilog 引入了很多 C 语言的关键字、运算符和语句，对 Verilog HDL 中的结构化过程（structured procedure）做了多项改进。在 SystemVerilog 中，结构化过程包括如下组成部分。

1. initial 过程，使用关键字 initial 表示。
2. always 过程，使用关键字 always、always_comb、always_latch 和 always_ff 表示。
3. final 过程，使用关键字 final 表示。
4. 任务（task）。
5. 函数（function）。

3.1　initial 和 always 过程

initial 和 always 过程在仿真开始时启动。initial 过程只被执行一次，当它的内部语句结束时它就停止运行。相反，always 过程不断被重复执行，只有当仿真结束时，它才停止运行。initial 和 always 过程之间不应该有隐含的执行顺序，即不需要在 always 过程运行之前调度和执行 initial 过程。initial 过程通常用于生成时钟和复位激励。

使用关键字 always_comb 描述组合逻辑时不需要添加敏感信号列表，因此它可以避免由于敏感信号列表不全所生成的锁存器。使用关键字 always_latch 描述锁存器时也不需要添加敏感信号列表。将例2.5改写为例3.1后，变量 f 就不会被逻辑综合成锁存器。变量 e 仍只是在特定条件下才跟随输入发生改变，因此 e 的逻辑综合结果是锁存器。always_comb 语句可以极大地降低意料之外的锁存器的出现，是对描述组合电路的重要语法强化。

例 3.1　使用 always_comb 和 always_latch 过程描述组合电路

src/ch3/sec3.1/1/dut.sv

```
4   module dut (
5     input clk,
6     input [3:0] a, b,
7     output [3:0] c,
8     output reg [3:0] d, e, f);
9
10    assign c = a + b;
```

```
11    always_comb d = a + b;
12    always_latch if (a == 0) e = a + b;
13    always_comb f = a + b;
14  endmodule
```

使用 always_ff 过程描述时序逻辑时需要添加边沿触发的敏感信号列表。改写后的例2.7如例3.2所示。需要注意的是 always_ff 过程只包含一个事件控件，因此 always_ff 过程中被赋值的变量不能在块外被再次赋值。例如使用 initial 过程初始化变量 c 会引起编译错误。

例 3.2   使用 always_ff 过程描述时序电路

src/ch3/sec3.1/2/dut.sv

```
4   module dut (
5     input clk,
6     input [3:0] a, b,
7     output reg [3:0] c, d, e, f, g);
8
9     // initial c = 'h0; // 编译错误
10
11    always_ff @(posedge clk) begin
12      c <= a + b;
13      d <= c + 1;
14    end
15    always_ff @(posedge clk) begin
16      e = a + b;
17      f = e + 1;
18    end
19    always_ff @(posedge clk) begin
20      g = e + 1;
21    end
22  endmodule
```

3.2   运算符和过程语句

SystemVerilog 支持在 for 语句中定义局部循环变量，并且支持自加运算符"++"、自减运算符"--"、复合赋值符"+="和"&="等，如例3.3所示。为了提高代码可读性，可以在顺序块和并行块的首尾同时使用同名标识符，也可以把模块名、任务名和函数名标记在 endmodule、endtask 和 endfunction 后。

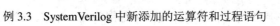

例 3.3   SystemVerilog 中新添加的运算符和过程语句

src/ch3/sec3.2/1/test.sv

```
4   module automatic test;
5     initial begin : example // 使用标记符
6       int sum;
7       for (int i=0; i<10; i++) begin // 定义局部循环变量
8         sum += i; // 自加运算符
9       end
10      $display("sum=%0d", sum);
11    end : example // 使用标记符
12  endmodule : test // 模块名作为标记符
```

例3.3的运行结果如下。

例3.3的运行结果

```
sum=45
```

为了更简单地控制循环语句，SystemVerilog 增加了 C 语言中的 continue 和 break 语句。continue 语句会立刻结束本次循环并进入下次循环。break 语句则是直接终止循环。在例3.4的 for 语句中，如果变量 i 小于 4，则执行 continue 语句直接进入下一次循环。当 i 介于 4 到 7，测试模块打印输出 i 的值。如果 i 大于 7，则执行 break 语句提前结束循环。

例 3.4   在循环语句中使用 continue 和 break 语句

src/ch3/sec3.2/2/test.sv

```
4   module automatic test;
5     initial begin
6       for(int i = 0; i < 10; i++) begin
7         if(i < 4) continue;
8         if(i > 7) break;
9         $display("i=%0d", i);
10      end
11    end
12  endmodule
```

例3.4的运行结果如下。

例3.4的运行结果

```
i=4
i=5
i=6
i=7
```

case 语句和 inside 操作符配合使用实现区间范围的统一操作。在例3.5的 repeat 语句中使用系统函数 $urandom_range 生成 100 以内的随机数，然后在不同区间范围输出不同的结果。6.2.2 节会详细介绍 inside 操作符。

例 3.5　使用 case 语句和 inside 操作符操作区间范围

src/ch3/sec3.2/3/test.sv

```
4   module automatic test;
5     initial begin
6       repeat(8) begin
7         case ($urandom_range(100)) inside
8           [90:100]: $display("A");
9           [70: 89]: $display("B");
10          [60: 69]: $display("C");
11          default:  $display("F");
12        endcase
13      end
14    end
15  endmodule
```

3.3　任务和函数

3.3.1　任务和函数的特点

初学者经常对 Verilog HDL 中的任务和函数感到困惑，两者既有共性又有明显区别。任务和函数的共同点如下。

1. 任务和函数可以在 module、package 等块内定义，可以被多次调用。
2. 任务和函数中只能使用行为级语句，不能使用 always 和 initial 过程。
3. 设计者可以在 always 和 initial 过程中调用任务和函数。
4. 任务和函数中不能定义 wire 类型的变量，它们的输入和输出参数默认是寄存器类型。
5. 任务和函数默认是静态（static）的，它们内部定义的变量也是静态的。即使任务或函数被多次调用，它们仍然共享相同的局部静态变量。这类似于吃饭时所有人（被多次调用的函数或任务）都共用白色的公筷（静态局部变量）。
6. 当任务和函数被声明为自动类型时，每次被调用的任务或函数都有独立的自动局部变量。这类似于吃饭时每个人（被多次调用的函数或任务）都有自己黑色的私筷（自动局部变量）。

任务和函数的主要区别如下。

1. 任务可以包含时序控制而函数不能。
2. 任务可以调用其他任务或函数，而函数只能调用其他函数，不能调用任务。

3. 任务可以访问它所在的 module 中的信号。如果任务中使用的变量没有在内部或端口中定义过，则编译器会自动在调用该任务的 module 中查找此变量的定义。利用任务的这个特性，可以很方便地编写测试平台。

从代码复用的角度考虑，所有不消耗时间的任务应该被定义为没有返回值的 void 函数，这样任务和函数都可以调用它。例3.6中的 void 函数用来打印加法器的输入数据和求和结果。

例 3.6　定义 void 函数

```
function void print();
  $display("a=%0d, b=%0d, sum=%0d", a, b, sum);
endfunction
```

如果不想使用函数的返回值，可以将函数返回值强制转换成 void 类型，如例3.7所示。

例 3.7　使用强制类型转换忽略函数的返回值

```
void'($fscanf(file, "%0d", i));
```

SystemVerilog 中函数可以调用任务，但只能在由 fork-join_none 块生成的进程中调用，7.1 节中有这方面的介绍。

3.3.2　例程声明的简化

任务和函数统称为例程，在 SystemVerilog 中，例程的定义可以采用 C 语言的形式，推荐使用 logic 类型的例程参数，如例3.8所示。例程中默认的参数类型是 input logic，默认参数类型可以省略但是不推荐这么做。

例 3.8　C 形式的例程参数

```
task mytask(input logic x, output logic [7:0] y);
  // ...
endtask
```

3.3.3　例程参数的引用传递

Verilog HDL 中例程参数只支持值传递，即在调用例程时将实参的值复制给 input 和 inout 的形参，在例程结束时将 output 和 inout 的形参值赋值给实参。值传递时实参和形参位于两个不同的地址空间，被调用的例程只能对形参进行操作，不会影响实参的值。在例3.9的测试模块 test 中调用任务 init，从运行结果可以看出当任务 init 中的形参 a 变为 1 时，模块中的实参 a 并没有跟随变化，实参 a 只得到了任务结束后形参 a 的最终值 2。

例 3.9　调用任务时形参和实参的内容变化

src/ch3/sec3.3/1/test.sv

```
4  task automatic init(output logic [3:0] a); // 修改为ref，实参会同时变化
5    #5 a = 1;
```

```
6      $display("in task, a=%0d", a);
7      #5 a = 2;
8      $display("in task, a=%0d", a);
9    endtask
10
11   module automatic test;
12     logic [3:0] a;
13
14     initial begin
15       $monitor("in test, a=%0d", a);
16       a = 0;
17       init(a);
18       #20 $finish();
19     end
20   endmodule
```

例3.9的运行结果如下。

例3.9的运行结果

```
in test, a=0
in task, a=1
in task, a=2
in test, a=2
```

SystemVerilog 扩展了例程参数的传递方式，加入了引用传递（pass by reference）。引用传递时例程的形参是 ref 类型，这时形参实际是实参的别名，两者指向相同的地址空间。例程中对 ref 类型形参的操作会影响实参的值。注意引用传递在静态类型的例程中可能会出错，推荐只在自动类型的例程中使用引用传递。在例3.9中，测试模块为自动存储类型，因此其内部的例程都是自动存储的。将例3.9中任务 init 的形参 a 修改为 ref 类型后，从运行结果可以看到形参 a 和实参 a 的数值同时发生改变。

将任务 init 的参数修改成 ref 后例3.9的运行结果

```
in test, a=0
in task, a=1
in test, a=1
in task, a=2
in test, a=2
```

当然也可以将任务 init 定义在测试模块 test 中，并去掉任务的端口参数，这样该任务被调用时编译器会自动在模块 test 中查找变量 a 的定义，如例3.10所示。

例 3.10　在模块内部定义任务

src/ch3/sec3.3/2/test.sv

```
4   module automatic test;
5     logic [3:0] a;
6
7     task init();
8       #5 a = 1;
9       $display("in task, a=%0d", a);
10      #5 a = 2;
11      $display("in task, a=%0d", a);
12    endtask
13
14    initial begin
15      $monitor("in test, a=%0d", a);
16      a = 0;
17      init();
18      #20 $finish();
19    end
20  endmodule
```

向例程传递数组时应尽量使用引用传递以获取最佳的运行性能。如果不希望例程改变数组的值，可以使用 const ref 类型，如例3.11所示。这种情况下，编译器会进行检查以确保数组不被例程修改。

例 3.11　使用 const ref 传递只读数组

```
function automatic void print(const ref bit [3:0] a[]);
  foreach(a[i]) $display("%0d", a[i]);
endfunction
```

3.3.4　例程参数的默认值

在 SystemVerilog 中，可以在例程定义时为参数提供默认值。在调用该例程时，如果没有提供对应的参数值，例程会使用参数的默认值。例3.12中函数 sum 用来对数组的部分元素求和，参数 lo 和 hi 带有默认值 0，表示数组的下标边界。当 hi 的值大于数组长度时，函数使用 return 语句提前返回。

例 3.12　例程的参数带有默认值

src/ch3/sec3.3/3/test.sv

```
4   module automatic test;
5     byte a[] = '{-1, -2, 3, 4};
6
```

```
7    function int sum(input int unsigned lo = 0, input int unsigned hi = 0);
8      if (hi > (a.size() - 1))
9        return 0;
10     sum = 0;
11     for (int i = lo; i <= hi; i++)
12       sum += a[i];
13   endfunction
14
15   initial begin
16     $display("sum=%0d", sum());
17     $display("sum=%0d", sum(1, 4));
18     $display("sum=%0d", sum(2));
19     $display("sum=%0d", sum(, 3));
20   end
21 endmodule
```

例3.12的运行结果如下。

例3.12的运行结果

```
sum=-1
sum=0
sum=0
sum=4
```

3.4   静态例程和自动例程

module、interface 和 package 默认都使用静态存储，因此在它们内部定义的例程也是静态的。静态例程的所有实例共享该例程中的全部静态成员。在自动类型的 module 中定义的例程也是自动存储的，使用关键字 static 可以在自动例程中定义静态变量。静态变量的定义语句会在仿真前执行，所以定义静态变量时只能进行常数值的初始化。当然也可以将静态变量的定义和初始化拆分成两条语句，在仿真过程中执行静态变量的初始化，如例3.13所示。

例 3.13   静态变量的定义和初始化分开

src/ch3/sec3.3/4/test.sv

```
4  module automatic test;
5    function int init (input int din);
6      static int t;
7      t = din;
8      init = t;
9    endfunction
```

```
10
11    initial $display("%0d", init(1));
12  endmodule
```

自动例程的每个实例都有独立的自动局部数据，因此自动例程支持递归调用，可以通过如下方式定义自动例程。

1. 在定义例程时添加 automatic 关键字。

2. 在自动存储的 module、interface 或 package 中定义例程。

例3.14使用函数 factorial 计算整数阶乘。如果去掉模块定义中的关键字 automatic，则静态函数 factorial 的返回值始终都是 1。

例 3.14　自动例程的递归调用

src/ch3/sec3.3/5/test.sv

```
4   module automatic test;
5     function bit [31:0] factorial (input bit [31:0] a);
6       if (a >= 2)
7         factorial = factorial(a - 1) * a;
8       else
9         factorial = 1;
10    endfunction
11
12    initial begin
13      for (int i = 0; i < 4; i++)
14        $display("%0d!=%0d", i, factorial(i));
15    end
16  endmodule
```

例3.14的运行结果如下。

例3.14的运行结果

```
0!=1
1!=1
2!=2
3!=6
```

去掉关键字 automatic 后例3.14的运行结果如下。

调用静态函数 factorial 的运行结果

```
0!=1
1!=1
2!=1
3!=1
```

3.5 练 习 题

练习 3.1　编写 SystemVerilog 代码完成如下功能。

　　1. 定义一个长度为 16 的 int 类型动态数组。

　　2. 定义一个位宽为 4 的地址索引。

　　3. 创建函数 init，功能是将数组元素值赋值为其索引值。

　　4. 创建任务 disp，输出整个数组的内容。

练习 3.2　下面的例子中，任务 my_task 分别被定义为 automatic 和 static 时，显示输出内容是什么？

```
1   module automatic test;
2     int new_address1, new_address2;
3     bit clk;
4     initial begin
5       fork
6         my_task(21, new_address1);
7         my_task(20, new_address2);
8       join
9       $display("new_address1=%0d", new_address1);
10      $display("new_address2=%0d", new_address2);
11      $finish();
12    end
13
14    initial forever #50 clk = !clk;
15
16    task automatic my_task(input int address, output int new_address);
17      @(posedge clk) new_address = address;
18    endtask
19  endmodule
```

练习 3.3　定义一个自动函数，它可以输出自身被调用的次数。

练习 3.4　定义一个冒泡算法函数，将整数数组中的元素按从大到小的顺序排列，并在测试模块中验证。

练习 3.5　使用自动函数的递归调用，查找 10000 以内的完美数（一个整数恰好等于它的因子之和，这个数就被称为完美数），并打印运行结果。

练习 3.6　使用自动函数的递归调用实现累加运算，并打印运行结果。

练习 3.7　使用自动函数的递归调用实现斐波那契数列的运算，并打印运行结果。

接口和断言

前文中测试平台内部的端口定义和信号连接占据了代码的大量篇幅。而且信号在其流经的所有模块中都要被反复的定义和连接。一个信号的改动会涉及多个相关模块的修改。为此 SystemVerilog 引入接口（interface）抽象和简化了测试模块与 DUT 的连接，使用接口可以极大地简化测试平台的编写。

4.1 接口的定义和使用

接口是接口结构（interface construct）的简称，接口与接口类（interface class）无任何关系，接口用于管理和描述一组信号，接口中的信号简称接口信号。接口包含了接口信号的各种信息，例如接口信号的方向、延迟和同步等，在接口中可以很方便地监测接口信号的变化。因为接口不能被逻辑综合，所以接口主要还是为测试平台服务。

4.1.1 使用接口简化连接

接口管理了测试模块和 DUT（加法器）的互连，如图4.1所示。时钟和复位信号通常在顶层模块中产生，并连接到接口的输入参数。

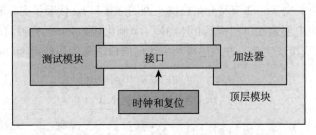

图 4.1 使用接口进行通信的加法器和测试模块

接口使用关键字 interface 定义，根据例2.1中的加法器定义的接口 intf 如例4.1所示，接口的输入参数包括时钟 clk 和异步复位 rst_n。建议将接口信号全部定义为 logic 类型，除非某个接口信号被多驱动，这时应该将它定义为 wire 类型。因为接口是独立定义的，与任何模块无关，所

SystemVerilog 数字集成电路功能验证

以定义接口信号时不需要给出信号方向，编译器会根据接口信号在测试平台中的实际连接自动判断信号方向。

例 4.1 定义接口

src/ch4/sec4.1/1/intf.svh

```
4  interface intf #(parameter WIDTH = 4) (input clk, input rst_n);
5    logic [WIDTH-1:0] a;
6    logic [WIDTH-1:0] b;
7    logic [WIDTH:0] sum;
8  endinterface
```

使用接口的测试模块如例4.2所示，与例2.2比较，测试模块的端口参数变成接口实例 i_intf，同时测试模块的内部信号都添加了接口实例前缀"i_intf."，表示访问接口信号。

例 4.2 使用接口的测试模块

src/ch4/sec4.1/1/test.sv

```
4  module automatic test #(parameter WIDTH = 4) (intf i_intf);
5    initial begin
6      $monitor("@%0t, rst_n=%0d", $time, i_intf.rst_n);
7      @(posedge i_intf.rst_n);
8      repeat(5) begin
9        @(posedge i_intf.clk);
10       i_intf.a <= $urandom_range(0, 4'hf);
11       i_intf.b <= $urandom_range(0, 4'hf);
12       $display("@%0t, a=%0d, b=%0d, sum=%0d", $time, i_intf.a, i_intf.b, i_intf.sum
     );
13     end
14     $finish();
15   end
16 endmodule
```

接口默认是静态类型（5.12 节将介绍自动类型的虚接口），代表了实际的物理信号，因此通常在静态的顶层模块中创建接口实例，如例4.3所示。例化接口 intf 时需要将时钟信号 clk 和异步复位信号 rst_n 连接到接口实例。在顶层模块中访问接口信号需要使用接口实例前缀"i_intf."。

例 4.3 在顶层模块中使用接口

src/ch4/sec4.1/1/top_tb.sv

```
5  module top_tb;
6    bit clk;
7    bit rst_n;
8    intf i_intf(clk, rst_n);
26
27   adder i_adder (
```

62

```
28      .clk(clk),
29      .rst_n(i_intf.rst_n),
30      .a(i_intf.a),
31      .b(i_intf.b),
32      .sum(i_intf.sum));
33
34    test i_test (i_intf);
35  endmodule
```

使用接口后，顶层模块和测试模块中省去了很多连线信号的定义，同时 DUT 与测试模块的连接也变得简洁且易于维护。如果 DUT 的端口信号发生变化（例如更改端口信号名），只要接口同时做出修改，顶层模块中的代码几乎不用做任何改动。例4.3中的接口只包含一个时钟信号 clk。如果接口需要使用多个时钟，应该将这些时钟也定义成接口信号，然后连接到时钟发生器。

4.1.2　modport

modport 用来规定接口信号在模块中的方向，接口中可以根据不同的模块声明多个 modport。与例4.2中测试模块对应的 modport TEST 如例4.4所示，接口信号 a、b 和 sum 的方向与测试模块同名信号的方向相同。使用 modport 可以避免接口信号的误用，例如在测试模块中使用任务 $display 打印输出接口信号 a 和 b 将导致编译错误。

例 4.4　加入 modport 的接口

src/ch4/sec4.1/2/intf.svh

```
4   interface intf #(parameter WIDTH = 4) (input clk, input rst_n);
5     logic [WIDTH-1:0] a;
6     logic [WIDTH-1:0] b;
7     logic [WIDTH:0] sum;
8
9     modport TEST(input clk, rst_n, sum, output a, b);
10  endinterface
```

modport 有两种使用方法。第一种是在测试模块的定义中指定 modport 名，测试模块的例化中不指定 modport 名，如例4.5和例4.6所示。这种做法可以将 modport 名隐藏在测试模块的定义中。

例 4.5　在测试模块定义中指定 modport 名

src/ch4/sec4.1/2/test.sv

```
4   module automatic test #(parameter WIDTH = 4) (intf.TEST i_intf);
```

例 4.6　测试模块的例化中不指定 modport 名

src/ch4/sec4.1/2/top_tb.sv

```
5   module top_tb;
```

```
34    test i_test (i_intf);
35  endmodule
```

第二种方法是在测试模块例化时指定 modport 名，测试模块的定义中不指定 modport 名，如例4.7所示。这种做法的好处是测试模块在例化时可以连接不同的 modport。

例 4.7　在测试模块例化时指定 modport

```
1  module top_tb;
2    test i_test0(i_inf0.TEST);
3    test i_test1(i_inf1.TEST);
4  endmodule
```

使用 modport 后测试模块只能访问 modport 中的接口信号，不能访问 modport 以外的接口信号。

4.2　同步信号的驱动与采样

测试平台主要通过带有时钟块的接口对 DUT 的信号进行驱动和采样。

4.2.1　时钟块

在真实的环境中时钟信号都带有时钟偏移（clock skew），它会导致外界对 DUT 的驱动和采样的时间点发生偏移。接口中的时钟块用来统一管理与该时钟相关的同步信号。在测试平台中，时钟块中的信号会以同步的方式进行驱动或采样，从而保证测试平台在正确的时间点与 DUT 交互。

在时钟块中，输入偏移隐含为负值，即在时钟事件之前采样输入信号，而输出偏移为正值，即在时钟事件之后驱动输出信号，如图4.2所示。时钟块的默认输入偏移为 #1step，#1step 指定了输入信号在前一个时间片的最后时刻才被采样，此时 DUT 的所有输出信号都已经稳定。时钟块的默认输出偏移为 #0。DUT 的最佳驱动时间应该位于其所有输入信号都已经稳定之后。接口的时钟偏移在仿真带有真实延时的门级网表时非常有用。

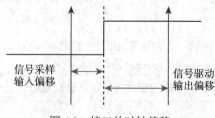

图 4.2　接口的时钟偏移

时钟块使用关键字 clocking 定义，每个时钟块都包含一个时钟表达式，对应一个时钟域。例如时钟表达式 @(posedge clk) 定义了时钟 clk 的上升沿，而 @(clk) 定义了时钟 clk 的双沿。现在将例4.4中的接口信号 a、b 和 sum 加入到时钟块 cb 中，同时在时钟块中指定这些信号的方向，如例4.8所示。modport TEST 的声明中添加了时钟块 cb，并删除了原有的接口信号 a、b 和 sum。

例 4.8 加入时钟块的接口

src/ch4/sec4.1/3/intf.svh

```
4   interface intf #(parameter WIDTH = 4) (input clk, input rst_n);
5     logic [WIDTH-1:0] a;
6     logic [WIDTH-1:0] b;
7     logic [WIDTH:0] sum;
8
9     clocking cb @(posedge clk); // 时钟块
10      output a, b;
11      input sum;
12    endclocking
13
14    modport TEST(clocking cb, input clk, rst_n);
15  endinterface
```

接下来分析时钟块信号与接口信号的关系。加入时钟块后，测试模块使用时钟块信号 i_intf.cb.a 和 i_intf.cb.b 向 DUT 发送同步激励，使用 "@(i_intf.cb)" 等待时钟的有效边沿，如例4.9所示。在测试模块中使用时钟块输出信号时需要注意如下事项。

1. 注意必须使用非阻塞赋值驱动时钟块中的输出信号，使用阻塞赋值会引起编译错误。

2. 时钟块中的输出信号只能被赋值，无法被读取。

当前测试模块的端口声明中没有指定 modport 名，因为任务 $display 需要打印接口信号 a 和 b。测试模块在时钟块信号被赋值的下一个时钟沿和沿后 1ns 调用任务 $display 打印接口信号。

例 4.9 使用时钟块信号的测试模块

src/ch4/sec4.1/3/test.sv

```
4   module automatic test #(parameter WIDTH = 4) (intf i_intf);
5     initial begin
6       $monitor("@%0t, rst_n=%0d", $time, i_intf.rst_n);
7       @(posedge i_intf.rst_n);
8       repeat(5) begin
9         @(i_intf.cb);
10        i_intf.cb.a <= $urandom_range(0, 4'hf);
11        i_intf.cb.b <= $urandom_range(0, 4'hf);
12        $display("@%0t, a=%0d, b=%0d, sum=%0d", $time, i_intf.a, i_intf.b, i_intf.cb.
          sum);
13      end
14      $finish();
15    end
16  endmodule
```

4.2.2　时钟偏移

在接口的时钟块内可以指定时钟的偏移信息，即距离准确时钟事件多少个时间单位时信号被测试模块驱动或者采样。时钟块中的时钟偏移可以使用 default 语句统一指定，也可以每个信号单独指定。例4.10中 default 语句指定了时钟块中所有信号的时钟偏移。输入信号在时钟上升沿之前的 15ns 被采样，输出信号在时钟上升沿之后的 10ns 被驱动。

例 4.10　使用 default 语句统一指定时钟块的时钟偏移

```
1  clocking cb @(posedge clk);
2    default input #15ns output #10ns;
3    output a, b;
4    input sum;
5  endclocking
```

例4.11给出了与例4.10等价的时钟块，为每个信号单独指定时钟偏移。

例 4.11　指定单个信号的时钟偏移

```
1  clocking cb @(posedge clk);
2    output #10ns a, b;
3    input #15ns sum;
4  endclocking
```

4.2.3　采样同步输入信号

修改加法器模块使其在非时钟沿位置更新 sum 值，如例4.12所示。测试平台的时钟周期为100ns，加法器模块中的 fork-join 块分别在 30ns、130ns 和 150ns 处使用阻塞赋值更新 sum 的数值，即 sum 信号在 2 个非时钟沿的时间点分别产生 1 和 2，然后在准确的时钟上升沿处产生 3。

例 4.12　加法器模块在非时钟沿位置更新 sum 数值

src/ch4/sec4.2/1/dut.sv

```
4  module adder #(parameter WIDTH = 4) (
5    output reg [WIDTH:0] sum);
6
7    initial begin
8      fork
9        # 30 sum = 1; // 阻塞赋值
10       #130 sum = 2;
11       #150 sum = 3;
12     join
13   end
14 endmodule
```

首先使用例4.8中的接口，使用时钟块的默认输入偏移 #1step，即测试平台在每个时钟上升沿前的最后时刻采样加法器模块的输出信号 sum，如图 4.3 所示。输出值 1、2 和 3 在上升沿前都已经稳定，因此它们能被正确地采样到。

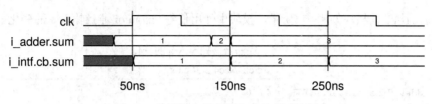

图 4.3　使用接口默认输入偏移的时序图

如果将同步输入信号 sum 的输入偏移修改为 30ns，如例4.13所示。则测试平台在每个时钟上升沿前的 30ns（图 4.4 中的竖线位置）对输出信号 sum 采样，如图4.4所示。可以看到输出值 2 在时钟上升沿前并没有准备好，因此它无法被测试模块采样到。

例 4.13　时钟块中设置输入偏移

src/ch4/sec4.2/2/intf.svh

```
9    clocking cb @(posedge clk); // 时钟块
10     output a, b;
11     input #30 sum;
12   endclocking
```

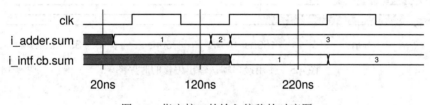

图 4.4　指定接口的输入偏移的时序图

4.2.4　驱动同步输出信号

修改测试模块使其在非时钟沿位置驱动时钟块输出信号 a，如例4.14所示。测试平台的时钟周期为100ns。测试模块中的 initial 结构分别在 70ns、170ns 和 250ns 处使用非阻塞赋值驱动时钟块输出信号 a。

例 4.14　测试模块驱动时钟块输出信号

src/ch4/sec4.2/3/test.sv

```
4    module automatic test(intf i_intf);
5      initial begin
6        #70  i_intf.cb.a <= 3; // 非阻塞赋值
7        #100 i_intf.cb.a <= 2;
8        #80  i_intf.cb.a <= 1;
```

```
9      #180 $finish();
10   end
11 endmodule
```

修改后的加法器模块如例4.15所示，模块中使用任务 $monitor 监控输入 a 的变化。

例 4.15　加法器监控输入 a 的变化

src/ch4/sec4.2/3/dut.sv

```
4 module adder #(parameter WIDTH = 4) (
5   input logic [WIDTH-1:0] a);
6
7   initial $monitor("@%0t, a=%0d", $time, a);
8 endmodule
```

这里使用例4.8中定义的接口，使用时钟块的默认输出偏移 #0，即在时钟上升沿后将时钟块输出信号 a 的数值驱动到加法器模块。在图4.5中，时钟块输出信号 a 在第一个时钟周期的中间位置被赋值为 3，这个数值一直延续到第二个时钟周期，因此数值 3 在第二个时钟上升沿后被驱动到加法器模块。时钟块输出信号 a 在第二个时钟周期的中间位置被赋值为 2，但在第三个时钟上升沿处又被赋值为 1，加法器模块只能捕获到第三个时钟上升沿后的数值 1。

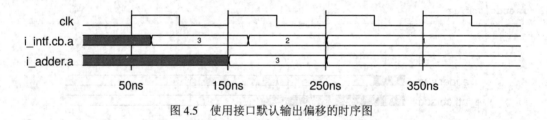

图 4.5　使用接口默认输出偏移的时序图

从上例可知异步方式驱动时钟块的同步输出信号可能导致数值丢失。这时可以在驱动语句前使用周期延时保证信号在时钟沿改变，如例4.16所示。等待两个时钟周期可以使用 repeat(2) @i_intf.cb 或周期延时 ##2。但后者只能作为驱动时钟块信号的前缀使用，因为它需要知道使用哪个时钟来作延时。

例 4.16　接口信号驱动

```
1 ##2 i_intf.cb.a <= 0; // 等待2个时钟周期后赋值
2 ##3; // 错误，##必须配合时钟块信号的赋值使用
```

4.2.5　接口信号同步

接口信号的同步同样使用 @ 和 wait 实现。例4.17中代码中的语句功能分别是：等待时钟块中 clk 的上升沿、等待 sum[0] 的上下沿、等待 sum[0] 的上升沿、等待表达式成立。

例 4.17　信号同步

```
1  module automatic test (intf.TEST i_intf);
2    initial begin
3      @i_intf.cb;                    // 等待时钟块中clk的上升沿
4      @i_intf.cb.sum[0];             // 等待sum[0]的上下沿
5      @(posedge i_intf.cb.sum[0]);   // 等待sum[0]的上升沿
6      wait(i_intf.cb.sum == 5'hf);   // 等待表达式成立
7    end
8  endmodule
```

4.2.6　接口中的双向信号

因为双向信号会被多驱动，所以接口中的双向信号必须要定义成 wire 类型。但特殊的地方是，接口中 wire 类型的双向信号可以直接在过程语句中被赋值，如例4.18所示。当在模块中对线网变量 a 赋值时，这个值实际被写到驱动该线网的临时变量中。模块中的代码直接读取连线，双向信号的数值是所有驱动器输出的解析结果。模块中的设计代码仍然使用传统的寄存器加连续赋值语句处理双向信号。

例 4.18　接口中的双向信号

src/ch4/sec4.2/4/test.sv

```
4   interface bidir_if #(parameter WIDTH = 4) (input clk);
5     wire [WIDTH-1:0] a;
6     clocking cb @(posedge clk);
7       inout a;
8     endclocking
9     modport TEST (clocking cb);
10  endinterface
11
12  module automatic test (bidir_if.TEST i_intf);
13    initial begin
14      i_intf.cb.a <= 'z;        // 三态
15      @i_intf.cb;
16      $displayh(i_intf.cb.a); // 读数据
17      @i_intf.cb;
18      i_intf.cb.a <= 4'h5;      // 写数据
19      @i_intf.cb;
20      $displayh(i_intf.cb.a); // 读数据
21      $finish();
22    end
23  endmodule
24
```

```
25  module test_top;
26    bit clk;
27    bidir_if i_intf(clk);
28
29    initial begin
30      forever #50 clk = !clk;
31    end
32
33    test i_test(i_intf);
34  endmodule
```

4.3 断 言

断言在功能验证和形式验证（Formal Verification，FV）中都有重要的应用。断言描述了设计中期望的正确行为，它主要用于验证设计的真实行为是否符合预期。此外断言可用于收集功能覆盖，用于检查并标记不符合假设要求的输入激励。尽管业界制定了一些断言标准，例如属性规范语言（Property Specification Language，PSL）和开放验证库（Open Verification Library，OVL），但随着 SystemVerilog 的不断完善，SystemVerilog 断言（SystemVerilog Assertions，SVA）已逐渐成为断言的行业标准。

4.3.1 断言类型

本节使用循环优先级仲裁器（round robin arbiter）作为 DUT 说明 SVA 的语法和使用。循环优先级仲裁器中每个代理（agent）的优先级不是固定的。当多个代理同时向仲裁器发送资源请求（request）时，仲裁器根据当前的优先级依次给每个代理授权（grant）资源，当前优先级最高的代理被授权后，它的优先级会变为最低，与此同时其他代理的优先级都提升一级。

一个连接 4 个代理的循环优先级仲裁器的端口声明如例4.19所示，每个代理使用信号 req 的一个比特位向仲裁器请求资源，信号 grant 指示当前哪个代理被授权资源。初始状态下代理 0 的优先级最高，代理 3 的优先级最低。

例 4.19　循环优先级仲裁器的端口声明

src/ch4/sec4.3/dut/round_robin_arbiter.sv

```
4  module round_robin_arbiter (
5    input            clk,
6    input            rst_n,
7    input     [3:0] req,
8    output logic [3:0] grant
9  );
```

常见的断言分成两类，即立即断言（immediate assertion）和并发断言（concurrent assertion）。

4.3.1.1 立即断言

立即断言只能声明在过程块中，它基于仿真事件的语义，并像过程语句那样执行自身布尔表达式的评估。如果布尔表达式的评估结果为 x、z 或 0，则将其解释为假，即断言失败（fail）。否则布尔表达式被解释为真，即断言通过（pass）。

立即断言通常只用于功能验证的时序仿真。断言的具体表达形式为断言语句，一个简单的 assert 类型的立即断言语句如例4.20所示，它主要包含如下组成部分。

1. 标签：标签是断言语句的一个可选项，标签"check_grant0"可以省略，但是不推荐这样做，因为标签有助于在仿真日志中快速定位断言失败的位置。
2. 断言类型：立即断言语句的类型可以是 assert、assume 或 cover，具体解释详见4.3.2节。
3. 布尔表达式：布尔表达式!(grant[0] && !req[0]) 表示仲裁器不能向没有发出请求的代理 0 授权资源，这是设计中期望的一种正确行为。
4. else 语句块：else 语句块是断言语句的一个可选项，通常在 else 语句块中手动添加断言失败的处理代码。当省略 else 语句块时，编译器会按预定义的格式打印断言失败信息。

例 4.20 简单的立即断言语句

src/ch4/sec4.3/1/test.sv

```
4   module automatic test(
5     input  logic clk,
6     input  logic rst_n,
7     input  logic [3:0] grant,
8     output logic [3:0] req);
9
10    initial begin // 激励
11      req <= 0;
12      repeat(2) @(posedge clk) req <= 4'b0001;
13      @(posedge clk) req <= 4'b0000;
14      $finish;
15    end
16
17    always_comb begin
18      check_grant0: assert (!(grant[0] && !req[0])) // 立即断言语句
19        $display ("@%0t, assert passed.", $time); // 断言通过执行这里，可以省略
20      else // else语句可以省略
21        $error("@%0t, grant without request for agent 0.", $time); // 断言失败执行这里
22    end
23  endmodule
```

在例4.20中，断言通过则调用系统函数 $display，否则调用系统函数 $error 打印断言失败的自定义信息，SystemVerilog 提供的常用错误打印系统函数如表4.1所示。

表 4.1 常用的错误打印系统函数

函数名	说明
$fatal	打印运行时致命错误
$error	打印运行时错误
$warning	打印运行时警告
$info	打印断言失败信息，不指定严重性

从例4.20的运行结果可以看出，assert 类型的立即断言语句在 0ns 时被评估 2 次，第一次断言失败，第二次断言通过。这是因为仿真开始时 grant 的初始值为 x，因此布尔表达式的评估结果为 x，这会导致断言失败。但异步复位信号 rst_n 也在 0ns 时有效，所以 grant 马上被复位成 0，因此布尔表达式的评估结果也随之变成 1，这会导致断言通过。

例4.20的运行结果

```
"../test.sv", 18: top_tb.u_test.check_grant0: started at 0ps failed at 0ps
  Offending '(!(grant[0] && (!req[0])))'
Error: "../test.sv", 18: top_tb.u_test.check_grant0: at time 0 ps
@0, grant without request for agent 0.
@0, assert passed.
@50000, assert passed.
@150000, assert passed.
$finish called from file "../test.sv", line 14.
$finish at simulation time              250000
```

上述问题可以使用延迟立即断言（deferred immediate assertion）解决，如例4.21所示。声明延迟立即断言语句时需要使用关键字 final。在延迟立即断言语句中，评估操作被延迟到当前时间步长的后期，这样可以防止由于瞬态或毛刺值所引起的断言语句的意外多次评估。

例 4.21 延迟立即断言语句

src/ch4/sec4.3/2/test.sv

```
17  always_comb begin
18    check_grant0: assert final (!(grant[0] && !req[0])) // 立即断言语句
19      $display ("@%0t, assert passed.", $time); // 断言通过执行这里，可以省略
20    else // else语句可以省略
21      $error("@%0t, grant without request for agent 0.", $time); // 断言失败执行这里
22  end
```

4.3.1.2 并发断言

并发断言描述了随时间推进设计中期望的正确行为。并发断言的评估模型基于时钟，在时钟节拍（clock tick）发生时进行评估。时钟节拍泛指序列、属性、采样值函数或断言语句等时钟事件的时间步长。一个简单的 assert 类型的并发断言语句如例4.22所示，并发断言语句具有如下特点。

1. 并发断言语句使用断言语句类型（如 assert）和关键字 property 一起声明。

2. 并发断言语句的声明无须放在过程块中。

3. 并发断言语句可以选择性的指定一个时钟沿用于评估操作，关键字 posedge、negedge 和 edge 分别用于指定时钟的上升沿、下降沿和双沿。

4. 在并发断言语句中，使用关键字 disable iff 指定一个可选的复位信号，复位期间不执行并发断言语句的评估。

例 4.22　并发断言语句

src/ch4/sec4.3/3/test.sv

```
4  module automatic test(
5    input  logic clk,
6    input  logic rst_n,
7    input  logic [3:0] grant,
8    output logic [3:0] req);
9
10   initial begin // 激励
11     req <= 0;
12     @(posedge clk) req <= 4'b0001;
13     @(posedge clk) req <= 4'b0011;
14     @(posedge clk) req <= 4'b0000;
15     repeat(3) @(posedge clk) req <= 4'b0;
16     $finish;
17   end
18
19   sequence req_gnt_seq; // 序列层
20     req[0] ##1 grant[0]; // 序列由2个布尔表达式组成
21   endsequence
22
23   property req_gnt_prop; // 属性层
24     @(posedge clk)
25     disable iff (!rst_n) // 复位期间不执行
26     !grant |-> req_gnt_seq; // 序列由1个布尔表达式和1个子序列组成
27   endproperty
28
29   req_gnt_assert: assert property(req_gnt_prop) // 断言语句层
30   // 等价于assert property (@(posedge clk) disable iff (!rst_n) !grant |-> (req[0]
       ##1 grant[0]))
31     $display("@%0t assertion passed.", $time);
32   else
33     $error("@%0t assertion failed.", $time);
34 endmodule
```

SVA 由复杂性不断增加的四个层级组成，分别是布尔层、序列层、属性层和断言语句层，如图4.6所示。布尔表达式、序列和属性都是断言语句的组成部分。结构复杂的断言语句通常从最简单的布尔层开始逐层向上编写。如果断言语句的结构比较简单，也可以像例4.22中被注释的代码那样一次声明断言语句的全部内容。

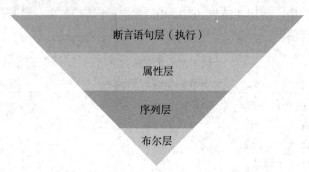

图 4.6　SVA 的层级

现在分析例4.22中并发断言语句的编写过程。

1. 在布尔层编写布尔表达式，其中 req[0]、grant[0] 和!grant 都被看成是单操作数的布尔表达式。

2. 在序列层使用周期延迟操作符##连接操作数 req[0] 和 grant[0] 组成序列 req_gnt_seq。该序列描述当 req[0] 有效时，grant[0] 在下一个时钟周期也有效。

3. 在属性层使用重叠蕴含操作符（overlapped implication operator）|->连接布尔表达式!grant 和子序列 req_gnt_seq 组成一个新序列。重叠蕴含操作符左右两侧的布尔表达式或子序列会被同时评估，即当 grant 无效时立刻检查子序列 req_gnt_seq。属性 req_gnt_prop 中的序列在异步复位结束后的每个时钟上升沿被评估。

4. 在断言语句层使用关键字 assert property 例化属性 req_gnt_prop。

例4.22的运行结果显示并发断言语句 req_gnt_assert 在第一个时钟上升沿的 50ns 时断言失败，此时布尔表达式!grant 有效，但是子序列 req_gnt_seq 匹配失败，因为它需要 2 个时钟周期才能完成匹配。最终并发断言语句 req_gnt_assert 在经过 2 个时钟周期后的 250ns 时断言通过。

例4.22的运行结果

```
"../test.sv", 29: top_tb.u_test.req_gnt_assert: started at 50000ps failed at 50000
    ps
  Offending 'req[0]'
Error: "../test.sv", 29: top_tb.u_test.req_gnt_assert: at time 50000 ps
@50000 assertion failed.
@250000 assertion passed.
"../test.sv", 29: top_tb.u_test.req_gnt_assert: started at 450000ps failed at
    450000ps
  Offending 'req[0]'
Error: "../test.sv", 29: top_tb.u_test.req_gnt_assert: at time 450000 ps
@450000 assertion failed.
```

```
$finish called from file "../test.sv", line 16.
$finish at simulation time            550000
```

4.3.2　断言语句类型

上一节在介绍立即断言和并发断言时使用了 assert 类型的断言语句，SVA 断言语句包含如下 4 种类型。

1. `assert`：将属性指定为设计中需要被检查的功能，从而验证该属性是否正确。
2. `assume`：将属性指定为测试环境的假设。在功能验证中仿真器检查该属性是否成立，在形式验证中 FV 工具根据该信息生成输入激励。
3. `cover`：监控并评估属性的覆盖。
4. `restrict`：将属性指定为形式验证计算的约束，在功能验证中仿真器不检查这种属性。

4.3.2.1　**assert** 语句

assert 语句描述了 DUT 中被期望正确的行为。在仿真过程中，仿真器会标记出评估失败的 assert 语句。修改例4.22中的属性 req_gnt_prop，将重叠蕴含操作符替换成非重叠蕴含操作符 |=>，其他保持不变，如例4.23所示。非重叠蕴含操作符表示当布尔表达式!grant 有效时，在接下来的 0 个或多个时钟周期匹配子序列 req_gnt_seq，当子序列匹配成功后，并发断言语句断言通过。

例 4.23　并发 assert 语句中使用非重叠蕴含操作符
src/ch4/sec4.3/4/test.sv

```
23  property req_gnt_prop; // 属性层
24    @(posedge clk)
25    disable iff (!rst_n) // 复位期间不执行
26    !grant |=> req_gnt_seq; // 序列由1个布尔表达式和1个子序列组成
27  endproperty
```

分析例4.23的运行结果，并发断言语句 req_gnt_assert 在第 3 个时钟上升沿的 250ns 时断言通过。在第 4 个时钟上升沿的 350ns 时 grant 不为 0，所以断言失败。在第 5 个时钟上升沿的450ns时，grant 恢复成 0，子序列 req_gnt_seq 开始第二次匹配，但直到仿真结束子序列 req_gnt_seq 也没有完成匹配。

例4.23的运行结果

```
@250000 assertion passed.
"../test.sv", 29: top_tb.u_test.req_gnt_assert: started at 150000ps failed at
   350000ps
  Offending 'grant[0]'
Error: "../test.sv", 29: top_tb.u_test.req_gnt_assert: at time 350000 ps
@350000 assertion failed.
$finish called from file "../test.sv", line 16.
```

```
$finish at simulation time                550000
"../test.sv", 29: top_tb.u_test.req_gnt_assert: started at 450000ps not finished
```

4.3.2.2　assume 语句

assume 语句通常用来描述 DUT 外部的测试环境的行为。在例4.24中，并发 assume 语句假设操作数 req[0] 连续 2 个时钟周期有效。

例 4.24　并发 assume 语句

src/ch4/sec4.3/5/test.sv

```
19   property req_prop; // 属性层
20     @(posedge clk)
21     disable iff (!rst_n) // 复位期间不执行
22     req[0] ##1 req[0]; // 变量req连续2个时钟周期有效
23   endproperty
24
25   req_assert: assume property(req_prop) // 断言语句层
26     $display("@%0t assertion passed.", $time);
27   else
28     $error("@%0t assertion failed.", $time);
```

在功能验证中，assume 与 assert 语句的处理方式完全相同。仿真器检查仿真值是否违反 assume 语句，如果违反就做出标记并打印错误消息。assume 语句失败通常意味着测试环境中存在问题，而 assert 语句失败通常表明 DUT 中存在问题。

在 FV 中，assume 与 assert 语句的处理方式完全不同，assume 语句是 FV 工具假设为真的行为。在没有 assume 语句的情况下，FV 工具允许任何可能值到达 DUT 的输入端，assume 语句是让这些输入值变为合理的主要方法。

4.3.2.3　cover 语句

cover 语句用来描述设计中偶尔正确的行为，它指定了某种行为在测试过程中发生过。在例4.25中，cover 语句检查操作数 req[0] 连续 2 个时钟周期有效这种情况是否发生过。注意 cover 语句不能和 else 语句配合使用。

例 4.25　并发 cover 语句

src/ch4/sec4.3/6/test.sv

```
19   property req_prop; // 属性层
20     @(posedge clk)
21     disable iff (!rst_n) // 复位期间不执行
22     req[0] ##1 req[0]; // 变量req连续2个时钟周期有效
23   endproperty
24
```

```
25   req_assert: cover property(req_prop); // 断言语句层
```

在功能验证过程中，仿真器检查所有的 cover 语句，并将命中信息保存到数据库中，在所有测试用例都运行后就可以查看 cover 语句的总体覆盖率。每个 cover 语句应该至少被命中一次，否则说明测试中存在潜在的漏洞。

cover 语句在 FV 中也有重要作用。尽管 FV 理论上涵盖了 DUT 的所有可能行为，但输入约束可能会禁止某些有效激励的生成，cover 语句可以确保形式属性验证（Formal Property Verification，FPV）环境能够覆盖所有的可能行为。

4.3.3 序列操作符

在序列层中，序列操作符将多个在时间上相关联的布尔表达式或子序列连接起来，从而描述 DUT 随时间变化所产生的一系列行为。常见的序列操作符如表4.2所示，表中操作符按优先级从高到低的顺序排列，序列操作符的语法源自标准 UNIX 正则表达式。限于篇幅原因，序列操作符的详细说明可扫描二维码进行查看。

序列操作符

表 4.2   序列操作符及其优先级

序列操作符	说明
[*] [=] [->]	连续重复、非连续重复和 goto 重复操作符
#	周期延迟操作符
throughout	操作符 throughout
within	操作符 within
intersect	二进制交叉操作符
and	二进制与操作符
or	二进制或操作符

4.4   练 习 题

练习 4.1   为 ARM 的高级高速总线（Advanced High Performance Bus，AHB）设计一个接口和测试平台。假设已经存在一个总线主机作为验证 IP 来初始化 AHB 事务。尝试测试一个从机设备。在测试平台中生成时钟，例化接口、主机和从机。如果在 HCLK 的下降沿时，事务类型 HTRANS 不是 IDLE 或 NONSEQ，那么设计的接口将显示错误。本题中涉及的部分 AHB 信号描述如表4.3所示。

表 4.3   AHB5 协议的部分信号描述

信号名	位宽	方向	描述
HCLK	1	Output	时钟
HADDR	32	Output	地址
HWRITE	1	Output	写标记：1= 写，0= 读
HTRANS	2	Output	传输形式：2'b00=IDLE, 2'b10=NONSEQ
HWDATA	32	Output	写数据
HRDATA	32	Input	读数据

✍ **练习 4.2** 根据要求向下面的接口中添加代码。

1. 添加一个对下降沿敏感的时钟块，同时所有输入输出信号都是这个时钟的同步信号。

2. 添加测试模块的 modport 并命名为 master，同时添加 DUT 的 modport 并命名为 slave。

3. 在 master modport 的端口列表中使用时钟块。

```systemverilog
interface my_if(input clk);
  logic write;
  logic [15:0] data_in;
  logic [7:0] address;
  logic [15:0] data_out;
endinterface
```

✍ **练习 4.3** 根据练习4.2中的时钟块，补充图4.7中测试模块的 data_in 和 DUT 的 data_out 信号波形。

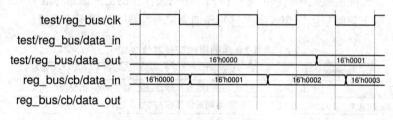

图 4.7　练习4.3的时序图

✍ **练习 4.4** 修改例4.2中的时钟块，使得:

1. 输出信号 write 和 address 的输出偏移为 25ns。

2. 全部输入偏移为 15ns。

3. 限制 data_in 只在时钟上升沿改变。

✍ **练习 4.5** 根据练习4.4中的时钟块，补充图 4.7 的时序图，假设时钟周期为 100ns。

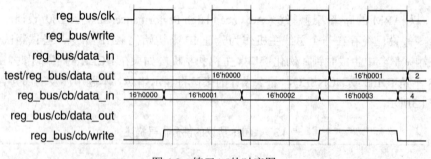

图 4.8　练习4.5的时序图

面向对象编程

面向对象编程（Object Oriented Programming, OOP）是一种通过对象的方式，将现实世界映射成计算机模型的编程方法。OOP 围绕对象而不是功能和逻辑来设计软件架构。OOP 以类作为载体，提供封装、继承、抽象和多态四个特性。OOP 技术可以在更高的抽象层级建立测试平台、参考模型和复杂激励等。OOP 技术可以大大简化复杂测试平台的开发、维护和升级。

5.1 类 的 定 义

类（class）可以看作是现实世界中一系列特征相似的客观事物（对象）的抽象，如人类、鸟类和昆虫类等。在程序设计中，类是用于创建对象的蓝图（blueprint），是包含了属性和方法（函数和任务的统称）的数据类型，例如人的性别、身高和年龄等信息都可以作为人类的属性，打印这些属性的函数可以被看成是类的一个方法（method）。类的方法可以看成是类的访问接口，在类的外部调用方法访问或修改类中的属性。

在 SystemVerilog 中，类可以定义在任何块外，这时它是全局可见的；类也可以定义在块或包中，这时它是局部可见的。例5.1定义了名为 transaction 的类，简称事务类，它可以看成是测试激励的抽象描述。transaction 类中包含属性 a 和方法 print。默认情况下类的所有成员的访问权限都是公有（public）的，除非被标记为 local 或者 protected（5.5节将详细讲解类成员的访问权限）。类的属性和方法默认都是自动存储，所以可以省略 automatic 修饰符。

例 5.1　定义一个事务类

src/ch5/sec5.1/1/transaction.svh

```
4   class transaction;
5     bit [3:0] a;
6
7     function void print(string name = "");
8       $display("%s: a=%0h", name, a);
9     endfunction
10  endclass
```

当类的属性和方法变多时，类中的代码就会变得很长。为了在最短的篇幅内看清类的结构，可以使用关键字 extern 将方法的定义移动到类的外部，类的内部只保留方法的原型声明，如例5.2所示。方法的定义被移动到类外后，方法名前需要添加类名和作用域运算符 "::"。类中方法的声明和类外方法的定义需要保持一致，方法的声明中可以使用 virtual、local 和 protected 等限定符（详见5.3.2和5.5节），但是这些限定符不能在类外方法的定义中使用。如果方法的参数带有默认值，则必须在方法原型声明中给出，类外的方法定义没有强制要求。

例 5.2　在类外定义方法

src/ch5/sec5.1/2/transaction.svh

```
4   class transaction;
5     bit [3:0] a;
6
7     extern function void print(string name = "");
8   endclass
9
10  function void transaction::print(string name);
11    $display("%s: a=%0h", name, a);
12  endfunction
```

5.2　对象、句柄和构造方法

类是一种抽象的数据类型，它本身不占据存储空间。类的实例被称为对象，对象占据存储空间。使用类定义的变量被称为句柄（handle），句柄中保存了对象所在的存储空间的起始地址。

在 SystemVerilog 中，对象不能直接进行访问，必须使用句柄间接地访问对象。句柄和手机号码相似，我们无须知道联系人在哪里，只要在有需要的时候拨打手机号码即可与其联系。在测试平台中使用句柄实现对象内容的共享。

5.2.1　默认构造方法

对象是通过调用类的构造方法（constructor）创建出来的。类中名字叫作 "new" 的方法就是构造方法，每个类都自带一个没有参数的 new 方法，也被称为默认构造方法。构造方法为对象分配存储空间，然后初始化对象中的属性，最后返回对象的地址。对象的地址值通常会赋值给对应的句柄。

例5.3演示了类、句柄、对象和构造方法的使用。例子中使用的 transaction 类的定义见例5.1。语句 transaction tr 定义了句柄 tr，tr 的初始值为 null，表示 tr 没有指向任何对象，如图5.1（a）所示。下面的赋值语句 tr = new() 会根据等号左侧句柄 tr 的类型在等号右侧调用相应的 new 方法。new 方法创建一个 transaction 对象，并返回这个对象所在的存储空间的首地址。执行赋值语句后，句柄 tr 的值等于 transaction 对象的地址（15554ba48160），即句柄 tr 指向了 new 方法创建的

transaction 对象，如图5.1（b）所示。接下来的代码使用句柄 tr 调用 transaction 对象的 print 方法。例子最后按 16 进制打印句柄 tr 的值。

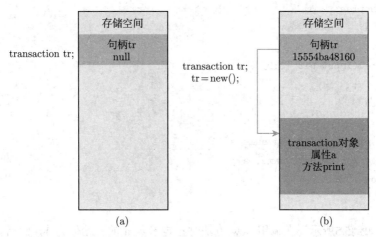

图 5.1　句柄和对象的关系

例 5.3　默认构造方法

src/ch5/sec5.1/1/test.sv

```
6   module automatic test;
7     initial begin
8       transaction tr; // 定义一个句柄
9       tr = new(); // 创建一个transaction对象
10      tr.print("default");
11      $display("tr=%0h", tr);
12    end
13  endmodule
```

例5.3的运行结果如下。

例5.3的运行结果

```
default: a=0
tr=15554ba48160
```

5.2.2　自定义构造方法

带有参数的自定义 new 方法可以更灵活地初始化对象。例5.4中自定义 new 方法的参数 a 带有默认值 0，在调用这个 new 方法时如果不指定新的参数值，则参数 a 取默认值 0。类的内部自带一个名字叫作 this 的句柄，它指向对象自身。this 句柄主要用于在类的内部明确表示访问的是类的成员。由于自定义 new 方法的参数 a 与类的属性 a 同名，因此使用 this 句柄明确地说明将自定义 new 方法的参数 a 赋值给类中的属性 this.a。

例 5.4 自定义 new 方法

src/ch5/sec5.2/1/transaction.svh

```
4   class transaction;
5     bit [3:0] a;
6
7     function new(input bit [3:0] a = 0);
8       this.a = a;
9     endfunction
10
11    function void print(string name = "");
12      $display("%s: a=%0h", name, a);
13    endfunction
14  endclass
```

测试模块如例5.5所示，在调用 new 方法时指定参数 a 的初始值为 1，然后使用句柄 tr 将 transaction 对象的属性 a 修改为 8。

例 5.5 测试模块

src/ch5/sec5.2/1/test.sv

```
6   module automatic test;
7     initial begin
8       transaction tr;
9       tr = new(1);
10      tr.print();
11      tr.a = 8;
12      tr.print();
13    end
14  endmodule
```

例5.5的运行结果如下。

例5.5的运行结果

```
: a=0
: a=8
```

5.2.3 句柄

SystemVerilog 中的句柄和 C 指针类似，它是一个 64 比特整数变量，保存了对象在存储空间中的起始地址。简单地说，句柄是一个间接代表对象的整数值，在代码中使用句柄访问想要操作的对象。为了便于管理存储空间，规定没有句柄指向的对象（存储空间）会被自动回收。

句柄的使用如例5.6所示，其中 transaction 类的定义见例5.4。使用句柄 tr1 和 tr2 创建了两个对象，然后使用系统函数 $typename 和 $bits 打印句柄的类型名和句柄的位宽。接下来将 tr1 赋值给 tr2，这时 tr1 和 tr2 同时指向了第一个对象。第二个对象被自动回收，因为没有句柄指向它。第 14 行代码将 null 赋值给句柄 tr2，tr2 不再指向任何对象，但 tr1 仍指向了第一个对象，因此第一个对象仍然在存储空间中直到测试模块运行结束。

例 5.6　句柄的使用

src/ch5/sec5.2/2/test.sv

```
6   module automatic test;
7     initial begin
8       transaction tr1, tr2; // 定义2个句柄
9       tr1 = new(); // 创建第一个对象
10      tr2 = new(); // 创建第二个对象
11      $display("tr1: type=%s, width=%0d, value=%0h", $typename(tr1), $bits(tr1), tr1)
        ;
12      $display("tr2: type=%s, width=%0d, value=%0h", $typename(tr2), $bits(tr2), tr2)
        ;
13      tr2 = tr1; // tr1和tr2指向第一个对象，第二个对象被回收
14      tr2 = null; // 只有tr1指向第一个对象
15    end
16  endmodule
```

例5.6的运行结果如下。

例5.6的运行结果

```
tr1: type=class $unit::transaction, width=64, value=2aaab8140160
tr2: type=class $unit::transaction, width=64, value=2aaab81401b0
```

现实世界中一个大类中经常还包含许多小类，例如人的食谱类会包括蛋类、鱼类和禽类等，这种关系在代码中的表现就是在类中定义句柄。例如像图5.2中那样在 transaction 类中定义句柄 cfg_info。配置信息类 config_info 中的属性 odd_parity 用来保存属性 a 的奇校验值。

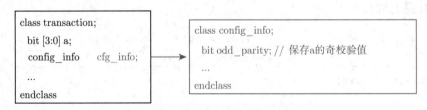

图 5.2　类中定义句柄包含其他类

transaction 类的默认构造方法只能将句柄 cfg_info 初始化为 null，不能自动为其创建对象。因此应该在类的自定义构造方法中手动初始化句柄 cfg_info，即手动调用 cfg_info 类的自定义构造方法。在例5.7中，transaction 类的自定义 new 方法的执行过程如下。

1. 初始化属性 a。
2. 调用 config_info 类的自定义 new 方法初始化句柄 cfg_info，即创建一个 config_info 对象。

3. config_info 类的自定义 new 方法使用属性 a 的奇校验值初始化属性 odd_parity。

添加句柄 cfg_info 后，transaction 类的 print 方法也需要修改，在调用系统函数 $display 时使用选项%p 打印句柄 cfg_info 指向的对象的内容。

例 5.7　包含句柄的类
src/ch5/sec5.2/3/transaction.svh

```
4   class config_info;
5     bit odd_parity;
6
7     function new(input bit [3:0] a = 0);
8       odd_parity = ^a;
9     endfunction
10  endclass
11
12  class transaction;
13    bit [3:0] a;
14    config_info cfg_info;
15
16    function new(input bit [3:0] a = 0);
17      this.a = a;
18      cfg_info = new(a);
19    endfunction
20
21    function void print(string name = "");
22      $display("%s: %p, a=%0h", name, cfg_info, a);
23    endfunction
24  endclass
```

对应的测试模块如例5.8所示。测试模块中创建了 2 个 transaction 对象，并将它们的属性 a 分别初始化成 1 和 3。

例 5.8　测试模块
src/ch5/sec5.2/3/test.sv

```
6   module automatic test;
7     initial begin
8       transaction tr1, tr2;
9       tr1 = new(1);
10      tr2 = new(3);
11      tr1.print("tr1");
12      tr2.print("tr2");
13    end
14  endmodule
```

从例5.8的运行结果可以看出，第一个 transaction 对象中属性 a 等于 1，其奇校验值等于 1；第二个 transaction 对象中属性 a 等于 3，其奇校验值等于 0。

例5.8的运行结果

```
tr1: '{odd_parity:'h1}, a=1
tr2: '{odd_parity:'h0}, a=3
```

5.2.4　句柄数组

句柄数组用来管理相同类型的多个对象，句柄数组的每个元素都是一个句柄，指向一个对象。句柄数组的初始化通常在循环语句中完成，如例5.9所示。例子中使用的 transaction 类的定义见例5.1。

例 5.9　使用句柄数组管理多个对象
src/ch5/sec5.2/4/test.sv

```
6  module automatic test;
7    transaction tr_array[];
8    initial begin
9      tr_array = new[4];
10     foreach (tr_array[i]) begin
11       tr_array[i] = new(i); // 为句柄数组中的每个元素创建对象
12       tr_array[i].print();
13     end
14   end
15 endmodule
```

例5.9的运行结果如下。

例5.9的运行结果

```
: a=0
: a=1
: a=2
: a=3
```

5.2.5　对象的传递

在 SystemVerilog 中，句柄属于简单数据类型，因此会使用值传递方式向例程传递句柄，即将测试模块的句柄值复制一份到例程的句柄参数中。测试模块的句柄和例程的句柄参数是两个不同的变量，但是它们都指向了同一个对象。在例程中使用句柄可以修改测试模块句柄所指向的对象，但改变例程中的句柄值并不会影响测试模块的句柄值。

在例5.10中，测试模块中的句柄 tr 作为参数传递给函数 rev，这时函数 rev 中的句柄 tr 和 initial 结构中的句柄 tr 都指向了同一个 transaction 对象，如图5.3所示。例子中使用的 transaction 类的定义见例5.1。函数 rev 使用句柄 tr 修改了 transaction 对象的属性 a，然后又创建了一个新的 transaction 对象。

例 5.10　在例程中使用句柄传递对象

src/ch5/sec5.2/5/test.sv

```
6    function automatic void rev(input transaction tr);
7      tr.a = ~tr.a;
8      tr = new(); // 不影响测试模块中的tr
9    endfunction
10
11   module automatic test;
12     initial begin
13       transaction tr;
14       tr = new();
15       tr.print();
16       rev(tr);
17       tr.print();
18     end
19   endmodule
```

从例5.10的运行结果可以看出，在函数 rev 中使用句柄 tr 可以更改其指向的 transaction 对象的属性，但是函数 rev 中句柄 tr 的变化并不会影响测试模块中的句柄 tr。

例5.10的运行结果

```
: a=0
: a=f
```

如果想在例程内部修改测试模块的句柄，就应该将例程中的句柄参数声明为 ref 类型。注意使用了 ref 参数的例程应该被声明成 automatic 类型，如例5.11所示。调用全局函数 create 后，例程内的句柄 tr 和测试模块中的句柄 tr 共同指向一个新创建的 transaction 对象。因为没有句柄指向旧的 transaction 对象，因此它的存储空间会被系统回收，如图5.4所示。

例 5.11　在例程中使用 ref 参数

src/ch5/sec5.2/6/test.sv

```
6    function automatic void create(ref transaction tr);
7      tr = new(3);
8    endfunction
9
10   module automatic test;
11     initial begin
12       transaction tr;
```

```
13    tr = new(1);
14    tr.print();
15    create(tr);
16    tr.print();
17   end
18 endmodule
```

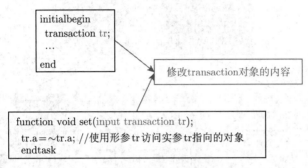

图 5.3　例程中句柄参数为 input 类型

例5.11的运行结果如下。

例5.11的运行结果

```
: a=1
: a=3
```

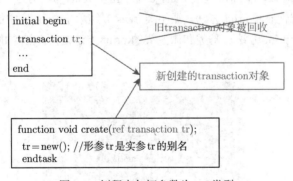

图 5.4　例程中句柄参数为 ref 类型

5.3　类的继承

　　继承是 OOP 的最重要概念之一，现实世界中的许多事物都具有继承性。一般使用层级分类的方法描述事物的继承关系。图5.5展示了一个人物角色的继承关系。对于相邻的两个层级的类，较高层级的类被称为基类（父类），较低层级的类被称为派生类（子类），派生类会继承基类的全部成员。例如儿童类派生自家庭成员类，人力资源类派生自职员类，这种继承方式被称为单继承（single inheritance）。中年人类有 2 个基类，它继承了 2 个基类的特性，这种继承方式被称为多继承（multiple inheritance）。多继承的最明显缺点是二义性，即两个基类中如果存在同名的属性或方法时，必须在子类的访问中指明它们出自哪个基类。在 SystemVerilog 中，只有接口类（interface class）支持多继承，普通类只支持单继承。继承关系在测试平台的搭建和管理中非常重要。

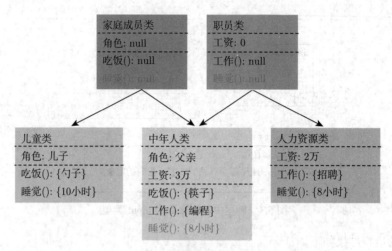

图 5.5　类的继承和派生

5.3.1　派生类

为了说明派生的概念，下面从基类 trans_a 派生出类 trans_b，两者的继承关系如图5.6所示。基类 trans_a 包含了属性 a 和 print 方法，派生类 trans_b 继承了 trans_a 中的全部成员，同时添加了新属性 b 和同名的 print 方法。基类和派生类的 print 方法是两个独立的方法，它们的原型声明不同。

图 5.6　基类 trans_a 和派生类 trans_b 的继承关系

基类 trans_a 和派生类 trans_b 的定义如例5.12所示。派生类 trans_b 的自定义 new 方法需要初始化属性 a 和 b，属性 a 的初始化可以使用关键字 super 调用基类 trans_a 的自定义 new 方法完成，注意基类的自定义 new 方法必须在派生类的自定义 new 方法的首行调用，否则会引起编译错误。不推荐在派生类 trans_b 的自定义 new 方法中直接访问属性 a，因为这种操作会破坏基类 trans_a 的封装。

例 5.12　基类 trans_a 和派生类 trans_b 的定义

src/ch5/sec5.3/1/transaction.svh

```
4    class trans_a;
5      bit [3:0] a;
6
7      function new(input bit [3:0] a = 0);
8        this.a = a;
9      endfunction
10
11     function void print(input string name = "");
12       $display("%s: a=%0d", name, a);
13     endfunction
14   endclass
15
16   class trans_b extends trans_a; // 派生类trans_b
17     bit [3:0] b; // 新属性b
18
19     function new(input bit [3:0] a = 0, input bit [3:0] b = 0);
20       super.new(a); // 必须在首行调用基类的new方法
21       this.b = b;
22     endfunction
23
24     function void print();
25       $display("a=%0b, b=%0d", a, b);
26     endfunction
27   endclass
```

　　例5.12的测试模块如例5.13所示。测试模块使用句柄 tra 和 trb 创建了 trans_a 和 trans_b 对象，然后使用句柄 tra 调用 trans_a 的 print 方法，使用句柄 trb 调用 trans_b 的 print 方法。因为派生类包含了基类的所有成员，所以基类句柄可以指向派生类对象。将 trb 赋值给 tra 后，tra 指向了 trans_b 对象，但 tra 仍然调用基类 trans_a 的 print 方法，并没有调用派生类 trans_b 的 print 方法。根本原因是使用句柄调用类的普通方法时，编译器只根据句柄的类型调用对应类的普通方法，并不关心句柄实际指向哪个对象。

例 5.13　测试模块

src/ch5/sec5.3/1/test.sv

```
6    module automatic test;
7      initial begin
8        trans_a tra;
9        trans_b trb;
10       tra = new(1);
11       trb = new(1, 2);
```

```
12      tra.print("tra"); // 调用trans_a::print
13      trb.print(); // 调用trans_b::print
14      tra = trb; // 基类句柄指向派生类对象
15      tra.print(); // 调用trans_a::print
16    end
17  endmodule
```

例5.13的运行结果如下。

例5.13的运行结果

```
tra: a=1
: a=1, b=2
: a=1
```

5.3.2 虚方法和多态

虚方法是指类中被关键字 virtual 修饰的方法,基类中的虚方法可以在派生类中根据需求进行重新定义,从而添加新的功能。虚方法的主要作用是实现 OOP 中的多态(polymorphism)机制。简而言之多态就是使用基类句柄指向派生类对象,然后使用基类句柄调用派生类中重定义的虚方法,借助派生类中重定义的虚方法访问派生类中新添加的属性。多态机制让基类句柄可以操作派生类对象,使其具有多种表现形态。

基类中除 new 方法之外的所有方法都应该被定义成虚方法。根据多态机制,使用句柄调用虚方法时,编译器会根据句柄实际指向的对象类型调用对应派生类中的虚方法。new 方法不能添加 virtual 关键字,因为在调用 new 方法前还没有对象被创建出来。定义派生类的 new 方法时需要注意,如果基类带有自定义 new 方法,则派生类也要创建一个自定义 new 方法,同时其第一行必须调用基类的 new 方法。

现在将基类 trans_a 和派生类 trans_b 中的 print 方法修改成虚方法,如例5.14所示。注意只有基类中的虚方法才能在派生类中重定义,而且派生类中重定义的虚方法必须与基类中同名虚方法的原型保持一致,否则会导致编译出错。派生类 trans_b 中的 print 虚方法不再直接访问属性 a,而是调用基类 trans_a 的 print 虚方法打印属性 a。

例 5.14　基类和派生类中虚方法的定义
src/ch5/sec5.3/2/transaction.svh

```
4   class trans_a;
5     bit [3:0] a;
6
7     function new(input bit [3:0] a = 0);
8       this.a = a;
9     endfunction
10
11    virtual function void print(input string name = "");
```

```
12       $display("%s: a=%0d", name, a);
13    endfunction
14 endclass
15
16 class trans_b extends trans_a; // 派生类trans_b
17   bit [3:0] b; // 新属性b
18
19   function new(input bit [3:0] a = 0, input bit [3:0] b = 0);
20     super.new(a); // 必须在首行调用基类的new方法
21     this.b = b;
22   endfunction
23
24   virtual function void print(input string name = "");
25     super.print(name); // 必须在首行调用基类的print方法
26     $display("%s: b=%0d", name, b);
27   endfunction
28 endclass
```

例5.14的测试模块如例5.15所示，将 trb 赋值给 tra 后，tra 指向了 trans_b 对象，tra 将调用派生类 trans_b 的 print 虚方法。综上所述，使用句柄调用类的方法时遵循如下规则。

1. 调用普通方法：根据句柄类型（而不是句柄所指向的对象类型）调用普通方法。
2. 调用虚方法：根据句柄实际指向的对象类型（而不是句柄类型）调用虚方法。当 tra 指向 trans_a 对象时，tra 调用基类 trans_a 的 print 虚方法。当 tra 指向 trans_b 对象时，tra 调用派生类 trans_b 的 print 虚方法。

例 5.15　测试模块

src/ch5/sec5.3/2/test.sv

```
6  module automatic test;
7    initial begin
8      trans_a tra;
9      trans_b trb;
10     tra = new(1);
11     trb = new(1, 2);
12     tra.print("tra"); // 调用trans_a::print
13     trb.print("trb"); // 调用trans_b::print
14     tra = trb; // 基类句柄指向派生类对象
15     tra.print("polymorphism"); // 调用trans_b::print
16   end
17 endmodule
```

例5.15的运行结果如下。

例5.15的运行结果

```
tra: a=1
trb: a=1
trb: b=2
polymorphism: a=1
polymorphism: b=2
```

5.3.3 抽象类和纯虚方法

抽象类通常用于 OOP 中较高层级的建模，它不能像普通类那样被例化。抽象类只能作为基类使用，为它的所有派生类提供统一的功能接口。定义抽象类时需要使用 virtual 前缀，抽象类中可以定义属性，也可以声明纯虚（pure virtual）方法，但是不能定义普通方法和虚方法。

纯虚方法用于建立抽象类的所有派生类的统一功能接口，声明纯虚方法时只需给出方法名、参数类型和返回值类型。在派生类中重定义纯虚方法时才添加纯虚方法的功能实现。如果派生类中没有重定义抽象类中的全部纯虚方法，那么这个派生类也是一个抽象类，同样不能被例化。如果派生类重定义了抽象类中的全部纯虚方法，那么它就是一个可以例化的普通类。

例5.16中使用 virtual 前缀定义抽象类 trans_base，使用 pure 前缀声明了用来打印对象内容的纯虚方法 print，注意漏写 pure 前缀会引起编译错误。抽象类 trans_base 是 trans_a 的基类，它不能被例化，使用 new 方法创建抽象类对象会引起编译错误。派生类 trans_a 和 trans_b 中的虚方法 print 的原型声明必须与纯虚方法 print 保持一致。

例 5.16　抽象类和纯虚方法
src/ch5/sec5.3/3/transaction.svh

```
4   virtual class trans_base;
5     pure virtual function void print(string name = "");
6   endclass
7
8   class trans_a extends trans_base;
9     bit [3:0] a;
10
11    function new(input bit [3:0] a = 0);
12      this.a = a;
13    endfunction
14
15    virtual function void print(input string name = "");
16      $display("%s: a=%0d", name, a);
17    endfunction
18  endclass
19
20  class trans_b extends trans_a; // 派生类trans_b
21    bit [3:0] b; // 新属性b
```

```
22
23    function new(input bit [3:0] a = 0, bit [3:0] b = 0);
24      super.new(a); // 必须在首行调用基类的new方法
25      this.b = b;
26    endfunction
27
28    virtual function void print(input string name = "");
29      super.print(name); // 必须在首行调用基类的print方法
30      $display("%s: b=%0d", name, b);
31    endfunction
32  endclass
```

5.3.4　句柄类型转换

派生类句柄到基类句柄的转换被称为向上类型转换。向上类型转换是安全的，因为派生类继承了基类的全部成员，所以基类句柄能在派生类对象中找到对应的成员进行访问，派生类句柄可以直接赋值给基类句柄（静态类型转换）。基类句柄到派生类句柄的转换被称为向下类型转换。向下类型转换是不安全的，因为使用派生类句柄访问的成员在基类对象中可能不存在。

基类句柄不能直接赋值给派生类句柄，只能使用动态转换函数 $cast 尝试向下类型转换。$cast 不仅要检查两个句柄之间的继承关系，还会检查基类句柄实际指向的对象类型。只有当基类句柄所指向的对象类型与派生类句柄的类型匹配时，向下类型转换才会成功。在例5.17中，当基类句柄 tra 指向 trans_a 对象时，$cast 做向下类型转换失败返回 0。当 tra 指向 trans_b 对象时，$cast 做向下类型转换成功返回 1。例子中使用的基类 trans_a 和派生类 trans_b 的定义见例5.16。

例 5.17　句柄的类型转换

src/ch5/sec5.3/4/test.sv

```
6   module automatic test;
7     initial begin
8       trans_a tra;
9       trans_b trb, tr_ext;
10
11      tra = new(1); // 创建基类trans_a对象
12      if($cast(tr_ext, tra)) begin // 基类句柄指向基类对象，向下转换失败
13        $display("casting success");
14        tr_ext.print("casting");
15      end
16      else
17        $display("casting fail");
18      trb = new(1, 2); // 创建派生类trans_b对象
```

```
19      tra = trb; // 基类句柄指向派生类对象
20      if($cast(tr_ext, tra)) begin // 基类句柄指向派生类对象，向下转换成功
21        $display("casting success");
22        tr_ext.print("casting");
23      end
24      else
25        $display("casting fail");
26    end
27  endmodule
```

例5.17的运行结果如下。

例5.17的运行结果

```
casting fail
casting success
casting: a=0
casting: b=0
```

5.4 接口类与多继承

接口类（interface class）与接口无任何关系，它与 Java 语言中的接口非常相似。接口类是一种抽象类型，可以把它看成是若干纯虚方法声明的集合。接口类中的纯虚方法将在它的派生类中被重新定义。在 SystemVerilog 中，只有接口类支持多继承。

接口类 drivable_ifc 的定义如例5.18所示，它抽象了交通工具的驾驶操作，内部定义的纯虚方法提供了加速、左转、右转和刹车功能接口，但是没有指定驾驶哪种交通工具。

例 5.18　定义接口类 drivable_ifc

src/ch5/sec5.4/1/intf_class.svh

```
4  interface class drivable_ifc;
5    pure virtual function void accelerate(); // 加速
6    pure virtual function void turn_left(); // 左转
7    pure virtual function void turn_right(); // 右转
8    pure virtual function void brake(); // 刹车
9  endclass
```

纯虚方法在接口类 drivable_ifc 的派生类中被重新定义，派生类可以是具体的汽车类 car，也可以是卡车类 truck 等。这种结构型设计模式被称为桥接模式。桥接模式将一个大类或一系列紧密相关的类拆分为抽象和实现两个独立的层次结构，从而能在开发时分别使用。抽象部分就是接口类，它们是一些实体的高阶控制层。该层自身不完成任何具体的工作，它需要将工作委派给实现部分层。

轿车类 car 的定义如例5.19所示，关键字 implements 强调轿车类 car 是一个多继承类，目前它只有一个基类 drivable_ifc，稍后还会为它添加其他接口基类。轿车类 car 重定义了接口类 drivable_ifc 中的所有纯虚方法。

例 5.19　在接口类的派生类中重定义所有纯虚方法

src/ch5/sec5.4/1/car.svh

```
4   class car implements drivable_ifc;
5     virtual function void accelerate();
6       $display("I'm accelerating");
7     endfunction
8
9     virtual function void turn_left();
10      $display("I'm turning left");
11    endfunction
12
13    virtual function void turn_right();
14      $display("I'm turning right");
15    endfunction
16
17    virtual function void brake();
18      $display("I'm braking");
19    endfunction
20  endclass
```

驾驶员类 driver 的定义如例5.20所示。驾驶员类并不关心它要操作的交通工具对象，它只在虚方法 drive 中调用交通工具类的各种虚方法，交通工具类可以是轿车类 car，也可以是卡车类 truck 等。驾驶员类 driver 可以操作不同的交通工具类，这是因为所有的交通工具类都派生自接口类 drivable_ifc，并且重定义了接口类 drivable_ifc 的所有纯虚方法。

例 5.20　驾驶员类 driver

src/ch5/sec5.4/1/driver.svh

```
4   class driver;
5     drivable_ifc drivable;
6
7     function new(drivable_ifc drivable);
8       this.drivable = drivable;
9     endfunction
10
11    virtual function void drive();
12      drivable.accelerate();
13      drivable.turn_left();
14      drivable.turn_right();
```

```
15      drivable.brake();
16    endfunction
17  endclass
```

测试模块中创建了 car 对象和 driver 对象，并将句柄 the_car 传入到驾驶员类 driver 的 new 方法，如例5.21所示。

例 5.21　测试模块 test

src/ch5/sec5.4/1/test.sv

```
8   module automatic test;
9     initial begin
10      car the_car = new();
11      driver the_driver = new(the_car);
12      the_driver.drive();
13    end
14  endmodule
```

例5.21的运行结果如下。

例5.21运行结果

```
I'm accelerating
I'm turning left
I'm turning right
I'm braking
```

交通工具还需要购买保险。因为购买保险与驾驶无关，因此有必要再建立一个接口类 insurer_ifc 抽象保险费用的计算。假设保险费用与交通工具的发动机排量和事故数相关，为此接口类 insurer_ifc 中声明了两个纯虚方法用于查询交通工具的发动机排量和事故数，如例5.22所示。

例 5.22　定义接口类 insure_ifc

src/ch5/sec5.4/2/intf_class.svh

```
11  interface class insurable_ifc;
12    pure virtual function int unsigned get_engine_size(); // 获取排量
13    pure virtual function int unsigned get_num_accidents(); // 获取事故数
14  endclass
```

接下来为轿车类 car 再添加一个接口基类 insurer_ifc，然后在轿车类 car 中重定义该接口类的所有纯虚方法，如例5.23所示。轿车类 car 中添加的属性 engine_size 和 num_accidents 分别表示轿车的发动机排量和事故数，约束轿车发生的事故数小于 256 次。

例 5.23　为汽车类 car 添加接口基类 insurer_ifc

src/ch5/sec5.4/2/car.svh

```
4   class car implements drivable_ifc, insurable_ifc;
```

```systemverilog
5    int unsigned engine_size; // 排量
6    int unsigned num_accidents; // 事故数
7
8    constraint no_accidents_cons {num_accidents < 256;}
9
10   function new(input int unsigned engine_size, input int unsigned num_accidents);
11     this.engine_size = engine_size; // 初始化排量
12     this.num_accidents = num_accidents; // 初始化事故数
13   endfunction
14
15   // 重定义接口类insureable_ifc的所有纯虚方法
16   virtual function int unsigned get_engine_size();
17     return engine_size;
18   endfunction
19
20   virtual function int unsigned get_num_accidents();
21     return num_accidents;
22   endfunction
40 endclass
```

保险员类 insurer 的定义如例5.24所示。保险员类并不关心它为哪种交通工具对象计算保险费用，它只在虚方法 insure 中调用交通工具类的虚方法读取发动机排量和事故数。保险员类 insurer 可以计算各种交通工具对象的保险费用，这是因为所有的交通工具类都派生自接口类 insure_ifc，并且重定义了接口类 insure_ifc 的所有纯虚方法。

例 5.24　保险员类 insurer
src/ch5/sec5.4/2/insurer.svh

```systemverilog
4  class insurer;
5    insurable_ifc insurable;
6
7    function new(insurable_ifc insurable);
8      this.insurable = insurable;
9    endfunction
10
11   virtual function int unsigned insure(); // 计算保险费用
12     int engine_size = insurable.get_engine_size();
13     int num_accidents = insurable.get_num_accidents();
14     $display("The insurance is %0d", engine_size*10+num_accidents*100);
15   endfunction
16 endclass
```

测试模块中创建了 car 对象、driver 对象和 insurer 对象，并将句柄 the_car 传入到驾驶员类

driver 和保险员类 insurer 的 new 方法，如例5.25所示。

例 5.25　测试模块 test
src/ch5/sec5.4/2/test.sv

```
9   module automatic test;
10    initial begin
11      car the_car = new(3, 5); // 排量为3，事故数为5
12      driver the_driver = new(the_car);
13      insurer the_insurer = new(the_car);
14      the_driver.drive();
15      the_insurer.insure();
16    end
17  endmodule
```

例5.25的运行结果如下。可以看到驾驶员对象还是像以前一样驾驶轿车，同时保险员对象还可以计算轿车的车险。

例5.25运行结果

```
I'm accelerating
I'm turning left
I'm turning right
I'm braking
The insurance is 530
```

使用接口类可以将两类不相关的纯虚方法黏合到轿车类 car 中，在轿车类 car 中重定义全部的虚方法后，驾驶员对象和保险员对象就可以分别使用这些虚方法。如果没有接口类提供的多继承功能，这种操作是不可能完成的。

接口类在 2012 年才被加入到 SystemVerilog 标准中，而 UVM 标准库是基于 SystemVerilog 旧标准开发的，它通过宏和其他设计模式解决了 SystemVerilog 缺乏接口类的问题。如今 UVM 标准库的广泛使用严重限制了接口类的应用，接口类目前没有被充分利用起来，它的强大性被远远低估了。

5.5　类 的 封 装

封装是类的重要特性之一。类的封装是指将属性和处理属性的方法包围起来，同时使用关键字 protected 和 local 设置类中成员在当前类及其派生类中的访问权限。控制类中成员的访问权限出于两方面的原因。

1. 方便用户使用类。使用者通常不会关心类的内部实现细节，他们只需要知道类向用户提供的服务接口即可。将类的内部实现隐藏起来，使用者很容易就可看出哪些内容对自己非常重要，哪些内容可忽略不计。

2. 方便设计人员修改类的内部结构。设计人员通常会对类的设计代码进行修改和升级，但这些内容用户是看不到的。只要类提供的服务接口不变，用户就可以继续正常地使用类。

SystemVerilog 使用 2 个显式关键字 protected 和 local，以及 1 个隐式关键字 public 设置类成员的访问权限。在定义类成员时若未明确指定关键字，则默认为 public。使用 protected 和 local 后，类成员的访问权限状态如表5.1所示。

表 5.1　类成员的访问权限

关键字	类中访问	类外访问	派生类访问
public	支持	支持	支持
local	支持	不支持	不支持
protected	支持	不支持	支持

1. public（公共）成员意味着任何用户均可以访问。

2. local（本地）成员意味着除了设计人员和类中的方法，任何其他人都不能访问。local 在设计人员和用户之间竖起了一堵墙。若用户试图访问 local 成员，就会得到一个编译错误。

3. protected（受保护的）与 local 相似，protected 成员是派生类可以访问的受保护成员，但派生类不能访问基类的 local 成员。继承的问题不久就要谈到。

例5.26在基类 trans_base 中使用关键字 protected 和 local 限制属性 a 和 b 的访问权限。派生类 trans_a 中可以访问基类 trans_base 中的保护属性 a，但是无法访问本地属性 b。派生类 trans_a 中被注释的代码会引起编译错误。

例 5.26　设置类成员的访问权限

src/ch5/sec5.5/1/transaction.svh

```
4   class trans_base;
5     protected bit [3:0] a;
6     local bit [3:0] b;
7
8     virtual function void setb(input bit [3:0] b);
9       this.b = b;
10    endfunction
11
12    virtual function void print(string name = "");
13      $display("%s: a=%0h, b=%0h", name, a, b);
14    endfunction
15  endclass
16
17  class trans_a extends trans_base;
18    function new(input bit [3:0] a = 0);
19      this.a = a; // 派生类可以访问protected成员
20      // this.b = 4'h2; // 派生类不能访问local成员
21    endfunction
22
```

```
23  virtual function void print(string name = "");
24    super.print(name);
25    // $display("%s: a=%0h, b=%0h", name, a, b);
26  endfunction
27 endclass
```

例5.26的测试模块见例5.27，在类的外部，类 trans_base 的 protected 和 local 属性都无法直接访问。测试模块中被注释的代码会引起编译错误。

例 5.27　测试模块

src/ch5/sec5.5/1/test.sv

```
6 module automatic test;
7   initial begin
8     trans_base tr;
9     trans_a tra;
10    tr = new();
11    tra = new(1);
12    // tr.a = 1;  // 类外不能访问protected成员
13    // tr.b = 2;  // 类外不能访问local成员
14    // tra.a = 1; // 派生类外不能访问protected成员
15    // tra.b = 2; // 派生类外不能访问local成员
16    tra.setb(2);
17    tr.print();
18    tra.print();
19  end
20 endmodule
```

例5.27的运行结果如下。

例5.27的运行结果

```
: a=0, b=0
: a=1, b=2
```

5.6　对象复制

为了保存对象的内容，对象应该具有自我复制的功能。复制简单对象时可以使用自带复制功能的 new 操作符，复制复杂对象时需要手动在类中添加复制方法。

5.6.1　简单对象复制

new 操作符用于复制不包含句柄的简单对象（浅复制），它不会调用任何构造方法。new 操作符为新对象申请存储空间，并且复制现有对象的所有属性。如果对象中包含句柄，new 操作符只是复制句柄内容,不会复制句柄所指向的对象。例5.28中使用 new 操作符复制 tr1 指向的 transaction 对象。例子中使用的 transaction 类的定义见例5.7,它包含句柄 cfg_info。

例 5.28　使用 new 操作符复制对象

src/ch5/sec5.6/1/test.sv

```
6   module automatic test;
7     initial begin
8       transaction tr1, tr2;
9       tr1 = new(1); // 调用new方法创建原始对象
10      tr2 = new tr1; // 调用new操作符复制原始对象
11      tr1.print("tr1");
12      tr2.cfg_info.odd_parity = 'b0;
13      tr1.print("tr1");
14      tr2.print("tr2");
15    end
16  endmodule
```

例5.28的运行结果如下。

例5.28的运行结果

```
tr1: '{odd_parity:'h1}, a=1
tr1: '{odd_parity:'h0}, a=1
tr2: '{odd_parity:'h0}, a=1
```

测试模块的执行过程如下。

1. 句柄 tr1 指向 new 方法创建的 transaction 对象,简称原始对象。原始对象中属性 a 被设置为 1,属性 odd_parity 也等于 1。

2. 句柄 tr2 指向 new 操作符创建的副本对象。new 操作符只是简单的浅复制,因此原始对象和副本对象的内容一模一样,这意味着原始对象和副本对象中的句柄 cfg_info 指向了同一个 config_info 对象,如图5.7所示。

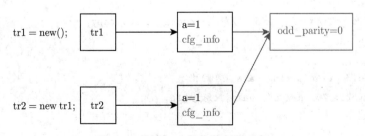

图 5.7　使用 new 操作符复制对象

5.6.2 复杂对象复制

复杂对象的复制应该在类中添加复制方法完成深复制。包含 copy 方法的 transaction 类如例5.29所示，copy 方法将句柄参数 rhs 所指向的对象内容复制到自身，同时它还调用了 config_info 类的 copy 方法复制 rhs.cfg_info 所指向的对象内容。实现对象深复制的关键就是在层级结构中的每个类中都添加相应的 copy 方法，每个 copy 方法都可以实现其所在对象的内容复制。

例 5.29　复杂对象的深复制

src/ch5/sec5.6/2/transaction.svh

```
4   class config_info;
5     bit odd_parity;
6
7     function new(input bit [3:0] a = 0);
8       odd_parity = ^a;
9     endfunction
10
11    function void copy(input config_info rhs);
12      odd_parity = rhs.odd_parity;
13    endfunction
14  endclass
15
16  class transaction;
17    bit [3:0] a;
18    config_info cfg_info;
19
20    function new(input bit [3:0] a = 0);
21      this.a = a;
22      cfg_info = new(a);
23    endfunction
24
25    function void copy(input transaction rhs);
26      a = rhs.a;
27      cfg_info.copy(rhs.cfg_info); // 调用config_info::copy
28    endfunction
29
30    function void print(string name = "");
31      $display("%s: %p, a=%0h", name, cfg_info, a);
32    endfunction
33  endclass
```

与例5.29对应的测试模块见例5.30，测试代码的执行过程如下。

1. 调用 new 方法为句柄 tr1 和 tr2 创建原始对象和副本对象。原始对象中属性 a 被设置为 1，副本对象中属性 a 被设置为 0。
2. 打印 tr2 指向的副本对象的内容。
3. 调用 tr2 的 copy 方法，将 tr1 指向的原始对象内容深复制到 tr2 指向的副本对象中。
4. 再次打印 tr2 指向的副本对象的内容。

例 5.30　测试模块

src/ch5/sec5.6/2/test.sv

```
6   module automatic test;
7     initial begin
8       transaction tr1, tr2;
9       tr1 = new(1); // 创建原始对象
10      tr2 = new(); // 创建副本对象
11      tr1.print("ori"); // 打印原始对象内容
12      tr2.print("before copy, tr2"); // 打印复制前副本对象内容
13      tr2.copy(tr1); // 将原始对象内容复制到副本对象
14      tr2.print("after copy, tr2"); // 打印复制后副本对象内容
15    end
16  endmodule
```

例5.30的运行结果如下。调用 copy 方法后，副本对象中的属性 a 变为 1，同时属性 odd_parity 也变为 1，copy 方法完成了原始对象的深度复制，如图5.8所示。

例5.30的运行结果

```
ori: '{odd_parity:'h1}, a=1
before copy, tr2: '{odd_parity:'h0}, a=0
after copy, tr2: '{odd_parity:'h1}, a=1
```

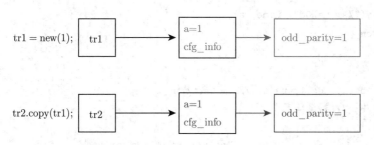

图 5.8　调用 copy 方法前后的对象的内容

5.6.3　派生类对象复制

　　派生类对象在复制时，不但要复制自身添加的内容，还需要复制从基类继承的内容。复制派生类对象的规则是在派生类和它的所有基类中都定义用来复制的 copy 方法（虚方法），每个

派生类中的 copy 方法先调用其上一级基类的 copy 方法，再复制自身的内容。当派生类及其所有基类的 copy 方法都被调用一遍后，就完成了派生类对象的复制。

现在在抽象类 trans_base 中声明纯虚方法 copy，并在派生类 trans_a 和 trans_b 中重定义 trans_base 中的所有纯虚方法，如例5.31所示。纯虚方法 copy 的输入参数 rhs 的类型是 trans_base，句柄 rhs 可以指向 trans_base 的所有派生类对象。

例 5.31　在基类和派生类中添加 copy 方法

src/ch5/sec5.6/3/transaction.svh

```
4   virtual class trans_base;
5     pure virtual function void copy(input trans_base rhs = null);
6     pure virtual function void print(string name = "");
7   endclass
8
9   class trans_a extends trans_base;
10    bit [3:0] a; // 新属性a
11
12    function new(input bit [3:0] a = 0);
13      this.a = a;
14    endfunction
15
16    virtual function void copy(input trans_base rhs = null);
17      trans_a rhs_; // 派生类句柄
18      if ((rhs == null) || !$cast(rhs_, rhs)) // 句柄向下类型转换
19        $display("copy fail");
20      a = rhs_.a; // 复制属性a
21    endfunction
22
23    virtual function void print(input string name = "");
24      $display("%s: a=%0d", name, a);
25    endfunction
26  endclass
27
28  class trans_b extends trans_a; // 派生类trans_b
29    bit [3:0] b; // 新属性b
30
31    function new(input bit [3:0] a = 0, bit [3:0] b = 0);
32      super.new(a); // 必须在首行调用基类的new方法
33      this.b = b;
34    endfunction
35
36    virtual function void copy(input trans_base rhs = null);
37      trans_b rhs_; // 派生类句柄
```

```
38    if ((rhs == null) || !$cast(rhs_, rhs)) // 句柄向下类型转换
39      $display("copy fail");
40    super.copy(rhs); // 调用基类trans_a的copy方法复制属性a
41    b = rhs_.b; // 复制属性b
42  endfunction
43
44  virtual function void print(input string name = "");
45    super.print(name); // 调用基类trans_a的print方法打印属性a
46    $display("%s: b=%0d", name, b);
47  endfunction
48 endclass
```

观察类 trans_a 中的 copy 方法，它的作用是将参数句柄 rhs 所指向的外部 trans_a 对象的内容复制到当前对象中。句柄 rhs 虽然指向了外部的 trans_a 对象，但 rhs 的类型是 trans_base，抽象类 trans_base 中并不包含属性 a，因此使用句柄 rhs 无法访问属性 a。为了复制 trans_a 对象，应该调用函数 $cast 将类型为 trans_base 的句柄 rhs 做向下类型转换，赋值给类型为 trans_a 的句柄 rhs_，再使用句柄 rhs_ 完成 trans_a 对象的复制。注意只有 rhs 确实指向了类外的 trans_a 对象，函数 $cast 才可以被成功执行。

以上分析同样适用于 trans_b 的 copy 方法，trans_b 的 copy 方法先调用上一级基类 trans_a 的 copy 方法完成属性 a 的复制，然后再复制自身的属性 b。

派生类 trans_b 的 copy 方法的使用见例5.32。例子中使用句柄 tr1 和 tr2 创建了原始对象和副本对象，调用 tr2 的 copy 方法，就可以将 tr1 指向的原始对象的内容复制到 tr2 所指向的副本对象中。在工程中 copy 方法主要用于复制随机化后的原始对象。

例 5.32　使用 copy 方法复制 trans_b 对象

src/ch5/sec5.6/3/test.sv

```
6  module automatic test;
7    initial begin
8      trans_b tr1, tr2;
9      tr1 = new(1, 2); // 创建原始对象
10     tr2 = new(); // 创建副本对象
11     tr1.print("tr1"); // 打印原始对象内容
12     tr2.print("before copy, tr2"); // 打印复制前副本对象内容
13     tr2.copy(tr1); // 将原始对象内容复制到副本对象
14     tr2.print("after copy, tr2"); // 打印复制后副本对象内容
15   end
16 endmodule
```

例5.32的运行结果如下。

例5.32的运行结果

```
tr1: a=1
```

SystemVerilog 数字集成电路功能验证

```
tr1: b=2
before copy, tr2: a=0
before copy, tr2: b=0
after copy, tr2: a=1
after copy, tr2: b=2
```

5.7　参 数 化 类

参数化类和 C++ 语言的模板类似，它包含了一个或多个类型参数。在定义参数类句柄时可以指定不同的类型参数值，这样参数类对象就可以处理多种数据类型，这大大地提高了代码的复用。

5.7.1　定义参数化类

堆栈是一种数据按序排列的数据结构，它只能在栈顶对数据进行压入或弹出操作。例5.33给出了可以处理 int 类型的简单堆栈类，类中的 push 和 pop 方法用来压入和弹出数据。这个类只能处理 int 类型。如果需要一个处理 real 类型的堆栈，那就要复制这个类并重新命名，然后将新类中处理的数据类型修改成 real。随着更多数据类型的加入，堆栈类的数量会快速增加。另外如果要增加一些新操作（例如打印堆栈内容），还要对每个堆栈类都做出同样的修改，这会带来代码维护问题。如果堆栈类在例化时才决定其处理的数据类型，就可以解决上述全部问题。

例 5.33　处理 int 类型的堆栈类

src/ch5/sec5.7/1/stack_int.svh

```
4   class stack_int;
5     local int stack[$]; // 保存数据值
6
7     function void push(input int i); // 栈顶压入值
8       stack.push_back(i);
9     endfunction
10
11    function int pop(); // 栈顶弹出值
12      return stack.pop_back();
13    endfunction
14  endclass
```

SystemVerilog 的参数化类与 C++ 语言的模板类似，它在类的定义中增加了数据类型参数，然后在声明句柄的时候指定具体的数据类型。参数化类也类似于 Verilog HDL 的参数化模块，参数化模块在例化时可以指定一些具体数值（例如数据位宽）。例5.34给出了参数化的堆栈类。注意第 4 行中的类型参数 T 带有默认值 int。

106

例 5.34　参数化的堆栈类

src/ch5/sec5.7/2/stack.svh

```
4   class stack #(type T = int);
5     local T stack[$]; // 保存数据值
6
7     function void push(input T i); // 栈顶压入值
8       stack.push_back(i);
9     endfunction
10
11    function T pop(); // 栈顶弹出值
12      return stack.pop_back();
13    endfunction
14  endclass
```

　　为参数化类指定具体数据类型的过程被称为参数类的特殊化。在例5.35中定义句柄 stacker 时设置 stack 类的特殊化参数为 real，因此使用句柄 stacker 创建出来的堆栈对象支持 real 类型的数据。

例 5.35　参数化堆栈类的特殊化

src/ch5/sec5.7/2/test.sv

```
6   module automatic test;
7     const int size = 8;
8     initial begin
9       stack #(real) stacker;
10      stacker = new(); // 创建一个real类型的栈
11      for(int i = 0; i < size; i++)
12        stacker.push(i * 1.0); // 将数值压入栈
13      repeat(size)
14        $display("%f", stacker.pop()); // 将数值弹出栈
15    end
16  endmodule
```

　　例5.35的运行结果如下。

例5.35的运行结果

```
7.000000
6.000000
5.000000
4.000000
3.000000
2.000000
1.000000
```

107

```
0.000000
```

5.7.2　参数化类的应用

测试平台中的序列发生器是一个典型的参数化类，如例5.36所示。它可以处理从事务基类派生出来的多种事务对象。句柄 blueprint 的数据类型由参数 T 决定，参数 T 的默认值是 trans_base。

例 5.36　序列发生器参数化类

src/ch5/sec5.7/3/sequencer.svh

```
4   class sequencer #(type T = trans_base);
5     T blueprint; // 可以指向基类/派生类事务对象
6
7     virtual function void main();
8       blueprint = new();
9       blueprint.print("seqr");
10    endfunction
11  endclass
```

与例5.36对应的测试模块如例5.37所示，使用参数化类 sequencer 定义句柄时，需要指定参数 T 的具体值。seqr1 所指向的序列发生器可以处理 trans_a 类型的对象，seqr2 所指向的序列发生器可以处理 trans_b 类型的对象。例子中使用的类 trans_a 和 trans_b 的定义见例5.31。

例 5.37　测试模块

src/ch5/sec5.7/3/test.sv

```
7   module automatic test;
8     sequencer #(trans_a) seqr1;
9     sequencer #(trans_b) seqr2;
10
11    initial begin
12      seqr1 = new();
13      seqr2 = new();
14      seqr1.main();
15      seqr2.main();
16    end
17  endmodule
```

例5.37的运行结果如下。

例5.37的运行结果

```
seqr: a=0
seqr: a=0
seqr: b=0
```

5.7.3　共享参数类

参数类被特殊化后，会创建多个处理不同数据类型的对象，这些对象彼此之间没有任何关联。为了方便地管理这些对象，可以为它们定义一个共同的抽象基类，并将参数类中的方法以纯虚方法的形式定义在抽象基类中。如例5.38所示。例子中使用的类 trans_a 和 trans_b 的定义见例5.31。

例 5.38　共享参数类的共同基类

src/ch5/sec5.7/4/sequencer.svh

```
4   virtual class seqr_base;
5     pure virtual function void main();
6   endclass
7
8   class sequencer #(type T = trans_base) extends seqr_base;
9     T blueprint;
10
11    virtual function void main();
12      blueprint = new();
13      blueprint.print("seqr");
14    endfunction
15  endclass
```

与例5.38对应的测试模块如例5.39所示。处理不同事务对象的 sequencer 对象被保存在抽象基类队列 seqr_q 中，然后在 foreach 语句中逐个调用它们的 main 方法。

例 5.39　测试模块

src/ch5/sec5.7/4/test.sv

```
7   module automatic test;
8     seqr_base seqr_q[$];
9     sequencer #(trans_a) seqr1;
10    sequencer #(trans_b) seqr2;
11
12    initial begin
13      seqr1 = new();
14      seqr2 = new();
15      seqr_q.push_back(seqr1);
16      seqr_q.push_back(seqr2);
17      foreach(seqr_q[i])
18        seqr_q[i].main();
19    end
20  endmodule
```

例5.39的运行结果如下。

例5.39的运行结果

```
seqr: a=0
seqr: a=0
seqr: b=0
```

5.8 静态属性和静态方法

从一个类例化出来的各个对象都有自己的自动成员，并且一个对象中的自动成员不会共享给另一个对象。但有时候一个类的所有实例对象需要共享一些唯一的属性，例如由事务类例化出的所有事务对象都应该知道当前被创建的事务对象个数，需要被共享的属性或方法应该声明成静态类型。

5.8.1 静态属性

静态属性使用 static 关键字定义，它可以被类的所有实例共享。静态属性在代码的编译阶段就会完成初始化，因此静态属性通常在定义时就给定其初值。在例5.40中，transaction 类包含了静态属性 amount，它的初始值为 0，用来保存已经创建的事务对象个数。每创建一个新的事务对象时，new 方法都会更新 amount 的值。

例 5.40　包含静态属性的类
src/ch5/sec5.8/1/transaction.svh

```
4  class transaction;
5    bit [3:0] a;
6    static int unsigned amount = 0; // transactions对象个数
7
8    function new(input bit [3:0] a = 0);
9      this.a = a;
10     amount++;
11   endfunction
12
13   virtual function void print(string name = "");
14     $display("%s: a=%0h", name, a);
15   endfunction
16 endclass
```

在测试模块启动后，无论 transaction 类是否被例化，静态属性 amount 始终都存在并被保存在对象之外的存储空间中，如图5.9所示。

类中的静态属性被类的所有对象实例共享，静态属性既可以使用类名加作用域运算符 "::" 访问，也可以使用对象句柄访问，如例5.41所示。在 transaction 类被例化之前静态属性 amount 的值为 0。在 transaction 类被例化一次后，amount 的值变为 1。

第1个对象	第2个对象	第n个对象
自动属性a	自动属性a	自动属性a

静态属性amount

图 5.9　包含静态属性的类

例 5.41　使用类名和句柄访问静态属性

src/ch5/sec5.8/1/test.sv

```
6   module automatic test;
7     initial begin
8       transaction tr;
9       $display("amount=%0h", transaction::amount);
10      $display("amount=%0h", tr.amount);
11      tr = new();
12      $display("amount=%0h", transaction::amount);
13      $display("amount=%0h", tr.amount);
14    end
15  endmodule
```

例5.41的运行结果如下。

例5.41的运行结果

```
amount:0
amount:0
amount:1
amount:1
```

5.8.2　静态句柄

如果类中的静态属性比较多，它们的管理就会很麻烦。一个好的解决方法是将当前类中的所有静态属性封装在一个新类中，然后在当前类中使用一个静态句柄管理新类。例5.42中定义的 config_info 类用来统一管理 transaction 类中的静态属性。transaction 类添加了 config_info 类型的静态句柄 cfg_info。在定义静态句柄的同时调用了 new 方法，它的初始化在测试模块启动时完成，即在测试平台运行前就创建了一个 config_info 对象，类的所有实例共享静态句柄所指向的 config_info 对象。

例 5.42　包含静态对象句柄的类

src/ch5/sec5.8/2/transaction.svh

```
4   class config_info;
5     int unsigned amount;
```

111

```
6  endclass
7
8  class transaction;
9    bit [3:0] a;
10   static config_info cfg_info = new(); // 静态句柄，启动前调用new完成例化
11
12   function new(input bit [3:0] a = 0);
13     this.a = a;
14     cfg_info.amount++;
15   endfunction
16
17   virtual function void print(string name = "");
18     $display("%s: a=%0h", name, a);
19   endfunction
20  endclass
```

例5.43中的测试模块分别使用了类名 transaction 和句柄 tr 访问静态句柄 cfg_info，打印 cfg_info 指向的 config_info 对象的内容。

例 5.43　使用静态对象句柄

src/ch5/sec5.8/2/test.sv

```
6  module automatic test;
7    initial begin
8      transaction tr;
9      $display("%p", transaction::cfg_info);
10     tr = new();
11     $display("%p", tr.cfg_info);
12   end
13  endmodule
```

例5.43的运行结果如下。

例5.43的运行结果

```
'{amount:'h0}
'{amount:'h1}
```

5.8.3　静态方法

为了方便地操作类中的静态属性，可以在类中定义静态方法。静态方法只能操作静态属性，不能操作自动属性。和静态属性一样，静态方法在对象例化前就已经存在，因此在编译阶段可以使用类的静态方法访问类的静态属性。例5.44在 transaction 类中添加了静态方法 print_cfg_info，用来打印静态句柄 cfg_info 所指向的对象内容。

例 5.44　含有静态方法的类

src/ch5/sec5.8/3/transaction.svh

```
4   class config_info;
5     int unsigned amount;
6   endclass
7
8   class transaction;
9     bit [3:0] a;
10    static config_info cfg_info = new(); // 静态句柄，启动前调用new完成例化
11
12    function new(input bit [3:0] a = 0);
13      this.a = a;
14      cfg_info.amount++;
15    endfunction
16
17    virtual function void print(string name = "");
18      $display("%s: a=%0h", name, a);
19    endfunction
20
21    static function void print_cfg_info();
22      $display("%p", cfg_info);
23    endfunction
24  endclass
```

例5.45中的测试模块使用静态方法打印类的静态属性。其运行结果与例5.43的运行结果相同。

例 5.45　使用静态方法打印静态属性

src/ch5/sec5.8/3/test.sv

```
6   module automatic test;
7     initial begin
8       transaction tr;
9       transaction::print_cfg_info();
10      tr = new();
11      tr.print_cfg_info();
12    end
13  endmodule
```

5.9　单　例　类

从前文可以看出，静态属性和静态方法主要用来管理测试平台中一些全局性质的数据。使用类名加 "::" 可以直接访问类中的静态成员，与类是否被实例化没有关系。但是包含静态成员

的类如果没有被实例化，就不能使用句柄传递，如果被实例化多次，又会造成存储空间的浪费。单例类（singleton class）是指一个只能被例化一次的类，它的优点是既可以用来管理全局性质的数据，又能像普通对象那样使用句柄传递。单例类在 UVM 中非常重要。UVM 工厂机制中的代理类和工厂类都是典型的单例类。本节将通过几种方法的比较说明单例类的优势，然后详细分析单例类的工作方法。

5.9.1　打印信息的动态类

全局变量和例程名字在整个命名空间都可见，这可能会引起命名空间冲突。OOP 的一个目标是消灭全局的变量和例程，但结果会导致代码难于管理和复用。折中的方式是在必要的时候使用全局变量和例程，例如所有的验证方法学都提供了打印服务来过滤错误信息和错误计数。一个简单的 print 类如例5.46所示。

例 5.46　带有静态属性的 print 类

src/ch5/sec5.9/1/print.svh

```
4   class print;
5     static bit [31:0] error_count = 0, error_limit = -1;
6     string class_name, instance_name;
7
8     function new(input string class_name, input string instance_name);
9       this.class_name    = class_name;
10      this.instance_name = instance_name;
11    endfunction
12
13    function void error(input string ID, input string message);
14      $display("@%0t [%s-%s] [%s] %s",
15        $realtime, class_name, instance_name, ID, message);
16      if (++error_count >= error_limit) begin
17        $display("FATAL: Maxium error limit reached");
18        $finish();
19      end
20    endfunction
21  endclass
```

print 类使用类名、对象名和其他特性过滤错误信息，它必须先被例化后才能使用。在例5.47中，sequencer 类中定义一个 print 类型的句柄 p。sequencer 的 new 方法在例化自身的同时还会使用句柄 p 创建一个 print 对象，这样就可以在 main 方法中调用 error 方法打印错误信息。print 类在测试平台的多个组件中被使用，它会被例化多次，占用大量的存储空间，这是动态 print 类的缺点。

例 5.47　在 sequencer 中使用 print 类

src/ch5/sec5.9/1/sequencer.svh

```
4   class sequencer;
5     print p;
6     function new();
7       p = new("sequencer", "seqr");
8     endfunction
9
10    virtual task main();
11      p.error("FATAL", "Sequencer is not ready");
12    endtask
13  endclass
```

5.9.2　打印信息的单例类

为了减少存储空间占用，可以将 print 类中的属性和方法修改成静态类型。这时 print 类不需要被例化，使用类名就可以直接调用类中的静态方法，如例5.48所示。

例 5.48　带有静态方法的 print 类

src/ch5/sec5.9/2/print.svh

```
4   class print;
5     static bit [31:0] error_count = 0, error_limit = -1;
6
7     static function void error(input string ID, input string message);
8       $display("@%0t [%s] %s",
9         $realtime, ID, message);
10      if (++error_count >= error_limit) begin
11        $display("FATAL: Maxium error limit reached");
12        $finish();
13      end
14    endfunction
15  endclass
```

例5.49中调用了 print 类的静态 error 方法。

例 5.49　调用 print 类的静态 error 方法

src/ch5/sec5.9/2/driver.svh

```
4   class driver;
5     virtual task main();
6       print::error("FATAL", "Sequencer is not ready");
7     endtask
8   endclass
```

在 print 类中使用静态属性和静态方法也存在一些问题。首先，类的所有静态成员都会在仿真前被分配存储空间，即使它们在仿真中没有被使用。其次，由于类不会被例化，没有句柄指向它，所以 print 类不能在测试平台中传递。

比较完美的解决方法是使用单例类。单例类是一个只能被例化一次的类。单例类既可以简化程序结构，又不会占用大量存储空间。UVM 中就存在很多重要的单例类。例5.50给出了单例类 singleton 的定义。类中定义了用来创建唯一对象的静态方法 get_object，当类没有实例时这个方法会创建一个对象，如果类已经存在一个实例，它只返回指向对象的句柄。另外为了确保 singleton 类不能以其他方式被例化，必须将它的构造方法声明成 protected（不要将构造方法声明成 local，因为派生类可能需要访问基类的构造方法）。使用单例类的单个实例代替静态类成员，单例类只在需要的时候进行例化。

例 5.50　单例类 singleton

src/ch5/sec5.9/3/singleton.svh

```
4   class singleton;
5     string state;
6     static singleton my_singleton;
7
8     protected function new();
9     endfunction
10
11    static function singleton get_object();
12      if(my_singleton == null) my_singleton = new();
13      return my_singleton;
14    endfunction
15  endclass
```

单例类的测试模块如例5.51所示，测试模块中定义了 2 个句柄 first 和 second，然后分别使用这 2 个句柄调用 get_object 方法。因为 singleton 类是单例类，只能被例化一次，所以输出结果中 2 个句柄共同指向了一个对象。

例 5.51　创建单例类对象

src/ch5/sec5.9/3/test.sv

```
6   module automatic test;
7     singleton first, second;
8
9     initial begin
10      first = singleton::get_object();
11      second = singleton::get_object();
12      first.state = "Singleton class";
13      $display("%0d, %0d", first, second);
14      $display("%s", second.state);
15    end
```

```
16  endmodule
```

例5.51的运行结果如下。

例5.51的运行结果

```
46912721125728, 46912721125728
Singleton class
```

5.10　UVM 配置数据库

配置数据库（configuration database）是一种可以提供数据的存储、管理和访问控制功能的数据库。配置数据库是 UVM 中非常重要和实用的机制，其作用可以简单地概括为全局对象之间的数据共享。本节将详细说明并实现一个简化版的 UVM 配置数据库。同时还介绍了实现配置数据库的几种备选方法，通过比较解释为什么 UVM 不会挑选更简单的实现方法。

静态属性、静态方法和参数化类的重要应用是建立全局性质的配置数据库。仿真开始前测试平台的多个组件都需要使用配置数据库进行随机配置，配置数据库应该具有如下性质。

1. 配置数据库应该定义在任何块之外，具有全局性质，在测试平台的任何位置都可以被访问。
2. 支持各种简单和复杂的数据类型（例如 bit、int、interface、对象等）的访问。
3. 支持使用索引查询配置数据库中的数据。

通常测试平台会为每种数据类型都创建一个独立的配置数据库。例5.52先定义了一个整数配置数据库类。

例 5.52　整数配置数据库类

```
1   class config_db_int;
2     static int db[string];
3
4     static function void set(input string name, input int value);
5       db[name] = value;
6     endfunction
7
8     static function void get{input string name, ref int value);
9       value = db[name];
10    endfunction
11
12    static function void print();
13      $display("configuration database %s", $typename(int));
14      foreach (db[i])
15        $display("db[%s]=%p", i, db[i]);
16    endfunction
17  endclass
```

类成员的功能描述如下。

1. 使用一个字符串作为索引的关联数组 db 存储整数配置数据。

2. set 方法按照索引值 name 将整数值 value 保存在配置数据库中，set 方法类似于寄信。

3. get 方法按照索引值 name 从配置数据库中取出整数值 value，get 方法类似于收信。

4. print 方法用来打印配置数据库中的全部内容。

配置数据库机制用于在测试平台内部传递各种数据。因此 set 方法和 get 方法通常都是成对出现的。系统函数 $typename 以字符串的形式返回参数的解析类型。类中的所有成员都被声明成 static，这样配置数据库在全局作用域内都可见，静态属性和静态方法可以通过类名直接访问。

简化的整数配置数据库只使用一个字符串进行索引。UVM 的配置数据库会更复杂一些，它的数据库索引可能会包含属性名、实例名等其他值。

对整数配置数据库类稍作修改，就实现了参数化的配置数据库类 svm_config_db，如例5.53所示。参数化的配置数据库类经过特殊化后才能使用，用来保存对应的数据类型的配置信息。svm_config_db 是 UVM 的参数化配置数据库类 uvm_config_db 的简化版本（Simple UVM），UVM 的配置数据库可以使用通配符和其他正则表达式作为索引，它需要一个比关联数组更复杂的查找机制。

例 5.53　参数化配置数据库类 svm_config_db

src/svm–1.1/svm_config_db.svh

```
4   class svm_config_db #(type T = int);
5     static T db[string];
6     static function void set(input string name, input T value);
7       db[name] = value;
8     endfunction
9
10    static function void get(input string name, ref T value);
11      value = db[name];
12    endfunction
13
14    static function void print();
15      $display("configuration database %s", $typename(T));
16      foreach(db[i])
17        $display("db[%s]=%p", i, db[i]);
18    endfunction
19  endclass
```

例5.54中使用参数化类 svm_config_db 的 set 方法为各个数据类型创建配置数据库，然后将所有配置信息（不同类型的变量值）保存在对应的配置数据库中。config_info 类的定义见例5.42。使用 print 方法可以打印当前配置数据库中关联数组 db 的内容。使用 get 方法按照字符串索引将配置数据库中的相关内容取出并赋值到同类型的其他变量中。

例 5.54　为不同数据类型创建配置数据库

src/ch5/sec5.10/1/test.sv

```
7   module automatic test;
8     int low = 0, high = 99, i;
9     real pi = 3.14, j;
10    config_info cfg, k;
11
12    initial begin
13      cfg = new(8);
14
15      svm_config_db#(int)::set("low", low); // 保存变量low到int配置数据库，索引为“low”
16      svm_config_db#(int)::set("high", high); // 保存变量high到int配置数据库，索引为“high”
17      svm_config_db#(real)::set("pi", pi); // 保存变量pi到real配置数据库，索引为“pi”
18      svm_config_db#(config_info)::set("cfg", cfg); // 保存句柄cfg到config_info配置数据库，索引为“cfg”
19
20      svm_config_db#(int)::print();   // 打印int配置数据库
21      svm_config_db#(real)::print(); // 打印real配置数据库
22      svm_config_db#(config_info)::print();   // 打印config_info配置数据库
23
24      svm_config_db#(int)::get("high", i); // 取出索引为“high”的整数值
25      $display("i is configured to %0d", i);
26      svm_config_db#(real)::get("pi", j); // 取出索引为“pi”的实数值
27      $display("j is configured to %f", j);
28      svm_config_db#(config_info)::get("cfg", k); // 取出索引为“cfg”的config_info类型的句柄
29      $display("k is configured to %p", k);
30    end
31  endmodule
```

例5.54的运行结果如下。

例5.54的运行结果

```
configuration database int
db[high]=99
db[low]=0
configuration database real
db[pi]=3.14
configuration database class $unit::config_info
db[cfg]='{amount:'h8}
```

```
i is configured to 99
j is configured to 3.140000
k is configured to '{amount:'h8}
```

5.11 UVM 工厂机制

本节将使用简化的 SystemVerilog 代码说明并实现 UVM-1.1 和 UVM-1.2 中的工厂机制。阅读这些简化代码可以彻底了解 UVM 工厂机制的底层工作原理。工厂机制是在 OVM 中提出的，但还是有必要回顾一下 VMM 中工厂机制的实现方法，并解释为何 UVM 没有沿用 VMM 的这些旧方法。

5.11.1 使用静态方法的测试登记表

在前面的例子中，测试平台每次只能运行一个测试模块，而且需要在测试平台中手动修改测试模块名才能切换到另外一个测试。如果计划运行 100 个不同测试，那么测试平台和 DUT 需要被反复编译 100 次，这期间还需要不断地手动修改测试模块名，如图5.10所示。其实在每次编译过程中，除了测试模块不同，测试平台代码和 DUT 都是完全相同的。

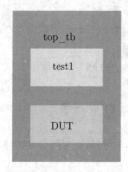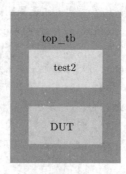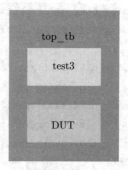

图 5.10 每个测试平台只包含一个测试模块

减少编译和仿真时间的最直接办法是一次编译所有的测试，然后挑选一个测试运行。因此可以将所有的测试模块都改写成测试类，然后使用 include 语句全部导入到测试平台中，如图5.11所示。测试类需要例化才能使用，在早期的 VMM 中，这些测试类都被例化成全局测试对象并注册到测试登记表（关联数组）中，然后测试平台在运行时根据传入的命令行参数（关联数组的索引）从测试登记表中选择一个相应的测试对象。

为了便于统一管理所有的测试类，首先需要编写一个测试基类，再从这个测试基类派生出所有的测试类。例5.55中的抽象测试基类包含了一个环境类句柄 env 和一个纯虚任务 run_test，纯虚任务是包含测试代码方法的占位符。

例 5.55 测试基类

src/ch5/sec5.11/1/tests/test_base.sv

```
4  virtual class test_base;
```

```
5    environment env;
6    pure virtual task run_test();
7  endclass
```

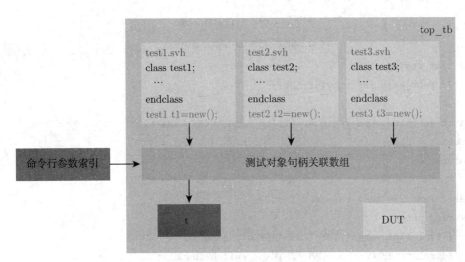

图 5.11　使用测试登记表保存全局测试对象的句柄

test_base 中使用的环境类 environment 如例5.56所示，它只包含 build、connect 和 main 三个虚方法。

例 5.56　简化的环境类

src/ch5/sec5.11/1/environment.svh

```
4  class environment;
5    virtual function void build();
6      $display("call env's build");
7    endfunction
8
9    virtual function void connect();
10     $display("call env's connect");
11   endfunction
12
13   virtual task main();
14     $display("call env's main");
15   endtask
16 endclass
```

测试登记表类 test_registry 如例5.57所示，包含如下成员。

1. 静态属性 registry：它是一个数据类型为测试基类 test_base 的关联数组，索引为字符串类型，所有测试对象的句柄都可以保存（注册）在这个关联数组中。

2. 静态方法 register：将测试对象（实际是句柄 t）注册到登记表（关联数组 registry）中，索引名由参数 name 提供。

3. 静态方法 get_test：从命令行参数中读取索引名，然后从登记表中取出对应的测试对象（句柄）作为返回值。

例 5.57　测试登记表类

src/ch5/sec5.11/1/test_registry.svh

```
4   class test_registry;
5     static test_base registry[string];
6
7     static function void register(string name, test_base t);
8       registry[name] = t;
9     endfunction
10
11    static function test_base get_test();
12      string name;
13      if(!$value$plusargs("VMM_TESTNAME=%s", name))
14        $display("ERROR: No +VMM_TESTNAME switch found");
15      return registry[name];
16    endfunction
17  endclass
```

接下来的工作是从测试基类派生出各种测试类并例化。在测试平台中，所有的测试对象都应该在测试启动前被自动例化出来，并注册到测试登记表中，这样测试平台只需关注运行哪个测试对象就可以了。测试对象的自动创建使用全局句柄实现，测试对象的自动注册在测试类的构造方法中完成，如例 5.58 所示。例子中定义了测试派生类 test_simple，全局句柄 test_simple_handle 的初始化在测试启动前完成，即自动调用 new 方法创建一个全局性质的 test_simple 对象。测试派生类 test_simple 的自定义 new 方法在创建测试对象的同时使用 this 句柄将自身注册到测试登记表中，注册的索引名为"test_simple"。最后 run_test 方法按顺序运行环境类的全部方法。

例 5.58　测试类 test_simple

src/ch5/sec5.11/1/tests/test_simple.sv

```
4   class test_simple extends test_base;
5     function new();
6       env = new();
7       test_registry::register("test_simple", this); // 注册到测试登记表中
8     endfunction
9
10    virtual task run_test();
11      $display("%m");
12      env.build();
13      env.connect();
```

```
14        env.main();
15      endtask
16    endclass
17
18    test_simple test_simple_handle = new(); // 测试启动前创建全局测试对象
```

按照同样的方式从测试基类 test_base 派生出另一个测试类 test_bad，如例5.59所示。例子中使用全局句柄 test_bad_handle 创建全局的 test_bad 对象。

例 5.59　测试类 test_bad

src/ch5/sec5.11/1/tests/test_bad.sv

```
4     class test_bad extends test_base;
5       function new();
6         env = new();
7         test_registry::register("test_bad", this);
8       endfunction
9
10      virtual task run_test();
11        $display("%m");
12        env.build();
13        env.connect();
14        env.main();
15      endtask
16    endclass
17
18    test_bad test_bad_handle = new();
```

在测试平台中导入所有测试类源文件，这样所有全局测试对象都在测试启动前被创建出来，且都被注册到测试登记表中，如例5.60所示。测试平台调用测试登记表类中的 get_test 方法从命令行读入测试登记表的索引名，然后从测试登记表中选出对应的测试对象，最后运行测试对象的 run_test 方法。

例 5.60　包含全部测试对象的测试平台

src/ch5/sec5.11/1/top_tb.sv

```
1     `include "environment.svh"
2     `include "test_base.sv"
3     `include "test_registry.svh"
4     `include "test_simple.sv"
5     `include "test_bad.sv"
6
7     module top_tb;
8       test_base tb;
9       initial begin
```

```
10      tb = test_registry::get_test();
11      tb.run_test();
12   end
13 endmodule
```

测试登记表的索引名在附录中的 Makefile 中设置。首先将变量 LIB_NAME 设置为"VMM"，表示使用静态方法的测试登记表。然后在变量 TEST_NAME 后补全所有的索引名"test_simple test_bad"。Makefile 支持回归测试，它会逐个选取索引名并运行测试。

TEST_NAME=test_simple 的运行结果

```
$unit::\test_simple::run_test
call env's build
call env's connect
call env's main
```

TEST_NAME=test_bad 的运行结果

```
$unit::\test_bad::run_test
call env's build
call env's connect
call env's main
```

使用静态方法的测试登记表的好处是可以将所有测试类编译进一个可执行的仿真文件中，即一次编译所有的测试类。但这种方法也有如下缺点。

1. 在测试启动前创建所有的全局测试对象，这会占用太多的内存空间。
2. 测试启动后测试平台无法修改测试类的内容，例如将测试类中的环境类 environment 替换成其他环境类。

静态方法的测试登记表的工作过程和蛋糕店卖蛋糕类似。顾客去蛋糕店购买一个蛋糕，如果蛋糕只有口味的区别（如巧克力味，芝士味或水果味），那么蛋糕店花费很少的钱就可以备齐所有口味的蛋糕。顾客只要说出想要的蛋糕名，就能直接拿到蛋糕实物，如图5.12所示。图中蛋糕名相当于测试登记表的索引名，蛋糕实物相当于测试对象。这就是本节所讲述的内容，测试平台在启动时会直接创建所有的测试对象并保存在一个关联数组中，然后通过命令行开关传入的测试对象索引名从关联数组中找出相应的测试对象运行。

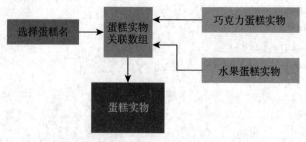

图 5.12　使用蛋糕名索引蛋糕实物关联数组

5.11.2 工厂机制

继续使用蛋糕店这个例子分析。如果蛋糕还可以定制更多的属性，如颜色、尺寸、层数等，这些蛋糕属性会有几百种组合，这时蛋糕店很难备齐所有的蛋糕实物，因为蛋糕店里放不下这么多的蛋糕。通常蛋糕店会向顾客展示一本蛋糕图册，图册中会有一些默认的蛋糕图，每个蛋糕图都相当于一个代理对象，如图5.13所示。顾客选定一个蛋糕图，并修改图中的一些默认属性（例如修改蛋糕尺寸），就完成了蛋糕的预订。在工厂中，所有蛋糕图都保存在一个关联数组中，工厂根据顾客的要求从关联数组中选出对应的蛋糕图，再结合客户的修改要求制作蛋糕实物。这就是本节将要讲述的工厂机制，测试平台在启动时创建所有的代理对象（蛋糕图）并保存在工厂的关联数组中，代理对象最重要的功能就是创建测试对象。测试平台启动后，工厂根据命令行导入的索引名从关联数组中找出相应的代理对象，再根据测试平台提出的修改要求动态创建出定制的测试对象。使用工厂机制后，测试平台启动后只创建一个测试对象，同时这个测试对象中的各种属性还可以灵活配置。

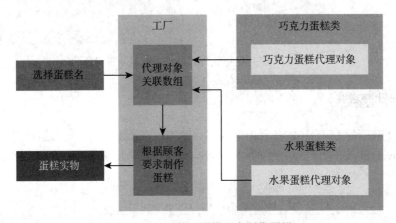

图 5.13　工厂使用蛋糕配方制作蛋糕

UVM 的工厂机制与工厂根据蛋糕图制作蛋糕实物的过程十分相似。在图5.14中，测试平台不再创建所有的测试对象，而是在每个测试类中加入一个 uvm_component_utils 宏，宏在编译阶段会被展开，展开的代码会在每个测试类中加入一个名字为 type_id 的代理类。这个代理类是一个参数化类，它被特殊化后会自动创建出自身的唯一实例（代理对象），并将代理对象注册到工厂的测试登记表（关联数组）中。这样每个测试类都包含一个代理对象，这一系列操作都在测试平台启动前完成。和测试对象相比，代理对象占用的存储空间极小，即使数量庞大也不会消耗太多的存储空间。测试平台启动后命令行参数会传入一个关联数组的索引，工厂使用这个索引从测试登记表中找出对应的代理对象，并结合测试平台中对测试登记表的修改，最后动态创建出定制的测试对象。

工厂机制可以用来动态创建（定制）测试对象，也可以用来动态创建（定制）测试平台。工厂机制提供了重要的重写（override）功能，在动态创建测试平台时可以根据需求灵活替换掉验证平台中的某些组件，从而实现测试平台的复用。例如当前的测试平台用来测试 USB2.0 接口设备。如果使用重写功能将测试平台中的收发数据组件替换成 USB3.0 协议，那么这个测试平台就可以直接用来测试 USB3.0 接口设备。5.11.9节会给出重写功能的具体例子进行说明。

从上面的描述可以看出，UVM 的工厂机制本质上就是一个关联数组，将各个具有继承关系的类联系到一起形成一张表格。在创建的时候，可以通过查表来实现最终类型的例化。下文中实现的代理类和工厂类都是 UVM 的简化版本，各个类的名字都加上了 svm 前缀，这样就不会和 UVM 的类前缀混淆。

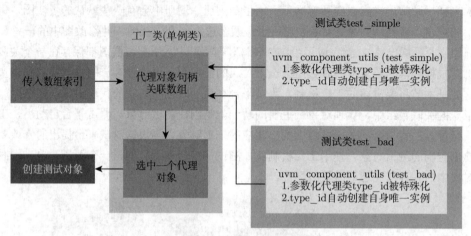

图 5.14　工厂使用代理对象动态创建测试对象

5.11.3　组件基类

为了有效管理测试平台中的各种组件类和测试类，需要定义一个所有组件类和测试类的公共抽象基类 svm_object，如例5.61所示。这个类没有内容，只是用来模拟 UVM 库中的 uvm_object。

例 5.61　公共抽象基类 svm_object

src/svm–1.1/svm_component.svh

```
4   virtual class svm_object;
5   endclass
```

下面定义组件类 svm_component，它是 svm_object 类的派生类，如例5.62所示。它用来模拟 UVM 库中的 uvm_component，这里规定所有的组件类和测试类都从 svm_object 派生。在 UVM 中组件是消耗时间的对象，每个组件都包含一个索引上一层级的 parent 句柄，所有组件使用 parent 句柄构成了树形结构的测试平台。为了简化说明，svm_component 不包含 parent 句柄。

例 5.62　组件类 svm_component

src/svm–1.1/svm_component.svh

```
7    virtual class svm_component extends svm_object;
8      string name;
9
10     function new(string name);
11       this.name = name;
12       $display("%m");
13     endfunction
```

```
14
15    virtual task run_test();
16    endtask
17  endclass
```

5.11.4 代理类

同样为了便于管理各种代理类，需要定义所有代理类的公共抽象基类 svm_object_wrapper，它用来模拟 UVM 库中的 uvm_object_wrapper，如例5.63所示，它包含以下两个虚方法。

1. 虚方法 create_component 只返回一个空句柄，在派生代理类中它根据类型名创建对应的测试对象并返回测试对象的句柄。
2. 纯虚方法 get_type_name 没有内容，在派生代理类中它的功能是以字符串的形式返回类的类型名。

例 5.63 代理类的抽象基类 svm_object_wrapper

src/svm–1.1/svm_factory.svh

```
4  virtual class svm_object_wrapper;
5    virtual function svm_component create_component(string name);
6      return null;
7    endfunction
8    pure virtual function string get_type_name();
9  endclass
```

组件代理类 svm_component_registry 是抽象基类 svm_object_wrapper 的派生类，它是一个参数化类，如例5.64所示。参数 T 代表测试类的类型，Tname 代表测试类的类型名。svm_component_registry 类是一个轻量级的单例类，它在特殊化后只需要被例化一次，就可以在工厂中使用 create_component 方法创建测试实例。组件代理类的 create 方法用于创建组件实例。在例5.76中就使用了 create 方法创建了环境类的实例。

例 5.64 参数化的组件代理类 svm_component_registry

src/svm–1.1/svm_registry.svh

```
4  class svm_component_registry #(type T = svm_component,
5    string Tname = "<unknown>") extends svm_object_wrapper;
6
7    typedef svm_component_registry #(T,Tname) this_type;
8
9    // 创建测试对象
10   virtual function svm_component create_component(string name="");
11     T obj;
12     obj = new(name);
13     return obj;
```

```
14    endfunction
15
16    virtual function string get_type_name();
17      return Tname;
18    endfunction
19
20    // 单例类的自动例化
21    local static this_type me = get(); // 单例类句柄
22
23    // 返回代理对象（单例类）句柄
24    static function this_type get();
25      if (me == null) begin // 是否有唯一实例
26        svm_factory f = svm_factory::get(); // 创建工厂类的唯一实例
27        me = new(); // 创建单例类的唯一实例
28        $display("Create a unique object of singleton class svm_component_registry#(%s,%s)",Tname,Tname);
29        f.register(me); // 在工厂中注册单例类的唯一实例
30      end
31      return me;
32    endfunction
33
34    // 创建组件
35    static function T create(string name);
36      svm_object obj;
37      svm_factory factory = svm_factory::get();
38      obj = factory.create_object_by_type(me,name);
39      $cast(create, obj);
40    endfunction
41  endclass
```

为了方便在组件类和测试类中加入代理类，还需要定义 svm_component_utils 宏，如例5.65所示。这个宏为组件类加入了如下属性和方法。

1. type_id：使用 typedef 语句将特殊化后的代理类命名成 type_id。
2. 虚方法 get_type_name：这个虚方法使用语法`"T`"将符号 T 中保存的类名转换成字符串并返回。本例中暂时没有使用这个方法。

例 5.65　svm_component_utils 宏

src/svm-1.1/svm_object_defines.svh

```
1  `define svm_component_utils(T) \
2    typedef svm_component_registry #(T,`"T`") type_id; \
3    virtual function string get_type_name (); \
4      return `"T`"; \
```

```
5    endfunction
```

例5.75中测试类 test_simple 使用了 svm_component_utils 宏，这个宏的展开内容如例5.66所示。

例 5.66　svm_component_utils(test_simple) 的展开内容

```
1  typedef svm_component_registry #(test_simple, "test_simple") type_id;
2  virtual function string get_type_name ();
3    return "test_simple";
4  endfunction
```

现在分析代理类 type_id 的初始化过程，即在仿真开始前完成代理类的内部静态句柄 me 的初始化。

1. 在每个测试类中都加入 svm_component_utils 宏，宏的参数为测试类自身。这个宏将参数化代理类 svm_component_registry 特殊化为测试类类型的代理类 type_id。这样每个测试类中都会包含一个对应的代理类 type_id。
2. 代理类 type_id 中包含一个静态句柄 me，编译器会在仿真开始前调用静态方法 get 初始化静态句柄 me，这里等号的作用就是让编译器在仿真前调用静态方法 get。
3. 如果静态句柄 me 内容为 null，静态方法 get 首先会创建工厂类（单例类）的唯一实例。然后调用 new 方法让静态句柄 me 指向代理类 type_id 的唯一实例。最后调用工厂的 register 方法，将句柄 me（指向代理对象）保存到工厂中的关联数组 m_type_names。
4. 如果静态句柄 me 不等于 null，说明代理对象已经被注册过，这时静态方法 get 直接返回句柄 me。

5.11.5　工厂类

工厂类 svm_factory 也是一个单例类，如例5.67所示。关联数组 m_type_names 保存了所有指向代理对象的句柄。在 get_test 方法中，命令行传入的参数保存在字符串 name 中，name 作为索引从关联数组 m_type_names 中找到对应的代理类对象并赋值给句柄 test_wrapper，最后调用代理对象的 create_component 方法创建测试实例。因为 svm_object_wrapper 的 create_component 方法创建的测试对象都是 svm_component 的派生类（见例5.75），所以代码中使用 $cast 函数执行了句柄的向下转换。

例 5.67　工厂类

src/svm–1.1/svm_factory.svh

```
11  class svm_factory;
12    static svm_object_wrapper m_type_names[string];
13
14    static svm_factory m_inst; // 工厂类（单例类）句柄
15
16    static function svm_factory get();
17      if(m_inst == null) begin // 是否有唯一实例
18        m_inst = new();
```

```
19        $display("Create a unique object of singleton class svm_factory");
20      end
21      return m_inst;
22    endfunction
23
24    static function void register(svm_object_wrapper c);
25      m_type_names[c.get_type_name()] = c; // 注册代理对象句柄
26    endfunction
27
28    static string override [string];
29
30    static function void override_type(string type_name,string override_type_name);
31      override[type_name] = override_type_name;
32    endfunction
33
34    function svm_object create_object_by_type(svm_object_wrapper proxy,string name);
35      proxy = find_override(proxy);
36      return proxy.create_component(name);
37    endfunction
38
39    function svm_object_wrapper find_override(svm_object_wrapper proxy);
40      if(override.exists(proxy.get_type_name))
41        return m_type_names[override[proxy.get_type_name()]];
42      return proxy;
43    endfunction
44
45    static function svm_component get_test();
46      string name;
47      svm_object_wrapper test_wrapper;
48      svm_component test_comp;
49
50      if(!$value$plusargs("SVM_TESTNAME=%s", name)) begin
51        $display("FATAL +SVM_TESTNAME not found");
52        $finish();
53      end
54      $display("%m found +SVM_TESTNAME=%s", name);
55      test_wrapper = svm_factory::m_type_names[name];
56      $cast(test_comp, test_wrapper.create_component(name));
57      return test_comp;
58    endfunction
59 endclass
```

工厂类的最重要功能就是重写，图5.15演示了使用重写功能将测试平台中的 environment 对象替换成 environment_bad 对象。假设关联数组 m_type_names 中保存了 environment 及其派生类 environment_bad 的代理对象句柄。在运行测试时，先调用 override_type 方法将字符串"environment_bad"保存到关联数组 override 中，该元素的索引名为"environment"。当工厂类接收到数组索引名"environment"后会调用 create_object_by_type 方法查找合适的代理对象，该方法会先调用 find_override 方法查询关联数组 override 中是否存在索引名为"environment"的元素，然后返回 environment_bad 的代理对象，工厂最终创建出来的是 environment_bad 对象。find_override 方法的核心功能是完成了索引名的映射，并在关联数组 m_type_names 中使用新索引名查找代理对象。

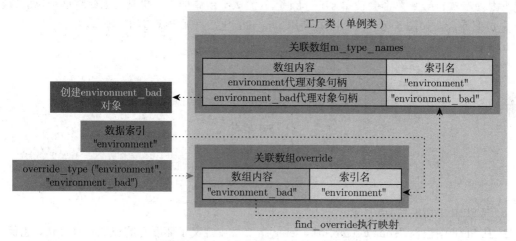

图 5.15　工厂类中重写功能的工作过程

重写功能可以方便地将测试类或组件类的部分原有成员替换成新的成员。在重写之后，代理对象使用 create 方法创建原有类型对象的请求，将被工厂机制替换掉，从而创建新的替换类型的对象。UVM 支持类型重写和路径重写，为了简化说明，svm_factory 类只实现了简单的类型重写功能。从 OOP 角度来说，类型重写就是将测试平台中被例化的测试类或组件类替换成它们的派生类，派生类中通过重定义方法为测试平台加入新的功能。类型重写功能将在例5.76中使用并进行更详细说明。

5.11.6　封装工厂机制

为了在下文中更方便地使用配置数据库和工厂机制，需要将上述所有相关的源文件封装在一个名字为 svm_pkg 的包中，如例5.68所示。导入 svm_pkg 包，就相当于为测试平台加入了如下几种机制。

1. 配置数据库机制。
2. 代理机制。
3. 工厂机制（支持类型重写功能）。

例 5.68　svm_pkg 包

src/svm-1.1/svm_pkg.sv

```
4   package svm_pkg;
5     `include "svm_config_db.svh"
6     `include "svm_object_defines.svh"
7     `include "svm_component.svh"
8     `include "svm_factory.svh"
9     `include "svm_registry.svh"
10  endpackage
```

因为本章和第 9 章都会使用 svm_pkg 包为测试平台添加工厂机制，因此将这个包放置在 src/svm 目录下，如图 5.16 所示。要想使用 svm_pkg 包，只需要执行如下操作。

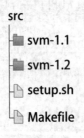

图 5.16　SVC 目录结构

1. 在 Shell 中切换到 src 目录。
2. 在 Shell 中输入 "source setup.sh"。setup.sh 文件中定义了环境变量 $SVM_HOME，它保存了 svm_pkg 包的绝对路径，在工程中使用 $SVM_HOME 就可以加载 svm_pkg 包。
3. 在 Shell 中切换到工程目录。
4. 修改工程目录下的 filelist.f 文件，添加 "+incdir+$SVM_HOME" 设置编译查找路径。

5.11.7　UVM-1.2 中的工厂机制

前面所讲述的工厂机制基于 UVM-1.1，svm_factory 是一个单例类，它的例化是使用自身的 get 方法完成的，如例 5.67 所示。在 UVM-1.2 中工厂机制原理未变，但工厂类的管理稍有变化，它被集成在抽象类 uvm_coreservice_t 和它的派生类 uvm_default_coreservice_t 中。这 2 个类是独立于 UVM 存在的，它们内置了 UVM 的最核心的组件和方法，主要包括如下内容。

1. 单例类 uvm_factory，用来注册、覆盖和例化各种组件。
2. 全局的 report_server，用来做消息统筹和报告。
3. 全局的 tr_database，用来记录 transaction 对象。
4. get_root 方法，用来返回当前 UVM 环境的结构顶层对象。

为了清晰地描述 UVM-1.2 的工厂机制，这里定义简化的核心服务类 svm_coreservice_t，如例 5.69 所示。svm_coreservice_t 是一个单例类，它只管理自身和工厂类 svm_factory，其中 get 方法用于创建并获取自身的唯一实例，get_factory 方法用于创建并获取工厂类的唯一实例。在 UVM-1.2 中，组件类中工厂实例的获取不再使用 svm_factory 的 get 方法，而是使用为 svm_coreservice_t

的 get_factory 方法。

例 5.69　核心服务类 svm_coreservice_t

src/svm-1.2/svm_coreservice.svh

```
4   typedef class svm_factory;

5

6   class svm_coreservice_t;
7     local static svm_coreservice_t inst;
8     local svm_factory factory;

9

10    static function svm_coreservice_t get();
11      if(inst==null) begin
12        inst=new;
13        $display("Create a unique object of singleton class svm_coreservice_t");
14      end
15      return inst;
16    endfunction

17

18    virtual function svm_factory get_factory();
19      if(factory==null) begin
20        svm_factory f;
21        f=new;
22        $display("Create a unique object of singleton class svm_factory");
23        factory=f;
24      end
25      return factory;
26    endfunction
27  endclass
```

为了兼容 UVM-1.1，svm_factory 的 get 方法被保留下来，但是它不再直接调用自身的 new 方法，而是调用 svm_coreservice_t 的 get_factory 方法创建工厂类的唯一实例，如例5.70所示。

例 5.70　修改后的 svm_factory 的 get 方法

src/svm-1.2/svm_factory.svh

```
16    static function svm_factory get();
17      svm_coreservice_t s;
18      s = svm_coreservice_t::get();
19      return s.get_factory();
20    endfunction
```

组件代理类 svm_component_registry 的 get 方法使用工厂注册自身的唯一实例，get 方法中工厂实例的获取同样也被修改成调用 svm_coreservice_t 的 get_factory 方法，如例5.71所示。

例 5.71　修改后的 svm_registry 的 get 方法

src/svm–1.2/svm_registry.svh

```
24   static function this_type get();
25     if (me == null) begin // 是否有唯一实例
26       svm_coreservice_t cs = svm_coreservice_t::get(); // 创建工厂类的唯一实例
27       svm_factory factory = cs.get_factory(); // 创建工厂类的唯一实例
28       me = new; // 创建单例类的唯一实例
29       $display("Create a unique object of singleton class svm_component_registry#(%
       s,%s)",Tname,Tname);
30       factory.register(me); // 在工厂中注册单例类的唯一实例
31     end
32     return me;
33   endfunction
```

最后 svm_component_utils 宏的内容稍有改变，它被拆分成 m_svm_component_registry_internal 和 m_svm_get_type_name_func 宏。如例5.72所示。

例 5.72　修改后的 svm_component_utils 宏

src/svm–1.2/svm_object_defines.svh

```
1  `define svm_component_utils(T) \
2   `m_svm_component_registry_internal(T,T) \
3   `m_svm_get_type_name_func(T)
4
5  `define m_svm_component_registry_internal(T,S) \
6   typedef svm_component_registry #(T,`"S`") type_id; \
7   static function type_id get_type(); \
8     return type_id::get(); \
9   endfunction \
10  virtual function svm_object_wrapper get_object_type(); \
11    return type_id::get(); \
12  endfunction
13
14 `define m_svm_get_type_name_func(T) \
15  const static string type_name = `"T`"; \
16  virtual function string get_type_name (); \
17    return type_name; \
18  endfunction
```

要想使用基于 UVM-1.2 版本的 svm_pkg 包，需要执行如下操作。

1. 在 Shell 中切换到 src 目录。

2. 修改 src 目录下的 setup.sh，将环境变量 $SVM_HOME 所指定的路径修改为 "svm-1.2"。

3. 在 Shell 中输入 "source setup.sh"。

4. 在 Shell 中切换到工程目录。

5. 修改工程目录下的 filelist.f 文件，添加"+incdir+$SVM_HOME"设置编译查找路径。

5.11.8 组件类加入工厂机制

如前所述，只有从组件类 svm_component 派生出来的组件类才可以使用工厂机制，而且还需要使用 svm_component_utils 宏为组件类 environment 加入工厂机制，如例5.73所示。

例 5.73 加入工厂机制的组件类 environment

src/ch5/sec5.11/2/environment.svh

```
4   class environment extends svm_component;
5     `svm_component_utils(environment);
6
7     function new(string name);
8       super.new(name);
9       $display("%m", name);
10    endfunction
11
12    virtual function void build ();
13      $display("call env's build");
14    endfunction
15
16    virtual function void connect ();
17      $display("call env's connect");
18    endfunction
19
20    virtual task main();
21      $display("call env's main");
22    endtask
23  endclass
```

为了说明重写功能，还需要引入另一个组件类 environment_bad，如例5.74所示。在下文的测试类 test_bad 中，会使用重写功能将测试类中原本的成员 environment 类替换成 environment_bad 类。

例 5.74 加入工厂机制的组件类 environment_bad

src/ch5/sec5.11/2/environment.svh

```
25  class environment_bad extends environment;
26    `svm_component_utils(environment_bad);
27
28    function new(string name);
29      super.new(name);
30      $display("%m", name);
```

```
31    endfunction
32
33    virtual function void build ();
34      $display("call env_bad's build");
35    endfunction
36
37    virtual function void connect ();
38      $display("call env_bad's connect");
39    endfunction
40
41    virtual task main();
42      $display("call env_bad's main");
43    endtask
44 endclass
```

重写是工厂机制的重要功能，使用重写功能必须满足如下条件。

1. 新的用于替换的类型必须继承于原有类型。即 environment_bad 是 environment 的派生类。
2. 无论是用于重写的类（environment_bad）还是被重写的类（environment），都要在定义的时候使 svm_component_utils 宏加入工厂机制。
3. 被重写的类在例化时，必须使用代理对象的 create 方法，而不能使用类自带的 new 方法。
4. 在被重写的类（environment）中，需要被重写的方法必须定义为 virtual 类型，否则基类句柄无法访问派生类中的这个被重写的方法。

5.11.9　测试类加入工厂机制

同样，只有从组件类 svm_component 派生出来的测试类才可以使用工厂机制，而且还需要使用 svm_component_utils 宏为测试类加入代理类 typd_id。

为了清楚地说明工厂机制的重写功能，下面定义两个测试类 test_simple 和 test_bad。例5.75中测试类 test_simple 例化组件类 environment 时只是使用了简单的 new 方法，并没有使用代理类的 create 方法。因此被创建出来的 environment 不支持工厂机制的重写功能。

例 5.75　加入工厂机制的测试类 test_simple

src/ch5/sec5.11/2/tests/test_simple.sv

```
4 class test_simple extends svm_component;
5   environment env;
6   `svm_component_utils(test_simple);
7
8   function new(string name);
9     super.new(name);
10    $display("%m SVM_TESTNAME=%s", name);
11    env = new("env"); // 未加入工厂机制
12    // env = environment::type_id::create("env");
```

```
13      endfunction
14
15      virtual task run_test();
16        super.run_test();
17        $display("%m");
18        env.build();
19        env.connect();
20        env.main();
21      endtask
22    endclass
```

例5.76中测试类 test_bad 例化组件类 environment 时使用了代理类的 create 方法，因此它支持工厂机制的重写功能。同时在组件类 environment 被例化之前使用工厂类的 override_type 方法将其替换成 environment_bad。

例 5.76　使用工厂机制的重写技术替换 environment

src/ch5/sec5.11/2/tests/test_bad.sv

```
4     class test_bad extends svm_component;
5       environment env;
6       `svm_component_utils(test_bad);
7
8       function new(string name);
9         super.new(name);
10        $display("%m SVM_TESTNAME=%s", name);
11        svm_factory::override_type("environment","environment_bad");
12        env = environment::type_id::create("env");
13      endfunction
14
15      virtual task run_test();
16        super.run_test();
17        $display("%m");
18        env.build();
19        env.connect();
20        env.main();
21      endtask
22    endclass
```

重写功能的具体执行过程是。

1. 在 test_bad 的 new 方法中使用工厂类的类型重写方法 override_type，将组件类 environment_bad 的代理对象的索引值 "environment_bad" 注册到工厂中的重写关联数组 override 中，使用的索引值是 "environment"。

2. 在 test_bad 中使用 environment 类的代理对象的 create 方法创建对象实例，create 方法实际上是调用工厂类的 create_object_by_type 方法（见例5.64）。

3. 工厂类的 create_object_by_type 方法会调用 find_override 方法。后者使用索引值"environ-ment"将关联数组 override 中的元素值"environment_bad"找出。使用"environment_bad"作为索引在工厂类的代理对象登记表 m_type_names 中找出组件类 environment_bad 的代理对象句柄，这个句柄就是 find_override 方法的返回值。

4. 在 create_object_by_type 方法中，find_override 方法的返回值被赋值给代理对象句柄 proxy。现在 proxy 指向了环境类 environment_bad 的代理对象。因此使用 proxy 的 create_component 方法将会创建出环境对象 environment_bad。这样在测试类 test_bad 中就实现了环境类 environment 的重写。

5.11.10　修改测试平台

加入工厂机制后测试平台也要做出相应修改。首先使用 include 语句导入所有的测试类文件，然后在 initial 结构中创建一个 test_obj 句柄，再调用工厂类的 get_test 方法创建的一个测试对象并赋值给句柄 test_obj，最后调用测试对象的 run_test 方法，如例5.77所示。

例 5.77　支持工厂机制的测试平台

src/ch5/sec5.11/2/top_tb.sv

```
3   module top_tb;
4     import svm_pkg::*;
5     `include "environment.svh"
6     `include "test_simple.sv"
7     `include "test_bad.sv"
8
9     initial begin
10      svm_component test_obj;
11      test_obj = svm_factory::get_test();
12      test_obj.run_test();
13      $finish();
14    end
15
16    initial begin
17      $fsdbDumpfile("./wave.fsdb");
18      $fsdbDumpvars("+all");
19      $fsdbDumpMDA(0, top_tb);
20      $fsdbDumpSVA();
21    end
22  endmodule
```

修改附录中的 Makefile 文件，将变量 LIB_NAME 设置为"SVM"，然后在 TEST_NAME= 后补全测试类名，即"TEST_NAME=test_simple"或"TEST_NAME=test_bad"，这样就可以在

运行测试模块时使用工厂机制例化对应的测试类。下面以测试类 test_simple 为例说明工厂机制的运行步骤。

1. test_simple 类中的 svm_component_utils 宏将特殊化后的参数化代理类 svm_component_registry 定义为单例类 type_id，见例5.66。type_id 中的静态代理类句柄 me 会在仿真开始前被初始化，即调用 svm_factory::get 方法。get 方法会创建单例类 type_id 的唯一实例，并将其注册到工厂对象的登记表（svm_factory::m_type_names）中。同理，所有测试类都会使用 svm_component_utils 宏将自身的代理对象注册到工厂的登记表中。这样工厂就可以根据需求挑选登记表中的一个 type_id 实例创建测试对象。

2. 仿真开始后，测试模块调用工厂类 svm_factory 的 get_test 方法从命令行读取测试名。测试名被当作登记表（m_type_names）的索引，用来查找匹配的注册对象的句柄（type_id）。并调用 type_id 的 create_object 方法创建一个测试类 test_simple 的实例。

3. 测试平台调用测试对象的 run_test 方法，这个方法按步骤调用测试对象的 build、connect 和 main 方法。

这就是简化的 UVM 启动测试对象的基本流程。工厂的登记表包含了用于创建测试对象的代理对象清单。两个测试类的运行结果如下，可以看出工厂类、每个测试类或组件类中的代理类只被例化了一次，这是因为工厂类和代理类都是单例类。同时测试类 test_bad 中使用重写功能将 environment 类替换成 environment_bad 类，其他功能保持不变。

测试类 test_simple 的运行结果

```
Create a unique object of singleton class svm_factory
Create a unique object of singleton class svm_component_registry#(environment,
    environment)
Create a unique object of singleton class svm_component_registry#(environment_bad,
    environment_bad)
Create a unique object of singleton class svm_component_registry#(test_simple,
    test_simple)
Create a unique object of singleton class svm_component_registry#(test_bad,test_bad
    )
svm_pkg::\svm_factory::get_test  found +SVM_TESTNAME=test_simple
svm_pkg::\svm_component::new
top_tb.\test_simple::new  SVM_TESTNAME=test_simple
svm_pkg::\svm_component::new
top_tb.\environment::new env
top_tb.\test_simple::run_test
call env's build
call env's connect
call env's main
$finish called from file "../top_tb.sv", line 13.
```

测试类 test_bad 的运行结果

```
Create a unique object of singleton class svm_factory
Create a unique object of singleton class svm_component_registry#(environment,
    environment)
Create a unique object of singleton class svm_component_registry#(environment_bad,
    environment_bad)
Create a unique object of singleton class svm_component_registry#(test_simple,
    test_simple)
Create a unique object of singleton class svm_component_registry#(test_bad,test_bad
    )
svm_pkg::\svm_factory::get_test  found +SVM_TESTNAME=test_bad
svm_pkg::\svm_component::new
top_tb.\test_bad::new  SVM_TESTNAME=test_bad
svm_pkg::\svm_component::new
top_tb.\environment::new env
top_tb.\environment_bad::new env
top_tb.\test_bad::run_test
call env_bad's build
call env_bad's connect
call env_bad's main
$finish called from file "../top_tb.sv", line 13.
```

5.11.11 UVM 工厂制造

UVM 使用工厂机制创建验证平台中的组件对象,同时还使用树形结构有效地管理各个组件对象。UVM 中组件代理类的静态方法 create 带有两个参数。第一个参数 name 是字符串类型,表示创建的组件对象在叶节点的名字。第二个参数 parent 是句柄类型,它指向组件对象的父节点。从最顶层的父节点开始,在每个节点中调用子节点的 create 方法就可以创建一个类似于图5.17所示的树形结构。图中每个方框表示一个节点,第一行文字表示组件的节点名字,第二行文字表示组件的类型。带箭头的连线表示了父节点和子节点之间的连接关系。

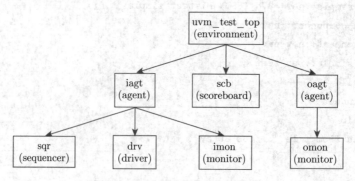

图 5.17 UVM 中组件的树形结构

例5.78给出了在父节点名为 uvm_test_top 的 environment 组件中创建子节点名为 iagt、oagt 和 scb 的组件的代码。create 方法的第二个参数通常都是 this，即 environment 组件中指向自身的 this 句柄。

例 5.78　UVM 工厂创建组件对象

```
1  iagt = agent::type_id::create("iagt", this);
2  oagt = agent::type_id::create("oagt", this);
3  scb = scoreboard::type_id::create("scb", this);
```

在 SystemVerilog 中，new 方法只能根据句柄类型创建对象。在 UVM 工厂模式中，通过调用静态的 create 方法不但可以创建一个与句柄类型相同的对象，还可以将新的功能添加到派生类中，再利用工厂机制的重写功能使用派生类对象替换掉原有对象，从而为测试平台添加新的功能或更改已有的功能。

5.12　虚　接　口

接口默认是静态类型，接口不能在自动类型的类中直接使用。类的内部成员需要使用自动类型的虚接口（virtual interface）间接访问顶层模块中的接口实例，如图5.18所示。虚接口实际是指向接口实例的句柄，同时接口实例又连接了 DUT，这样在类的内部就可以使用虚接口与 DUT 通信。图中 DUT 模块在例 2.1 中已经描述，接口定义见例4.8。

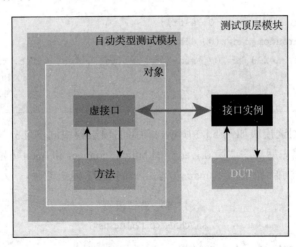

图 5.18　在类中使用虚接口

5.12.1　使用例程参数连接接口

driver 类负责向 DUT 发送激励，它的内部定义了虚接口 vif，如例5.79所示。启动测试后 driver 类的 connect 方法先被调用，它将类外的接口实例赋值给类中的虚接口 vif，这样随后被调用的 main 方法就可以使用虚接口 vif 向 DUT 发送激励。

例 5.79 driver 类的定义

src/ch5/sec5.12/1/driver.svh

```
4   class driver #(parameter WIDTH = 4);
5     virtual intf vif;
6     extern virtual function build();
7     extern virtual function connect(input virtual intf vif);
8     extern virtual task main();
9   endclass
10
11  function driver::build ();
12  endfunction
13
14  function driver::connect (input virtual intf vif);
15    this.vif = vif;
16  endfunction
17
18  task driver::main ();
19    vif.cb.a <= 'h0;
20    vif.cb.b <= 'h0;
21    @(posedge vif.rst_n);
22    repeat(5) begin
23      @(vif.cb);
24      vif.cb.a <= $urandom_range(0, 4'hf);
25      vif.cb.b <= $urandom_range(0, 4'hf);
26      $display("@%0t, a=%0d, b=%0d, sum=%0d", $time, vif.a, vif.b, vif.cb.sum);
27    end
28  endtask
```

与图5.18对应的测试模块如例 5.80 所示，使用的顶层模块同例 4.3。测试模块先创建一个 driver 对象，然后按照先后顺序调用 driver 类的 build、connect 和 main 方法。其中 connect 方法用来建立接口实例与虚接口的连接，main 方法用来向 DUT 发送激励。

例 5.80 测试模块

src/ch5/sec5.12/1/test.sv

```
4   module automatic test(intf i_intf);
5     driver drv;
6     initial begin
7       drv = new();
8       drv.build();
9       drv.connect(i_intf);
10      drv.main();
11      $finish();
```

```
12      end
13  endmodule
```

使用例程参数向对象传递接口实例并不是明智之举，例如在图 1.7 中，driver 类处于测试平台中很深的类层级，从测试模块向 driver 类传递接口实例是非常困难的。

5.12.2　使用跨模块引用连接接口

跨模块引用（Cross Module Reference, XMR）是指在一个模块中使用绝对路径引用另一个模块中的内容。例5.81中虚接口的赋值正是使用了接口的绝对路径。

例 5.81　使用跨模块引用连接接口和虚接口

src/ch5/sec5.12/2/test.sv

```
4   module automatic test();
5     virtual intf vif = top_tb.i_intf;
6     driver drv;
7     initial begin
8       drv = new();
9       drv.build();
10      drv.connect(vif);
11      drv.main();
12      $finish();
13    end
14  endmodule
```

使用跨模块引用后，测试模块在例化时不再传递接口实例，如例5.82所示。跨模块引用虽然简化了接口的连接工作，但由于对接口的访问使用了绝对路径，同样会降低测试平台的复用性。

例 5.82　测试模块例化时不再传递接口

src/ch5/sec5.12/2/top_tb.sv

```
6   module top_tb;
35    test i_test ();
36  endmodule
```

5.12.3　使用 config_db 连接接口

在测试模块中使用例程参数或跨模块引用连接接口实例都存在明显不足。另外在 UVM 中，使用 run_test 方法创建的测试对象会脱离顶层模块的层级，这也意味着在测试对象中无法使用绝对路径访问顶层模块中的接口实例。连接接口实例比较好的方法是使用5.10节中的全局静态类 svm_config_db。

使用全局静态类svm_config_db需要在顶层模块中导入svm_pkg包，然后使用svm_config_db的 set 方法将接口实例注册到全局配置数据库中，如例5.83所示。

例 5.83　使用 svm_config_db 的 set 方法注册接口实例

src/ch5/sec5.12/3/top_tb.sv

```
1   `include "svm_pkg.sv"
7   module top_tb;
8     import svm_pkg::*;
23
24    initial begin
25      svm_config_db #(virtual intf)::set("input_if", i_intf);
26    end
43  endmodule
```

虚接口在 driver 类中使用，所以在 driver 类中也导入 svm_pkg 包，然后在 connect 方法中使用 svm_config_db 的 get 方法从全局配置数据库中获取接口实例，如例5.84所示。

例 5.84　使用 svm_config_db 的 get 方法获取接口实例

src/ch5/sec5.12/3/driver.svh

```
4   class driver #(parameter WIDTH = 4);
5     import svm_pkg::*;
6     virtual intf vif;
7     extern virtual function build();
8     extern virtual function connect();
9     extern virtual task main();
10  endclass
15  function driver::connect ();
16    svm_config_db#(virtual intf)::get("input_if", vif);
17  endfunction
```

使用全局静态类 svm_config_db 后，测试模块不再使用参数传入接口实例，如例5.85所示。全局配置数据库技术大大简化了类中虚接口与顶层模块中接口实例的连接。

例 5.85　测试模块不再使用参数传入接口实例

src/ch5/sec5.12/3/test.sv

```
4   module automatic test();
5     driver drv;
6     initial begin
7       drv = new();
8       drv.build();
9       drv.connect();
10      drv.main();
11      $finish();
12    end
13  endmodule
```

5.13 练 习 题

练习 5.1 创建一个名为 transaction 的类，类中包含如下成员，然后在测试模块的 initial 结构中创建一个 transaction 对象。

1. 8 比特 logic 类型变量 data。
2. 4 比特 logic 类型变量 addr。
3. 没有返回值的虚方法 print，负责打印输出 data 和 addr 的值。

练习 5.2 使用练习 5.1 中的 transaction 类，创建一个自定义构造方法 new，将 data 和 addr 都初始化为 0。

练习 5.3 使用练习 5.1 中的 transaction 类，创建一个自定义构造方法 new，默认将 data 和 addr 都初始化为 0，也可以根据构造方法的参数进行初始化。另外，编写模块完成如下任务。

1. 创建两个 transaction 对象。
2. 将第一个类的地址初始化为 2，通过名字传递参数。
3. 在第二个类中将 data 和 addr 分别初始化为 3 和 4。

练习 5.4 使用练习 5.3 中的 transaction 类，定义派生类 ext_trans，扩展类中加入单比特 logic 类型的 re 属性，在扩展类的 new 方法中调用基类的 new 方法初始化 data 和 addr，同时初始化属性 re。

练习 5.5 在练习 5.3 的答案基础上修改，完成如下任务。

1. 构造方法执行后，设置第一个对象的地址为 4'hf。
2. 使用 print 方法打印两个对象的 data 和 addr 值。
3. 显式释放第二个对象。

练习 5.6 使用练习 5.3 的答案，创建一个静态变量 last_addr，用它在构造方法中存储最近被创建的对象中变量 addr 的初始值。在练习 5.4 中为 transaction 分配对象空间后打印 last_addr 的当前值。

练习 5.7 扩展练习 5.6，创建一个静态方法，在其中调用 print_last_addr 方法打印静态变量 last_addr 的值。在分配 transaction 对象后，调用 print_last_addr 方法打印 last_addr 的值。

练习 5.8 根据下面的代码，补充 transaction 类中的 print_all 方法，使用 print_utilities 类打印 data 和 addr。并使用 print_all 方法验证。

```
class print_utilities;
  function void print_4(input string name, input [3:0] value);
    $display("t: %s=%h", $time, name, value);
  endfunction

  function void print_8(input string name, input [7:0] value);
    $display("t: %s=%h", $time, name, value);
  endfunction
endclass
```

```
class transaction;
  bit [7:0] data;
  bit [3:0] addr;
  print_utilities print;

  function new();
    print = new();
  endfunction

  function void print_all;
    // 补全方法的内容
  endfunction
endclass
```

练习 5.9   根据注释内容补充代码。

```
module automatic test;
  initial begin
    // 声明一个长度为5的transaction句柄数组
    // 调用sequencer任务为数组的每个元素创建对象
  end

  task sequencer(/* 补充任务的参数 */);
    // 为句柄数组的每个元素创建对象
    // 调用transmit打印对象
  endtask

  task transmit(transaction tr);
    // 打印transaction对象
  endtask : transmit
endmodule
```

练习 5.10   对于下面的类，创建一个复制方法并进行验证（假定 statistics 类拥有自身的复制方法）。

```
class transaction;
  bit [7:0] data;
  bit [3:0] addr;
  statistics stats;

  function new(input bit [7:0] data = 0, input bit [3:0] addr = 0);
    this.data = data;
    this.addr = addr;
```

```
      stats = new();
    endfunction
endclass
```

练习 5.11　基类 transaction 如下所示。定义派生类 ext_trans，添加整数类型属性 c，并创建方法 sum 将属性 a 与 b 的和保存到 c 中。在测试模块中使用 ext_trans 类的构造方法将 a 和 b 分别初始化为 15 和 8，然后打印求和结果。

```
4  class transaction;
5    rand bit [3:0] a, b;
6
7    function new(input bit [3:0] a, b);
8      this.a = a;
9      this.b = b;
10   endfunction
11
12   virtual function void print();
13     $display("a=%0d, b=%0d", a, b);
14   endfunction
15 endclass
```

练习 5.12　使用 transaction 类及其派生类 ext_trans 创建如下句柄，运行每个代码片段后句柄 tr、etr1、etr2 将指向什么，还是会编译出错？

```
transaction tr;
ext_trans etr1, etr2;
```

```
etr1 = new(15,8);
b = etr1;
```

```
etr1 = new(15,8);
etr1 = b;
```

```
etr1 = new(15,8);
b = etr1;
etr2 = b;
```

```
etr1 = new(15,8);
b = etr1;
etr2 = b;
if($cast(etr2, b) $display("Success");
else $display("Error: cannot assign"
```

❏ **练习 5.13**   参考下面 transaction 类的 copy 函数，编写派生类 ext_trans 类的 copy 函数。

```
4   class transaction;
5     rand bit [3:0] a, b;
6
7     function new(input bit [3:0] a = 0, b = 0);
8       this.a = a;
9       this.b = b;
10    endfunction
11
12    virtual function void print();
13      $display("a=%0d, b=%0d", a, b);
14    endfunction
15
16    virtual function void copy(input transaction rhs);
17      a = rhs.a;
18      b = rhs.b;
19    endfunction
20  endclass
```

❏ **练习 5.14**   使用"==="和"!=="建立一个可以比较任何数据类型的类 equality。类中包含了一个比较方法，如果相等返回 1，不等返回 0，默认数据位宽为 4 比特。在测试模块中使用 equality 类比较两个 int 类型的变量是否相等。

随机化

在 SystemVerilog 中，随机化是基于类的操作。复杂的数据被建模成包含随机属性和约束的类，类中的约束决定了随机属性的取值范围和取值出现的概率等。本章介绍基于类的随机化和约束，然后详细讲解随机属性、约束块和操作它们的机制。

6.1 带有随机属性的类

6.1.1 随机属性

在类中使用关键字 rand 或 randc 定义的属性被称为随机属性，两种随机属性的区别如下。

1. 标准随机属性（rand）：它的每次随机化都是独立的，其随机值在取值范围内均匀分布。标准随机属性的随机过程就好比掷骰子，每次掷出来的点数都会以相同的概率出现。

2. 循环随机属性（randc）：它在随机化时会将取值范围内的数值逐个随机取出，随机化的取值范围会越来越小。当全部数值被取出后再次重复前面的操作。循环随机属性的随机过程就像是从一副纸牌中一张接一张的随机取牌，当所有牌被取出后就重新洗牌，然后再次随机抽牌。对于循环随机数组来说，它的每个元素都相当于一个独立的循环随机属性，数组元素间不存在任何关联。

例6.1中定义了带有随机属性 a 和 b 的 transaction 类，print 方法用来打印随机属性。如果没有特殊强调，本章的其他例子默认会使用这个 transaction 类。

例 6.1 带有随机属性的事务类

src/ch6/sec6.1/1/transaction.svh

```
4   class transaction;
5     rand bit [3:0] a, b;
6
7     virtual function void print(string name = "");
8       $display("%s: a=%0d, b=%0d", name, a, b);
9     endfunction
10  endclass
```

下面在测试模块中随机化 transaction 对象，如例6.2所示。在 repeat 语句外部创建 transaction 对象，然后在循环语句内部调用类的内置方法 randomize 不断随机化对象。注意必须在循环语句外部调用 new 方法，否则每次进入循环语句 new 方法都会创建一个全新的事务对象，这意味着类中的所有随机属性都会被重新创建，这将导致 randc 类型的随机属性无法产生正确的随机值。

例 6.2　在测试模块中随机化对象

src/ch6/sec6.1/1/test.sv

```
6   module automatic test;
7     initial begin
8       transaction tr;
9       tr = new();
10      repeat (16) begin
11        assert(tr.randomize());
12        tr.print();
13      end
14    end
15  endmodule
```

例6.2的运行结果如下，可以看出没有约束的随机属性的取值是完全随机的。

例6.2的运行结果

```
: a=9, b=12
: a=11, b=0
: a=10, b=6
...
```

6.1.2　约束块

为了得到有效的随机激励，应该使用恰当的约束限制随机属性的取值以及取值出现的概率等。在 SystemVerilog 中，约束被放在使用关键字 constraint 声明的约束块中，约束块的"{}"中包含一个或多个约束表达式，随机化时类中所有随机属性的取值必须满足全部约束块。约束表达式描述了单个随机属性的取值范围，也可以描述随机属性之间的依赖关系。每个约束表达式只能使用一个关系运算符，例如"<"、"<="、"=="、"!="、">="或">"等。约束表达式间如果存在约束冲突会导致随机化失败。

下面在 transaction 类中添加了两个约束块 a_cons 和 b_cons，如例6.3所示。关系表达式约束 a 小于 b 且 b 大于 7，同时 b 被定义为 randc 类型。

例 6.3　类中声明约束块

src/ch6/sec6.1/2/transaction.svh

```
4   class transaction;
5     rand bit [3:0]  a;
6     randc bit [3:0] b;
```

```
7
8    constraint a_cons { a < b;}
9    constraint b_cons { b > 7;}
10
11   virtual function void print(string name = "");
12     $display("%s: a=%0d, b=%0d", name, a, b);
13   endfunction
14 endclass
```

测试模块仍然使用例6.2。从例6.3的运行结果可以看出，每次随机化后随机属性a和b的值都满足所有的约束条件。

例6.3的随机化结果

```
: a=2, b=15
: a=5, b=8
: a=8, b=12
...
```

6.1.3　随机化方法

randomize 是类的内置方法，它按照约束要求执行对象的随机化，randomize 方法可以随机化二值和四值的整型随机属性，但是只能生成二值的随机值。它有如下 3 种使用方法。

1. randomize()：不带参数时，对象的所有随机属性都将被随机化。
2. randomize(arg)：只随机化参数列表中的随机属性，类的所有约束仍然有效。
3. randomize(null)：参数为 null，只检查随机属性的取值是否满足约束。如果随机属性的取值违反约束，则返回错误值 0。

内置方法 randomize 的使用见例6.4。测试模块中首先随机化 transaction 对象，然后只随机化对象中的属性a，最后属性让 b 等于 0，使其违背约束。例子中使用的 transaction 类的定义见例6.3。

例 6.4　randomize 方法的使用
src/ch6/sec6.1/3/test.sv

```
6  module automatic test;
7    initial begin
8      transaction tr;
9      tr = new();
10     assert(tr.randomize());
11     tr.print();
12     assert(tr.randomize(a)); // 只随机化属性a
13     tr.print();
14     tr.b = 0; // 让随机属性b的取值不满足约束条件
```

```
15      assert(tr.randomize(null)); // 检查随机属性是否满足约束
16    end
17  endmodule
```

例6.4的运行结果如下。

例6.4的运行结果

```
: a=2, b=15
: a=13, b=15
"../test.sv", 15: test.unnamed$$_0.unnamed$$_3: started at 0ps failed at 0ps
  Offending 'tr.randomize(1)'
```

注意 randomize 方法不能在构造方法中使用，因为构造方法需要完成随机化前的准备工作，例如打开或关闭约束、改变权重分布或添加新约束。

6.1.4 约束开关

类的内置方法 constraint_mode 可以打开或关闭约束块，它的使用方法如下。

1. 句柄. 约束块.constraint_mode(arg)：当参数 arg 为 0 时关闭约束块，为 1 时开启约束块。
2. 句柄. 约束块.constraint_mode()：查询某个约束块是否打开。
3. 句柄.constraint_mode(arg)：打开或关闭对象中的所有约束块。

内置方法 constraint_mode 的使用如例6.5所示，例子中使用的 transaction 类的定义见例6.3。例子的运行过程如下。

1. 创建 transaction 对象后，使用 constraint_mode 方法关闭约束块 a_cons。这时第一个 repeat 语句中的 randomize 方法会产生符合约束块 b_cons 的随机值。
2. 使用 constraint_mode 方法关闭所有约束块，这时第二个 repeat 语句中的 randomize 方法将不受任何约束。
3. 最后使用 constraint_mode 方法查询约束块 a_cons 的状态。

例 6.5 constraint_mode 方法的使用
src/ch6/sec6.1/4/test.sv

```
6   module automatic test;
7     initial begin
8       transaction tr;
9       tr = new();
10
11      tr.a_cons.constraint_mode(0); // 关闭约束块a_cons
12      repeat (16) begin
13        assert(tr.randomize());
14        tr.print();
15      end
16
```

```
17      tr.constraint_mode(0); // 关闭所有约束块
18      repeat (16) begin
19        assert(tr.randomize());
20        tr.print();
21      end
22
23      $display("tr.constraint_mode=%0h", tr.a_cons.constraint_mode());
24    end
25  endmodule
```

例6.5的运行结果如下。

例6.5的运行结果

```
: a=5, b=15
: a=14, b=8
: a=6, b=12
...
: a=9, b=5
: a=10, b=14
: a=2, b=11
...
tr.constraint_mode=0
```

6.1.5　随机开关

类的内置方法 rand_mode 可以设置随机属性的激活状态，它的使用方式有三种。

1. 句柄.随机属性.rand_mode(arg)：设置某个随机属性的激活状态。当参数 arg 为 0 时随机属性处于非激活状态，不参与随机化，为 1 时处于激活状态，参与随机化。
2. 句柄.随机属性.rand_mode()：查询某个随机属性的激活状态。
3. 句柄.rand_mode(arg)：设置所有随机属性的激活状态。

内置方法 rand_mode 的使用如例6.6所示，例子中使用的 transaction 类的定义见例6.3。例子的运行过程如下。

1. 创建 transaction 对象后，使用 rand_mode 方法将所有随机属性设置成非激活状态，即所有随机属性都不参与随机化。这时第一个 repeat 语句中的 randomize 方法会报告随机化失败。因为随机属性 a 和 b 都不参与随机化，它们的初始值都是 0，不满足约束块 a_cons 中的约束条件。
2. 使用 rand_mode 方法恢复 transaction 对象中所有随机属性的激活状态。
3. 使用 rand_mode 方法将随机属性 a 设置成非激活状态，这时第二个 repeat 语句中的随机属性 b 被正常随机化，但随机属性 a 不参与随机化。
4. 最后使用 rand_mode 方法查询随机属性 a 的激活状态。

例 6.6　rand_mode 方法的使用

src/ch6/sec6.1/5/test.sv

```
6   module automatic test;
7     initial begin
8       transaction tr;
9       tr = new();
10
11      tr.rand_mode(0); // 导致随机化失败
12      repeat (16) begin
13        assert(tr.randomize());
14        tr.print();
15      end
16
17      tr.rand_mode(1);
18      tr.a.rand_mode(0);
19      repeat (16) begin
20        assert(tr.randomize());
21        tr.print();
22      end
23
24      $display("a.rand_mode=%0h", tr.a.rand_mode());
25    end
26  endmodule
```

例6.6的运行结果如下。

例6.6的运行结果

```
Error-[CNST-CIF] Constraints inconsistency failure
../test.sv, 13
  Constraints are inconsistent and cannot be solved.
  Please check the inconsistent constraints being printed above and rewrite
  them.

"../test.sv", 13: test.unnamed$$_0.unnamed$$_1: started at 0ps failed at 0ps
  Offending 'tr.randomize()'
: a=0, b=0
: a=0, b=10
: a=0, b=11
...
```

6.1.6 伪随机发生器种子

约束求解器负责求解约束块中的约束表达式，并生成满足约束的随机值。伪随机发生器（Pseudo Random Number Generator, PRNG）在启动时会使用一个初始种子（seed）产生所有的随机值。在同一个仿真软件中，使用相同的测试平台和种子值会产生相同的测试激励和测试结果，通过修改种子值可以生成不同的随机激励。下面列出了运行不同软件生成的测试模块时设置种子值的方法。

1. VCS：simv +ntb_random_seed=n 或 simv +ntb_random_seed_automatic。
2. Xcelium：xrun -svseed n 或 random。
3. Questasim：vsim -sv_seed n 或 random。

修改附录中的 Makefile 文件，将选项 +ntb_random_seed 的值修改为 2 后运行例6.4，可以看到随机属性 a 和 b 的随机值发生了变化，运行结果如下。

修改随机种子值后例6.4的运行结果

```
: a=8, b=15
: a=9, b=15
"../test.sv", 15: test.unnamed$$_0.unnamed$$_3: started at 0ps failed at 0ps
  Offending 'tr.randomize(1)'
```

6.2 随机属性的约束

6.2.1 分布约束

dist 操作符用来设置随机属性取值的概率分布，它带有一个权重分布列表，列表中的每项包含了数值和权重。数值和权重可以是常数或变量。数值可以是单个数或取值范围 [lo:hi]。操作符"∶="表示取值范围内的每个值的权重都一样。而操作符"∶/"表示权重被取值范围内的每个值均分。

在例6.7中，随机属性 a 取 0 的权重是 40，取 1、2 和 3 的权重都是 60，总权重是 220。随机属性 b 取 0 的权重是 40，取 1、2 和 3 的总权重是 60，总权重和是 100。随机属性 a 和 b 的取值概率分布如表6.1所示。

例 6.7 使用 dist 设置随机值的权重

src/ch6/sec6.2/1/transaction.svh

```
4   class transaction;
5     rand bit [1:0] a, b;
6
7     int d1=40, d2=60; // 分布约束的权重
8
9     constraint cons
```

```
10    {
11      a dist {0:=40, [1:3]:=60};
12      b dist {0:/d1, [1:3]:/d2};
13    }
14
15    virtual function void print(string name = "");
16      $display("%s: a=%0d, b=%0d", name, a, b);
17    endfunction
18  endclass
```

表 6.1　随机属性 a 和 b 取值的概率分布

随机属性	取 0 概率	取 1 概率	取 2 概率	取 3 概率
a	40/220	60/220	60/220	60/220
b	40/100	20/100	20/100	20/100

　　测试模块如例6.8所示。在测试模块中，权重变量 d1 和 d2 可以根据需要改变取值，当权重值等于 0 时，对应的随机值就不会出现。

例 6.8　测试模块

src/ch6/sec6.2/1/test.sv

```
6   module automatic test;
7     initial begin
8       transaction tr;
9       int cnt[2][4];
10      tr = new();
11      repeat (22000) begin
12        assert(tr.randomize());
13        case(tr.a)
14          2'h0: cnt[0][0]++;
15          2'h1: cnt[0][1]++;
16          2'h2: cnt[0][2]++;
17          2'h3: cnt[0][3]++;
18        endcase
19        case(tr.b)
20          2'h0: cnt[1][0]++;
21          2'h1: cnt[1][1]++;
22          2'h2: cnt[1][2]++;
23          2'h3: cnt[1][3]++;
24        endcase
25      end
26      $display("%p", cnt[0]);
27      $display("%p", cnt[1]);
```

```
28    end
29  endmodule
```

例6.8的运行结果如下。可以看到经过 22000 次随机化后，随机属性 a 和 b 的取值概率分布与表6.1近似相等。

例6.8的运行结果

```
'{4034, 6034, 5963, 5969}
'{8732, 4380, 4439, 4449}
```

6.2.2　取值集合

inside 操作符用于创建随机属性的整数取值集合。如果没有其他约束，求解器会按相同的概率在集合中取值，集合上下限可以使用变量。在例6.9中，变量 lo 和 hi 约束随机值的取值范围。如果想选择集合外的任意值，只需要用取反操作符 "!" 对约束表达式取反。

例 6.9　设置随机属性的取值集合

src/ch6/sec6.2/2/transaction.svh

```
4   class transaction;
5     rand bit [3:0] a, b;
6     bit [3:0] lo, hi;
7
8     constraint cons_range
9     {
10      a inside {[lo:hi]};
11      !(b inside {[lo:hi]});
12    }
13
14    virtual function void print(string name = "");
15      $display("%s: a=%0d, b=%0d", name, a, b);
16    endfunction
17  endclass
```

测试模块如例6.10所示。测试模块先设置 transaction 对象中的属性 lo 和 hi，从而确定随机属性 a 和 b 的取值范围，在经过随机化后调用 print 方法查看 transaction 对象的内容。

例 6.10　测试模块

src/ch6/sec6.2/2/test.sv

```
6   module automatic test;
7     initial begin
8       transaction tr;
9       tr = new();
```

```
10    repeat(16) begin
11      tr.lo = $urandom_range(0, 5);
12      tr.hi = $urandom_range(10, 15);
13      assert(tr.randomize());
14      tr.print();
15    end
16  end
17 endmodule
```

数组可以作为 inside 的集合成员，如例6.11所示。

例 6.11　数组作为随机值的取值集合

src/ch6/sec6.2/3/transaction.svh

```
4  class transaction;
5    rand bit [3:0] a, b;
6    bit [3:0] array[];
7
8    function new(input bit [3:0] array[]);
9      this.array = array;
10   endfunction
11
12   constraint a_cons { a inside {array}; } // 数组作为inside的集合成员
13
14   virtual function void print(string name = "");
15     $display("%s: a=%0d, b=%0d", name, a, b);
16   endfunction
17 endclass
```

测试模块如例6.12所示。测试模块在运行时可以根据需要修改动态数组 array 的内容，从而改变随机属性 a 的取值范围。注意，不要频繁地修改 inside 操作符中的取值集合，因为大量的约束求解会严重降低测试平台的运行性能。

例 6.12　测试模块

src/ch6/sec6.2/3/test.sv

```
6  module automatic test;
7    initial begin
8      transaction tr;
9      tr = new('{0,1,2,3});
10     repeat(10) begin
11       assert(tr.randomize());
12       tr.print();
13     end
14   end
```

```
15  endmodule
```

如果想将类中数组的元素值不重复的逐个取出，可以定义一个 randc 类型的随机属性作为数组的索引，如例6.13所示。

例 6.13　randc 类型的随机属性作为数组的索引

src/ch6/sec6.2/4/transaction.svh

```
4   class transaction;
5     bit [3:0] array[];
6     randc bit [3:0] index; // 数组索引
7
8     function new(input bit [3:0] array[]);
9       this.array = array;
10    endfunction
11
12    constraint cons_size { index < array.size(); }
13
14    virtual function void print(string name = "");
15      $display("%s: array[%0d]=%d", name, index, array[index]);
16    endfunction
17  endclass
```

对应的测试模块见例6.14。

例 6.14　测试模块

src/ch6/sec6.2/4/test.sv

```
6   module automatic test;
7     initial begin
8       transaction tr;
9       tr = new('{1,3,5,7,9,11,13,15});
10      repeat (tr.array.size()) begin
11        assert(tr.randomize());
12        tr.print();
13      end
14    end
15  endmodule
```

6.2.3　唯一性约束

unique 操作符可以约束多个随机属性在随机化时不出现重复值，即执行唯一性约束，如例6.15所示。随机属性 a、b 和 excluded 具有不同的数值。由于 exclusion 被约束等于 5，所以 a 和 b 的随机值永远不会是 5。测试模块同例6.2。

例 6.15 唯一性约束

src/ch6/sec6.2/5/transaction.svh

```
4  class transaction;
5    rand bit [3:0] a, b, excluded;
6
7    constraint uni { unique {a, b, excluded}; }
8    constraint exclusion { excluded == 5; }
9
10   virtual function void print(string name = "");
11     $display("%s: a=%0d, b=%0d", name, a, b);
12   endfunction
13 endclass
```

6.2.4 条件约束

条件约束可以让约束表达式在满足一定的条件时才会生效。条件约束使用逻辑蕴含（logic implication）操作符 "->" 或 if else 语句声明。逻辑蕴含表达式 A->B 与逻辑表达式 (!A||B) 等价，逻辑蕴含操作符的真值表如表6.2所示。可以看出当 A 为 1 时 B 必须为 1，当 A 为 0 时 B 的取值没有要求。注意条件约束是单方向的约束，即 A->B 与 B->A 不等价。

表 6.2 逻辑蕴含表达式 A->B 的真值表

A->B	B=0	B=1
A=0	1	1
A=1	0	1

在例6.16中，逻辑蕴含表达式约束当属性 mode 不为 0 时随机属性 a 必须等于 0，当属性 mode 为 0 时随机属性 a 的取值没有要求。

例 6.16 带有逻辑蕴含操作符的约束块

src/ch6/sec6.2/6/transaction.svh

```
4  class transaction;
5    rand bit [3:0] a, b;
6    bit[1:0] mode;
7
8    constraint cons { mode -> a == 0; }
9
10   virtual function void print(string name = "");
11     $display("%s: mode=%0d, a=%0d, b=%0d", name, mode, a, b);
12   endfunction
13 endclass
```

测试模块如例6.17所示，循环语句中先设置属性 mode 值，然后再随机化 transaction 对象并打印其内容。

例 6.17　测试模块

src/ch6/sec6.2/6/test.sv

```
6   module automatic test;
7     initial begin
8       transaction tr;
9       tr = new();
10      repeat (16) begin
11        tr.mode = $urandom_range(0, 3);
12        assert(tr.randomize());
13        tr.print();
14      end
15    end
16  endmodule
```

if else 结构提供了从多个约束表达式中进行选择的方法。例6.18中属性 mode 为 1 时随机属性 a 只能取 0，属性 mode 为 0 时 a 只能取 4'hf，属性 mode 为其他值时 a 不被约束。其测试模块同例6.17。

例 6.18　带有 if else 结构的约束块

src/ch6/sec6.2/7/transaction.svh

```
4   class transaction;
5     rand bit [3:0] a,b;
6     bit[1:0] mode;
7
8     constraint cons
9     {
10      if(mode == 1) a == 0;
11      else if(mode == 0) a == 4'hf;
12    }
13
14    virtual function void print(string name = "");
15      $display("%s: mode=%0d, a=%0d, b=%0d", name, mode, a, b);
16    endfunction
17  endclass
```

6.2.5　等价操作符

等价（equivalence）操作符 "<->" 是双向约束的，等价表达式 A<->B 与逻辑表达式 (A->B)&&(B->A) 等价，等价操作符的真值表如表6.3所示。

表 6.3   等价表达式 A<->B 的真值表

A<->B	B=0	B=1
A=0	1	0
A=1	0	1

在例6.19中，等价表达式约束 a 和 b 要么都等于 8，要么 a 不等于 b，所以等价操作符与同或的功能相同。例6.19对应的测试模块与例6.2相同。

例 6.19   约束中的等价操作符
src/ch6/sec6.2/8/transaction.svh

```
4   class transaction;
5     rand bit [3:0] a,b;
6
7     constraint cons { (a == 8) <-> (b == 8); }
8
9     virtual function void print(string name = "");
10      $display("%s: a=%0d, b=%0d", name, a, b);
11    endfunction
12  endclass
```

6.2.6   行内约束

with 语句可以在调用 randomize 方法时添加额外的行内约束。例6.20使用了例6.19中的事务类，代码中先关闭了对象的全部约束，在使用 randomize 方法时附加了 with 语句，约束 a 小于 8 且 b 小于 10。随机化 transaction 对象时新添加的约束和类中原有的约束都要满足。

例 6.20   使用行内约束的测试模块
src/ch6/sec6.2/9/test.sv

```
6   module automatic test;
7     initial begin
8       transaction tr;
9       tr = new();
10      tr.constraint_mode(0);
11      repeat (16) begin
12        assert(tr.randomize() with { tr.a < 8; tr.b < 10; });
13        tr.print();
14      end
15    end
16  endmodule
```

6.2.7 软约束

类中默认的约束是硬约束，在随机化时如果不能满足硬约束则仿真器会报错。但是为了方便代码的复用，可以在类中定义软（soft）约束。所有软约束的优先级都低于硬约束。在随机化时如果软约束与其他硬约束有冲突，仿真器不会报错。下面将例6.3中的 transaction 类的约束 a_cons 修改成软约束，如例6.21所示。

例 6.21　使用软约束的事务类

src/ch6/sec6.2/10/transaction.svh

```
4   class transaction;
5     rand bit [3:0]  a;
6     randc bit [3:0] b;
7
8     constraint a_cons { soft a < b; }
9     constraint b_cons { b > 7; }
10
11    virtual function void print(string name = "");
12      $display("%s: a=%0d, b=%0d", name, a, b);
13    endfunction
14  endclass
```

例6.22在随机化这个 transaction 对象时使用 with 语句添加了新的硬约束，约束随机属性 a 等于 b。这个硬约束与 transaction 类中的软约束冲突，因此随机化会满足新添加的硬约束，忽略软约束。

例 6.22　行内约束和软约束冲突

src/ch6/sec6.2/10/test.sv

```
6   module automatic test;
7     initial begin
8       transaction tr;
9       tr = new();
10
11      repeat (16) begin
12        assert(tr.randomize() with { tr.a == tr.b; });
13        tr.print();
14      end
15    end
16  endmodule
```

6.3 随机数组的约束

在约束块中使用数组的内置方法可以对数组进行整体约束，如约束数组的长度，数组的元素和等。还可以在约束块中使用 foreach 语句约束随机数组的元素取值。需要注意的是 foreach 语句展开后可能会产生很多约束，这会导致仿真速度变慢。

6.3.1 数组长度的约束

在约束块中使用 size 方法可以约束数组或队列的长度，例6.23使用了 size 方法和 inside 操作符约束数组的长度取值范围。约束时一定要设置合理的数组长度值，否则随机化会产生过多的数组元素。测试模块见例6.2。

在约束块中使用 size 方法可以约束数组或队列的长度，例6.23使用了 size 方法和 inside 操作符约束数组的长度取值范围。一定要设置合理的数组长度值，否则随机化会产生过多的数组元素。测试程序见例6.2。

例 6.23　约束动态数组的长度取值范围

src/ch6/sec6.3/1/transaction.svh

```
4  class transaction;
5    rand bit[3:0] a[];
6
7    constraint size_cons { a.size() inside {[1:10]}; }
8
9    virtual function void print(string name = "");
10     $display("%s: a=%p", name, a);
11   endfunction
12 endclass
```

6.3.2 数组元素和的约束

在约束块中使用 sum 方法可以约束数组元素的和，如例6.24所示。测试模块见例6.2。

例 6.24　约束定长数组的元素和

src/ch6/sec6.3/2/transaction.svh

```
4  class transaction;
5    rand bit [3:0] a[];
6
7    constraint size_cons { a.size() inside {[1:10]}; }
8    constraint sum_cons { a.sum() with (int'(item)) == 35; }
9
10   virtual function void print(string name = "");
```

```
11      $display("%s: a=%p", name, a);
12    endfunction
13  endclass
```

6.3.3 数组元素的约束

在约束块中使用 foreach 语句可以对数组元素值进行约束，也可以对数组元素之间的关系进行约束，如例6.25所示。约束块 data_cons 约束了数组的所有元素值介于 [0:12]。约束块 ascend_cons 通过比较相邻元素大小创建了一个值递增的数值序列。测试模块见例6.2。

例 6.25   使用 foreach 约束数组元素

src/ch6/sec6.3/3/transaction.svh

```
4   class transaction;
5     rand bit [3:0] a[];
6
7     constraint size_cons { a.size() inside {[1:10]}; } // 约束数组长度
8     constraint data_cons // 约束数组元素取值范围
9     {
10      foreach (a[i])
11        a[i] inside {[0:12]};
12    }
13    constraint ascend_cons // 约束数组元素值递增
14    {
15      foreach (a[i])
16        if (i > 0)
17          a[i] > a[i-1];
18    }
19    virtual function void print(string name = "");
20      $display("%s: a=%p", name, a);
21    endfunction
22  endclass
```

6.3.4 没有重复值的随机数组

使用 unique 操作符可以生成没有重复值的随机数组，如例6.26所示。注意例子中不同约束块间的关系，因为数组元素没有重复取值，所以要求数组长度要小于等于数组元素的取值范围，否则会导致约束冲突。例6.26的测试模块见例6.2。

例 6.26   生成没有重复值的随机数组

src/ch6/sec6.3/4/transaction.svh

```
4   class transaction;
```

```
5    rand bit [3:0] a[4];
6
7    constraint size_cons { a.size() inside {[1:10]}; } // 约束数组长度
8    constraint data_cons // 约束数组元素取值范围
9    {
10     foreach (a[i])
11       a[i] inside {[0:12]};
12   }
13   constraint unique_cons { unique {a}; } // 约束数组元素不重复取值
14
15   virtual function void print(string name = "");
16     $display("%s: a=%p", name, a);
17   endfunction
18 endclass
```

6.4 约束随机属性求解顺序

没有约束时随机属性的取值应该在取值范围内均匀分布，这样随机化才能更好地覆盖整个设计空间。当添加约束后，随机属性取值的概率分布往往受约束影响而发生改变。在例6.27的约束中 a 控制 b 的取值，规定 a 等于 0 蕴含着 b 等于 0。表6.4列出了 {a, b} 的组合及其概率分布。a 和 b 共有 5 种满足约束的组合，因此每种组合出现的概率都是 1/5。a 的取值分布受到约束影响发生了变化，a 等于 0 的概率从 1/2 变成 1/5，a 等于 1 的概率从 1/2 变成 4/5。

表 6.4   未指定求解顺序时随机值的概率分布

a	b	概率
0	0	1/5
1	0	1/5
1	1	1/5
1	2	1/5
1	3	1/5

例 6.27   不包含求解顺序的事务类

src/ch6/sec6.4/1/transaction.svh

```
4  class transaction;
5    rand bit a;
6    rand bit [1:0] b;
7
8    constraint cons { (a == 0) -> (b == 0); }
9
10   virtual function void print(string name = "");
```

```
11      $display("%s: a=%0d, b=%0d", name, a, b);
12    endfunction
13  endclass
```

测试模块如例6.28所示。

例 6.28　测试模块

src/ch6/sec6.4/1/test.sv

```
6   module automatic test;
7     initial begin
8       transaction tr;
9       int cnt[5];
10      tr = new();
11      repeat (10000) begin
12        assert(tr.randomize());
13        case({tr.a, tr.b})
14          3'b000: cnt[0]++;
15          3'b100: cnt[1]++;
16          3'b101: cnt[2]++;
17          3'b110: cnt[3]++;
18          3'b111: cnt[4]++;
19        endcase
20      end
21      $display("%p", cnt);
22    end
23  endmodule
```

例6.28的运行结果如下。可以看到经过 10000 次随机化后，随机属性 a 的取值概率分布与表6.4近似相等。

例6.28的运行结果

```
'{1984, 1990, 1985, 1968, 2073}
```

使用关键字 solve 可以改变随机属性的求解顺序，使得先求解的随机属性的概率分布与后求解的随机属性无关。在例6.29中，约束块 cons_order 约束求解器优先求解 a，这样 a 是 0 或 1 的概率都是 1/2，然后再根据 a 的值选择 b。测试模块见例6.28。

例 6.29　包含求解顺序约束的类

src/ch6/sec6.4/2/transaction.svh

```
4   class transaction;
5     rand bit a;
6     rand bit [1:0] b;
7
```

```
8    constraint cons { (a == 0) -> (b == 0); }
9    constraint cons_order { solve a before b; }
10
11   virtual function void print(string name = "");
12     $display("%s: a=%0d, b=%0d", name, a, b);
13   endfunction
14 endclass
```

表6.5列出了指定求解顺序后 {a, b} 的组合及其概率分布。注意约束块 cons_order 不会改变随机值的组合，但是会影响组合值发生的概率。使用 solve before 会降低约束求解器的速度。

表 6.5　指定 solve a before b 后随机值的概率分布

a	b	概率
0	0	1/2
1	0	1/8
1	1	1/8
1	2	1/8
1	3	1/8

如果将求解顺序约束改成 solve b before a，则会得到不同的 {a, b} 组合概率分布，如表6.6所示。

表 6.6　指定 solve b before a 后随机值的概率分布

a	b	概率
0	0	1/8
1	0	1/8
1	1	1/4
1	2	1/4
1	3	1/4

6.5　pre_randomize 和 post_randomize 方法

pre_randomize 和 post_randomize 是类的内置方法，它们分别在 randomize 方法运行的前后被自动调用，它们主要做一些随机化的准备和收尾工作。例如在随机化前设置随机属性的取值范围，或者在随机化后打印随机值。这两个内置方法的使用如例6.30所示。pre_randomize 方法在随机化前设置属性 lo 和 hi 的取值范围，post_randomize 方法在随机化后调用系统函数 display 打印对象的随机化次数。测试模块见例6.2。

例 6.30　使用 pre_randomize 和 post_randomize 方法

src/ch6/sec6.5/1/transaction.svh

```
4  class transaction;
5    static int unsigned count;
6    rand bit [3:0] a, b;
7    bit [3:0] lo, hi;
```

```
 8
 9   constraint cons_range { a inside {[lo:hi]}; }
10
11   function void pre_randomize();
12      lo = $urandom_range(0, 5);
13      hi = $urandom_range(10, 15);
14   endfunction
15
16   function void post_randomize();
17      $display ("The %0dth randomization", count++);
18   endfunction
19
20   virtual function void print(string name = "");
21      $display("%s: a=%0d, b=%0d", name, a, b);
22   endfunction
23 endclass
```

6.6　随机数函数

在测试平台中，往往要求变量的取值遵循不同的概率分布，这时就可以使用随机数函数。常用的随机数函数如表6.7所示。关于分布函数的更多细节请查阅统计学的书籍。

表 6.7　常用的随机数函数

函数名	功能
$random()	均匀分布，返回 32 位有符号随机数
$urandom()	均匀分布，返回 32 位无符号随机数
$urandom_range()	在指定范围内的平均分布
$dist_uniform()	均匀分布
$dist_normal()	正态分布
$dist_poisson()	泊松分布
$dist_exponential()	指数衰减分布

这里以 $urandom_range 函数为例演示随机数函数的使用，如例6.31所示。$urandom_range 函数包含两个参数，即上限参数和可选的下限参数。

例 6.31　使用 $urandom_range 函数

```
1  a = $urandom_range(3, 10); // 生成3到10之间的随机数
2  a = $urandom_range(10, 3); // 生成3到10之间的随机数
3  b = $urandom_range(5);     // 生成0到5之间的随机数
```

6.7　练　习　题

🔖 **练习 6.1**　根据下面的要求编写 SystemVerilog 代码。

　　1. 创建事务类 transaction，类中包含两个随机属性，8 比特 data 和 4 比特 addr。约束 addr 的值等于 3 或 4。

　　2. 在一个模块中构造并例化 transaction 对象。从随机化中检查约束是否正确。

🔖 **练习 6.2**　修改练习6.1中的 transaction 类，添加如下约束。

　　1. data 永远等于 5。

　　2. 地址 addr 等于 0 的概率是 10%。

　　3. 地址 addr 在 [1:14] 内的概率是 80%。

　　4. 地址 addr 等于 15 的概率是 10%。

在测试模块中使用循环语句创建 20 个新事务对象，并检查约束是否发生正确。

🔖 **练习 6.3**　搭建一个测试平台将练习6.2中的类随机化 1000 次。

　　1. 记录每个地址值发生的次数并以直方图的形式打印结果，是否可以看到地址值按准确的10%、80%、10% 分布，原因是什么。

　　2. 使用 3 个不同的随机种子运行仿真，建立对应的直方图，并对结果做出评价。

🔖 **练习 6.4**　根据 transaction 类中的约束补全表6.8的内容。

```
class transaction;
  rand bit x;
  rand bit [1:0] y;
  constraint c_xy
  {
    y inside { [x:3] };
    solve x before y;
  }
endclass
```

表 6.8　解的概率

x	y	概率
0	0	
0	1	
0	2	
0	3	
1	0	
1	1	
1	2	
1	3	

练习 6.5 对下面的 transaction 类添加如下约束。

1. 约束读事务的地址范围是 [0:7]。

2. 使用行内约束创建并随机化一个 transaction 对象，约束读事务地址的范围是 [0:10]，测试行内约束是否正常工作。

```
class transaction;
  rand bit re; // 1表示读，0表示写
  rand bit [7:0] data;
  rand bit [3:0] addr;
endclass
```

练习 6.6 扩展练习6.5中的 transaction 类，使得这个类产生的相邻的连续事务对象不会出现相同的地址。通过生成 20 个事务对象验证约束是否有效。

练习 6.7 为像素为 10×10 的图像创建一个类。每个像素点的值是随机化的黑或者白。按白色占比 20% 随机生成并打印一幅图像，并报告白色和黑色像素点的个数。

练习 6.8 定义一个 transaction 类，它包含一个整数类型数组。约束数组的长度范围是 [1:10]，数组所有元素的和等于 256。通过生成 20 个事务对象并打印它们的长度验证约束的正确性。

练习 6.9 扩展下面的 my_sequence 类，使得这个类产生的相邻的连续事务对象不会出现相同的地址。通过生成 20 个事务对象验证约束是否有效。

```
4   `define TESTS 20
5   typedef enum {WRITE, READ} re_e;
6
7   class transaction;
8     rand re_e re;
9     rand bit [31:0] data;
10    rand bit [31:0] addr;
11  endclass
12
13  class my_sequence;
14    rand transaction trs[];
15
16    constraint rw_c
17    {
18      foreach (trs[i])
19        if ((i > 0) && (trs[i-1].re == WRITE))
20          trs[i].re != WRITE;
21    }
22
23    function new();
24      trs = new[`TESTS];
25      foreach (trs[i])
```

```
26       trs[i] = new();
27    endfunction
28  endclass
```

第 7 章

进程间通信

在实际硬件中，时序逻辑在时钟沿激活，组合逻辑则随着输入的变化实时改变。initial 过程、always 过程，门电路和连续赋值语句模拟所有的并发活动。这些并发活动对应了多个并行执行的进程。并行执行的进程之间总会不可避免地进行数据交换、同步和控制，这被称为进程间通信（Interprocess Communication, IPC）。IPC 通常由 3 部分构成：信息的生产者、信息的接收者和传递信息的通道。生产者和接收者处于不同的进程中。本章围绕进程间的通信、同步和控制，回顾 Verilog HDL 中的一些概念，例如 fork join 块、事件（event）、@、wait 和 disable 语句等，同时讲解 SystemVerilog 新引入的两种 fork 块、信箱（mailbox）和信号量（semaphore）等。

7.1 块语句和进程

7.1.1 块语句

块语句（block statement）可以将一些语句组合在一起，使它们在语法上就像一条语句一样，块语句包含如下两种类型。

1. 顺序块（sequential block），也被称为 begin-end 块，它由关键字 begin 和 end 分隔。顺序块不启动新的子进程，块中的过程语句按前后顺序逐条被执行。

2. 并行块（parallel block），也被称为 fork-join 块，它由关键字 fork 和 join、join_any 或 join_none 分隔。并行块中的每个过程语句都会启动一个新的子进程，使得块中的所有过程语句同时被执行。3 种并行块的运行方式如图7.1所示。

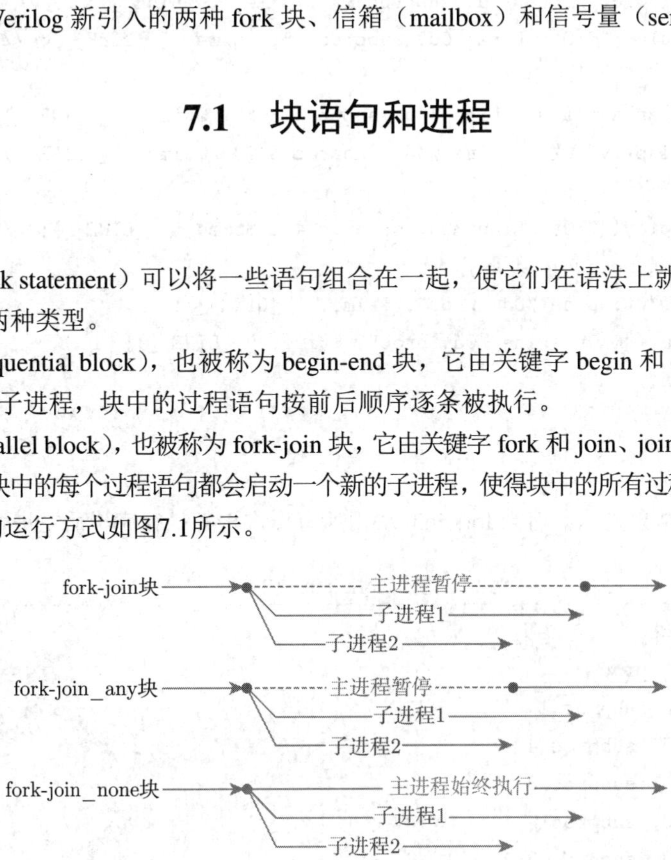

图 7.1 3 种并行块的运行方式

1. fork-join 块：暂停主进程，启动所有子进程，当最慢的子进程执行完成后，主进程才恢复运行。

2. fork join_any 块：主进程暂停，启动所有子进程，当最快的子进程执行完成后，主进程才与剩余的子进程并行运行。

3. fork join_none 块：主进程和所有子进程并行运行，这种并行块不会阻塞主进程的运行，因此它是最常用的一种并行块。

并行块内部的每一条语句或顺序块都会启动一个独立的子进程。在例7.1中，fork join 块在运行时启动了 4 个并行执行的子进程，延迟最短的子进程会最早执行。为了清晰地观察主进程和子进程的运行顺序，例子中使用宏`__LINE__标记系统函数 $display 所在的行号。

例 7.1　fork join 块

src/ch7/sec7.1/1/test.sv

```
4   module automatic test;
5     initial begin
6       $display("@%0t: Line %0d, proc", $time, `__LINE__);
7       #10 $display("@%0t: Line %0d, proc", $time, `__LINE__);
8       fork
9         $display("@%0t: Line %0d, subproc 1", $time, `__LINE__); // 第一个子进程
10        #30 $display("@%0t: Line %0d, subproc 2", $time, `__LINE__); // 第二个子进程
11        begin // 第三个子进程
12          #20 $display("@%0t: Line %0d, subproc 3-1", $time, `__LINE__);
13          #20 $display("@%0t: Line %0d, subproc 3-2", $time, `__LINE__);
14        end
15        #10 $display("@%0t: Line %0d, subproc 4", $time, `__LINE__); // 第四个子进程
16      join // join_none或join_any
17      $display("@%0t: Line %0d, proc", $time, `__LINE__);
18      #10 $display("@%0t: Line %0d, proc", $time, `__LINE__);
19      #50 $finish();
20    end
21  endmodule
```

例7.1的运行结果显示只有当 fork join 块内所有子进程都执行完毕后主进程才恢复运行。

例7.1中使用 fork join 块的运行结果

```
@0: Line 6, proc
@10000: Line 7, proc
@10000: Line 9, subproc 1
@20000: Line 15, subproc 4
@30000: Line 12, subproc 3-1
@40000: Line 10, subproc 2
@50000: Line 13, subproc 3-2
@50000: Line 17, proc
```

```
@60000: Line 18, proc
```

使用 fork join_none 块后例7.1的运行结果如下。可以看到 fork join_none 块内的子进程和主进程并行执行，注意如果主进程和子进程在相同的时间启动，那么主进程优先执行。

使用 fork join_none 块后例7.1的运行结果

```
@0: Line 6, proc
@10000: Line 7, proc
@10000: Line 17, proc
@10000: Line 9, subproc 1
@20000: Line 18, proc
@20000: Line 15, subproc 4
@30000: Line 12, subproc 3-1
@40000: Line 10, subproc 2
@50000: Line 13, subproc 3-2
```

使用 fork join_any 块后例7.1的运行结果如下。可以看到 fork join_any 块内必须有一个子进程执行完毕后，主进程和其他子进程才可以继续执行。所以子进程 proc 1 执行完毕后主进程才继续执行。

使用 fork join_any 块后例7.1的运行结果

```
@0: Line 6, proc
@10000: Line 7, proc
@10000: Line 9, subproc 1
@10000: Line 17, proc
@20000: Line 18, proc
@20000: Line 15, subproc 4
@30000: Line 12, subproc 3-1
@40000: Line 10, subproc 2
@50000: Line 13, subproc 3-2
```

7.1.2　动态子进程

使用并行块可以在仿真运行的过程中动态地启动子进程。为便于说明，首先定义一个带有 copy 方法的 transaction 类，如例7.2所示。

例 7.2　带有 copy 方法的 transaction 类
src/ch7/sec7.1/2/transaction.svh

```
4   class transaction #(parameter WIDTH = 4);
5     rand bit [WIDTH-1:0] a;
6     rand bit [WIDTH-1:0] b;
7
```

```
8    virtual function void copy(input transaction rhs = null);
9      if (rhs == null)
10       $display("copy fail");
11     a = rhs.a; // 复制属性
12     b = rhs.b;
13   endfunction
14
15   virtual function void print(string name = "");
16     $display("%s: a=%0d, b=%0d", name, a, b);
17   endfunction
18 endclass
```

下面在测试模块中调用任务 transmit 打印 transaction 对象，如例7.3所示。由于任务 transmit 中使用了 fork-join_none 块，所以它每次被调用都会启动一个新的子进程，任务中的 wait 语句只会阻塞子进程，不影响主进程的运行。

例 7.3   使用并行块动态启动子进程

src/ch7/sec7.1/2/test.sv

```
6  module automatic test;
7    bit [3:0] i;
8
9    task transmit(input transaction tr);
10     fork // 启动子进程
11       begin
12         wait (i == tr.a); // 阻塞子进程
13         $write("@%0t,", $time);
14         tr.print("transmit");
15       end
16     join_none
17   endtask
18
19   initial begin
20     transaction blueprint;
21     blueprint = new();
22     repeat (6) begin
23       transaction tr;
24       tr = new();
25       assert(blueprint.randomize());
26       tr.copy(blueprint); // 保存transaction对象随机化后内容
27       tr.print("generate");
28       transmit(tr);
29     end
```

```
30        end
31
32        initial repeat(16) #10 i++;
33    endmodule
```

例7.3的运行结果如下。测试模块中的 repeat 语句共启动 6 个子进程，对于每个子进程来说，当任务 transmit 中的 wait 条件不满足时子进程会一直处于阻塞状态。随着时间推进变量 i 的值从 0 开始递增，当 wait 条件满足时对应的子进程就可以继续执行。

例7.3的运行结果

```
generate: a=9, b=12
generate: a=11, b=0
generate: a=10, b=6
generate: a=7, b=2
generate: a=0, b=12
generate: a=3, b=6
@0,transmit: a=0, b=12
@30000,transmit: a=3, b=6
@70000,transmit: a=7, b=2
@90000,transmit: a=9, b=12
@100000,transmit: a=10, b=6
@110000,transmit: a=11, b=0
```

7.1.3　并行块中的自动变量

尽量避免在并行块中使用静态变量，因为主进程和并行块产生的所有子进程会共享静态变量。在例7.4中，for 语句产生了 3 个子进程，主进程和 3 个子进程共享了 for 语句中的静态变量 i，因此输出了错误结果。

例 7.4　在并行块中尽量避免使用静态变量
src/ch7/sec7.1/3/test.sv

```
4    module automatic test;
5      initial begin
6        for (int i=0; i<3; i++) begin
7          fork
8            $display("i=%0d", i);
9          join_none
10       end
11     end
12   endmodule
```

例7.4的运行结果如下。

例7.4的运行结果

```
i=3
i=3
i=3
```

正确的方法是在并行块中定义局部自动变量 k，用来保存静态变量 i 的值，如例7.5所示。

例 7.5　fork-join_none 中使用自动变量

src/ch7/sec7.1/4/test.sv

```
4    module automatic test;
5      initial begin
6        for (int i=0; i<3; i++) begin
7          fork
8            automatic int k = i;
9            $display("k=%0d ", k);
10         join_none
11       end
12     end
13   endmodule
```

例7.5的运行结果如下。

例7.5的运行结果

```
i=0
i=1
i=2
```

7.2　进 程 控 制

仿真过程中需要控制子进程的运行状态，例如停止子进程或等待进程完成。本节将介绍控制子进程的 wait fork、disable 和 disable fork 语句。

7.2.1　wait fork

wait fork 语句会阻塞主进程的执行，直到主进程所启动的所有子进程执行完成。例7.6中使用 fork-join_none 块启动两个子进程，使用 wait fork 语句可以确保所有子进程都执行完毕后才恢复主进程的运行。

例 7.6　使用 wait fork 等待所有子进程结束

src/ch7/sec7.2/1/test.sv

```
4    module automatic test;
```

```
 5   task main();
 6     fork
 7       $display("@%0t: Line %0d, subproc 1", $time, `__LINE__); // 第一个子进程
 8       #20 $display("@%0t: Line %0d, subproc 2", $time, `__LINE__); // 第二个子进程
 9     join_none
10   endtask
11
12   initial begin
13     $display("@%0t: Line %0d, proc", $time, `__LINE__);
14     main(); // 启动子进程
15     wait fork; // 阻塞主进程
16     #10 $display("@%0t: Line %0d, proc", $time, `__LINE__);
17   end
18 endmodule
```

例7.6的运行结果如下。

例7.6的运行结果

```
@0: Line 13, proc
@0: Line 7, subproc 1
@20000: Line 8, subproc 2
@30000: Line 16, proc
```

去掉 wait fork 语句后例7.6的运行结果如下，这时主进程与所有子进程并行执行，主进程中延迟较短的第 16 行语句会先被执行，延迟较长的第 8 行的第二个子进程后被执行。

去掉 wait fork 语句后例7.6的运行结果

```
@0: Line 13, proc
@0: Line 7, subproc 1
@10000: Line 16, proc
@20000: Line 8, subproc 2
```

7.2.2　disable

disable 语句可以停止一个带有标识符的并行块中的所有活动子进程。在例7.7中，repeat 语句共启动 8 个子进程。在每个子进程中，fork-join_any 块又会启动 2 个孙进程，即 wait 语句与延迟为 #40 的 display 语句并行执行。如果 wait 语句等待的时间很短，那么第一个孙进程就先被执行，如果 wait 语句等待的时间过长，那么第二个孙进程就先被执行。只要有一个孙进程执行完毕，disable 语句就会立刻停止所有的子进程，因此使用 disable 语句可能会不经意地停止并行块中过多的子进程。例子中使用的 transaction 类的定义见例7.2。

例 7.7　disable 停止标签块的所有活动进程

src/ch7/sec7.2/2/test.sv

```
4   module automatic test;
5     bit [3:0] i;
6
7     task transmit(input transaction tr);
8       fork
9         begin
10          fork: timeout
11            begin // 第一个孙进程
12              wait (i == tr.a);
13              $display("@%0t: check %0d", $time, tr.a);
14            end
15            #40 $display("@%0t: check a=%0d timeout.", $time, tr.a); // 第二个孙进程
16          join_any
17          disable timeout; // disable fork;
18        end
19      join_none
20    endtask
21
22    initial begin
23      transaction blueprint;
24      blueprint = new();
25      repeat (8) begin
26        transaction tr;
27        tr = new();
28        assert(blueprint.randomize());
29        tr.copy(blueprint);
30        tr.print("generate");
31        transmit(tr); // 启动8个子进程
32      end
33    end
34    initial repeat(16) #10 i++;
35  endmodule
```

例7.7的运行结果如下。

例7.7的运行结果

```
generate: a=9, b=12, sum=0
generate: a=11, b=0, sum=0
generate: a=10, b=6, sum=0
generate: a=7, b=2, sum=0
```

```
generate: a=0, b=12, sum=0
generate: a=3, b=6, sum=0
generate: a=10, b=12, sum=0
generate: a=3, b=14, sum=0
@0: check 0
```

7.2.3　disable fork

disable fork 语句只结束并行块中当前活动的子进程，并行块中的其他子进程不受影响。使用 disable fork 语句后例7.7的运行结果如下。

使用 disable fork 语句后例7.7的运行结果

```
generate: a=9, b=12, sum=0
generate: a=11, b=0, sum=0
generate: a=10, b=6, sum=0
generate: a=7, b=2, sum=0
generate: a=0, b=12, sum=0
generate: a=3, b=6, sum=0
generate: a=10, b=12, sum=0
generate: a=3, b=14, sum=0
@0: check 0
@30000: check 3
@30000: check 3
@40000: check a=9 timeout.
@40000: check a=11 timeout.
@40000: check a=10 timeout.
@40000: check a=7 timeout.
@40000: check a=10 timeout.
```

7.2.4　进程类

进程类 process 是 SystemVerilog 的一个内置类，它的定义如例7.8所示。进程类不能派生，也不能调用构造函数手动创建进程对象。每个进程启动后会在其内部自动创建一个进程对象，进程对象就代表它所在的进程，调用进程类的方法，就可以控制进程对象所在的进程。

例 7.8　进程类 process 的定义

```
1  class process;
2    typedef enum {FINISHED, RUNNING, WAITING, SUSPENDED, KILLED} state;
3
4    static function process self();
5    function state status();
```

```
6    function void kill();
7    task await();
8    function void suspend();
9    function void resume();
10   function void srandom(int seed);
11   function string get_randstate();
12   function void set_randstate(string state);
13  endclass
```

进程类中的部分方法说明如下。

1. self 方法：返回进程对象的句柄，即获得进程对象所在的进程的访问和控制权。
2. status 方法：返回进程对象所在的进程的状态。返回值 FINISHED 表示进程已经正常结束，返回值 RUNNING 表示进程正在运行，返回值 WAITING 表示进程正处于阻塞状态，返回值 SUSPENDED 表示进程被暂停，返回值 KILLED 表示进程被强制结束。
3. kill 方法：停止进程对象所在的进程，包括该进程中的所有子进程。
4. await 方法：在一个进程中等待另一个进程运行结束，注意不能在当前进程中调用自身的 await 方法。
5. suspend 方法：允许一个进程暂停自己或其他进程的执行。
6. resume 方法：重启之前被暂停的进程。

进程类的使用如例7.9所示。测试模块调用任务 transmit 启动 4 个子进程，任务中的 wait 语句会阻塞子进程的运行。随着时间推移，repeat 语句控制变量 i 的值从 0 开始递增到 2。因为 i 不会变为 3，所以第 3 个子进程一直处于 WAITING 状态，直到调用 kill 方法停止它的运行。

例 7.9　进程类的使用

src/ch7/sec7.2/3/test.sv

```
4   module automatic test;
5     bit [3:0] i;
6
7     task transmit(input int n);
8       process proc[] = new [n];
9       foreach (proc[j]) begin
10        fork
11          automatic int k = j;
12          begin
13            proc[k] = process::self();
14            $display("start subprocess%0d", k);
15            wait (i == k);
16          end
17        join_none
18      end
19      #100; // 超时
```

```
20    foreach (proc[j]) begin
21      $display("subprocess%0d.status=%s", j, proc[j].status());
22      if (proc[j].status != process::FINISHED) begin
23        proc[j].kill();
24        $display("subprocess%0d.status=%s", j, proc[j].status());
25      end
26    end
27  endtask
28
29  initial transmit(4);
30
31  initial repeat(2) #10 i++;
32 endmodule
```

例7.9的运行结果如下。

例7.9的运行结果

```
start subprocess0
start subprocess1
start subprocess2
start subprocess3
subprocess0.status=FINISHED
subprocess1.status=FINISHED
subprocess2.status=FINISHED
subprocess3.status=WAITING
subprocess3.status=KILLED
```

7.3　事件的触发和等待

在 SystemVerilog 中，事件（event）是一个指向事件对象的句柄，事件用来控制多个进程间的同步。例如在一个进程中先使用操作符 "@" 等待（wait）一个事件发生，该进程进入阻塞状态。之后在另一个进程中使用操作符 "->" 或 "->>" 触发（trigger）这个事件，解除第一个进程的阻塞。

7.3.1　阻塞事件与非阻塞事件

操作符 "->" 用来触发阻塞事件。在例7.10中，第一个 initial 结构触发了阻塞事件 e1，然后阻塞在事件 e2。第二个 initial 结构触发了阻塞事件 e2，从而解除第一个 initial 结构的阻塞。因为 e1 和 e2 都是阻塞事件，所以 e1 触发后 e2 才能触发，这就导致第二个 initial 结构错过事件 e1 而被阻塞。

例 7.10　使用阻塞事件

src/ch7/sec7.3/1/test.sv

```systemverilog
module automatic test;
  event e1, e2;
  process proc1, proc2;

  initial begin
    proc1 = process::self();
    $display("@%0t: 1: before trigger", $time);
    -> e1; // ->> e1;
    @e2;
    $display("@%0t: 1: after trigger", $time);
  end

  initial begin
    proc2 = process::self();
    $display("@%0t: 2: before trigger", $time);
    -> e2; // ->> e2;
    @e1;
    $display("@%0t: 2: after trigger", $time);
  end

  initial begin
    #100;
    $display("proc1.status=%s", proc1.status());
    $display("proc2.status=%s", proc2.status());
  end
endmodule
```

例子中使用进程句柄 proc1 和 proc2 记录两个 initial 结构的执行状态。从例7.10的运行结果可以看出，句柄 proc1 所在的 initial 结构正常结束，句柄 proc2 所在的 initial 结构处于 WAITING 状态，即一直在等待事件 e1 被触发。

例7.10的运行结果

```
@0: 1: before trigger
@0: 2: before trigger
@0: 1: after trigger
proc1.status=FINISHED
proc2.status=WAITING
```

操作符 "->>" 用来触发非阻塞事件，非阻塞事件是并行发生的，没有先后顺序区分。将例7.10中的阻塞事件改成非阻塞事件后，运行结果如下所示。可以看到两个 initial 结构都可以正

184

常结束。

使用非阻塞事件后例7.10的运行结果

```
@0: 1: before trigger
@0: 2: before trigger
@0: 2: after trigger
@0: 1: after trigger
proc1.status=FINISHED
proc2.status=FINISHED
```

7.3.2 triggered 方法

若一个进程在等待一个事件，同时另一个进程触发了这个事件，则竞争状态会有概率出现，如果事件的触发早于等待，则触发无效。这时可以使用事件类的内置方法 triggered，它用于检查一个事件在当前时间片内是否已被触发。

下面使用持续触发方法 triggered 替换边沿敏感的"@"操作符。只要事件在当前时间片内被触发过方法 triggered 就会一直返回 1，直到仿真时间继续推进。在例7.11中，因为事件 e1 和 e2 在当前时间片内都被触发过，所以两个 initial 结构都可以正常结束，不会被阻塞。

例 7.11 使用事件类的内置方法 triggered

src/ch7/sec7.3/2/test.sv

```
4   module automatic test;
5     event e1, e2;
6     process proc1, proc2;
7
8     initial begin
9       proc1 = process::self();
10      $display("@%0t: 1: before trigger", $time);
11      -> e1;
12      wait(e2.triggered);
13      $display("@%0t: 1: after trigger", $time);
14    end
15
16    initial begin
17      proc2 = process::self();
18      $display("@%0t: 2: before trigger", $time);
19      -> e2;
20      wait(e1.triggered);
21      $display("@%0t: 2: after trigger", $time);
22    end
23
```

```
24   initial begin
25     #100;
26     $display("proc1.status=%s", proc1.status());
27     $display("proc2.status=%s", proc2.status());
28   end
29 endmodule
```

例7.11的运行结果与使用非阻塞事件后例7.10的运行结果相同。

7.3.3 传递事件

事件是事件句柄的简称,传递事件等价于传递事件句柄。在例7.12中,序列发生器类sequencer 中定义了事件 done,自定义 new 方法使用类外的事件初始化类中的事件 done,方法 main 在运行完成后触发非阻塞事件 done。

例 7.12 将事件传递给构造方法
src/ch7/sec7.3/3/sequencer.svh

```
4  class sequencer;
5    event done;
6
7    function new (input event done); // 从类外传入事件句柄
8      this.done = done;
9    endfunction
10
11   task main();
12     fork
13       begin
14         // 执行一些操作
15         ->> done; // 触发事件
16       end
17     join_none
18   endtask
19 endclass
```

测试模块如例7.13所示,测试模块中的事件 done 和 sequencer 对象中的事件 done 指向了同一个事件对象,一旦方法 main 触发非阻塞事件 done,测试模块就可以解除阻塞正常结束。

例 7.13 测试模块
src/ch7/sec7.3/3/test.sv

```
6  module automatic test;
7    initial begin
8      event done;
9      sequencer seqr;
```

```
10      seqr = new(done);
11      seqr.main();
12      wait(done.triggered); // 等待事件被触发
13    end
14  endmodule
```

7.3.4　等待多个事件

如果测试模块中包含多个序列发生器，就应该启动多个子进程等待所有序列发生器中事件的完成。在例7.14中，foreach 语句配合 fork 块启动了 N 个子进程，每个子进程都使用 wait 语句等待对应的序列发生器中的事件发生。最后使用 wait fork 语句等待 fork 块中所有子进程的完成。

例 7.14　使用 wait fork 语句等待所有进程执行完毕

src/ch7/sec7.3/4/test.sv

```
6   parameter N = 16;
7
8   module automatic test;
9     initial begin
10      event done[N];
11      sequencer seqr[N];
12
13      foreach (seqr[i]) begin
14        seqr[i] = new(done[i]); // 创建sequencer对象
15        seqr[i].main(); // 调用sequencer对象的main方法
16      end
17
18      foreach (seqr[i]) begin
19        fork
20          automatic int k = i;
21          wait (done[k].triggered);
22        join_none
23      end
24
25      wait fork; // 等待所有sequencer对象的done事件被触发
26    end
27  endmodule
```

等待多个事件的另一种解决办法是记录已经触发的事件数量，当触发的事件数量等于发生器的数量 N 时，意味着所有的子进程完成。如例7.15所示。

例 7.15　记录已经触发的事件数量等待多个进程

src/ch7/sec7.3/5/test.sv

```
6   parameter N = 16;
7
8   module automatic test;
9     initial begin
10      int done_count;
11      event done[N];
12      sequencer seqr[N];
13
14      foreach (seqr[i]) begin
15        seqr[i] = new(done[i]); // 创建sequencer对象
16        seqr[i].main(); // 调用sequencer对象的main方法
17      end
18
19      foreach (seqr[i]) begin // 有done事件被触发则计数器加1
20        fork
21          automatic int k = i;
22          wait (done[k].triggered);
23          done_count++;
24        join_none
25      end
26
27      wait (done_count == N); // 等待计数器值等于N
28    end
29  endmodule
```

还有一种简单的方法是在序列发生器内使用一个静态属性对运行的序列发生器对象个数进行计数，如例7.16所示。当发生器开启子进程时 proc_cnt 加 1，进程运行结束后 proc_cnt 减 1，最终当 proc_cnt 等于 0 时所有的子进程执行完成。

例 7.16　使用静态属性对运行的进程计数

src/ch7/sec7.3/6/sequencer.svh

```
4   class sequencer;
5     static int proc_cnt = 0; // 静态属性
6
7     task main();
8       proc_cnt++; // 启动进程时proc_cnt加1
9       fork
10        proc_cnt--; // 结束进程时proc_cnt减1
11      join_none
12    endtask
```

```
13   endclass
```

测试模块如例7.17所示，使用 wait 语句等待 sequencer 类中的静态属性 proc_cnt 恢复到 0。

例 7.17　使用进程计数等待多个进程完成

src/ch7/sec7.3/6/test.sv

```
8    module automatic test;
9      initial begin
10       sequencer seqr[N]; // 创建sequencer对象
11       foreach (seqr[i]) begin // 调用sequencer对象的main方法
12         seqr[i] = new();
13         seqr[i].main();
14       end
15       wait (sequencer::proc_cnt == 0); // 等待proc_cnt等于0
16     end
17   endmodule
```

7.4　信　号　量

信号量（semaphore）是 SystemVerilog 的一个内置类，信号量通常被用来控制对共享资源的互斥访问，以及用来实现基本的同步。假设在计算机系统中，有两个进程试图访问同一个共享内存区域，其中一个进程试图写入数据，而另一个进程试图读取相同内存地址的数据。两个进程同时执行将导致一个不可预测的结果，信号量可以用来解决这种互斥操作。

从概念上讲，例化后的信号量对象像是一个钥匙箱，它包含了一定数量的钥匙。使用信号量对象的进程只有从钥匙箱获取足够数量的钥匙才能继续执行，没有获取足够钥匙数量的进程会进入等待状态，直到钥匙箱中出现足够数目的钥匙。多个被阻塞的进程会以先进先出（First Imput First Output，FIFO）的方式排队。使用信号量时需要注意如下情况。

1. 信号量对象中钥匙的数量可以比进程需要的多。例如信号量对象有两个钥匙，而进程只需要一个钥匙。
2. 如果在当前时间信号量对象只有一个钥匙，而 FIFO 中最前面的进程需要获取多个钥匙，此时这个进程会被阻塞。如果排在后面的进程只需要一个钥匙，那么它会绕过 FIFO 顺序排到进程的最前面，从信号量对象中获取到钥匙。

信号量类的常见方法包括如下。

1. new 方法：创建带有一个或多个钥匙的信号量对象。
2. get 方法：获取一个或多个钥匙。
3. put 方法：返回一个或多个钥匙。
4. try_get 方法：尝试获取 1 个钥匙但是不会执行阻塞，如果钥匙足够多，try_get 会获取它们并返回 1，如果没有足够的钥匙它只返回 0。

例7.18中信号量对象 sem 带有 3 个钥匙，并行块中 proc1、proc2 和 proc3 任务都需要获取钥匙才能执行。前两个任务使用 get(1) 和 get(2) 方法可以正常从信号量对象中获取 3 个钥匙，但第三个任务 proc3 在同一时间点已经无法获取到足够多的钥匙了，它只能处于等待状态直到前两个任务将钥匙归还到信号量对象。

例 7.18　用信号量控制资源的访问

src/ch7/sec7.4/1/test.sv

```
4   module automatic test();
5     semaphore sem; // 定义一个信号量
6     initial begin
7       sem = new(3); // 为信号量分配3个钥匙
8       fork // 创建3个子进程
9         proc1();
10        proc2();
11        proc3();
12      join
13    end
14
15    task automatic proc1();
16      sem.get(1); // 尝试获取1个钥匙
17      #10 $display("Run proc1 at %0t.", $time);
18      sem.put(1); // 返回钥匙
19    endtask
20
21    task automatic proc2();
22      sem.get(2); // 尝试获取2个钥匙
23      #10 $display("Run proc2 at %0t.", $time);
24      sem.put(2);
25    endtask
26
27    task automatic proc3();
28      sem.get(3); // 尝试获取3个钥匙
29      #10 $display("Run proc3 at %0t.", $time);
30      sem.put(3);
31    endtask
32  endmodule
```

例7.18的运行结果如下。

例7.18的运行结果

```
Run proc1 at 10000.
Run proc2 at 10000.
Run proc3 at 20000.
```

7.5 信 箱

信箱（mailbox）是一种在进程之间交换数据的机制，它在进程间通信中扮演了缓冲器的角色，信箱可以发送任意数据类型的数据。一个进程将数据发送给信箱，另一个进程从信箱中接收数据。从硬件角度看，可以将信箱比作一个具有源端和收端的 FIFO。源端把数据放进信箱，收端则从信箱中获取数据。信箱可以有容量上限，也可以没有。当源端进程试图向装满的信箱中放入数据时，进程会被阻塞直到信箱中有数据被取出。同样当收端进程试图从空信箱中取出数据时，进程会被阻塞直到有数据放入信箱。图7.2描述了连接 sequencer 类和 driver 类的信箱。

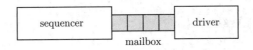

图 7.2 连接 sequencer 类和 driver 类的信箱

在 SystemVerilog 中，信箱是一个内置类，必须使用 new(n) 方法例化，其中可选参数 n 用以指定信箱的容量。如果 n 是 0 或者省略参数 n，则表示信箱没有容量上限。信箱的常用内置方法如表7.1所示。

表 7.1 信箱的内置方法

方法名	功能
new(n)	创建一个信箱
put()	将一个数据放进信箱，如果信箱已满则阻塞
try_put()	尝试将一个数据放进信箱，如果信箱已满则放弃操作
get()	从信箱中取出并删除一个数据，如果信箱为空则阻塞
try_get()	从信箱中取出并删除一个数据，如果信箱为空则放弃操作
peek()	从信箱中复制一个数据，但不删除这个数据，如果信箱为空则阻塞
try_peek()	从信箱中复制一个数据，但不删除这个数据，如果信箱为空则放弃操作
num()	返回信箱中数据的个数

信箱可以保存简单的数据类型，如整数或句柄。信箱只能通过句柄引用对象。默认情况下信箱没有类型，信箱可以放入多种类型的数据，但为了方便处理数据，规定信箱只存放一种类型的数据。

7.5.1 使用信箱发送事务

例7.19中定义了发送事务的序列发生器类 sequencer，事务类 transaction 的定义见例7.2。循环语句中的主要操作包含如下。

1. 随机化句柄 blueprint 指向的对象（蓝图）。
2. 复制随机化后的对象（副本）。
3. 将指向随机化后的对象副本的句柄放入信箱。

例 7.19　使用信箱发送事务的序列发生器类

src/ch7/sec7.5/1/sequencer.svh

```
4  class sequencer #(type T = transaction);
5    int unsigned num_trans;
6    T blueprint;
7    mailbox #(T) seqr2drv;
8
9    function new(input mailbox #(T) seqr2drv);
10     this.seqr2drv = seqr2drv;
11   endfunction
12
13   virtual task main();
14     repeat (num_trans) begin
15       T tr;
16       tr = new();
17       assert(blueprint.randomize());
18       tr.copy(blueprint);
19       seqr2drv.put(tr); // 使用信箱发送transaction到driver
20       tr.print("sequencer");
21     end
22   endtask
23 endclass
```

序列发生器的这种工作模式也被称为蓝图模式,只有通过不断复制蓝图,才能保留每次随机化后的对象内容。随机化后信箱中的每个句柄指向了不同的随机化对象副本,如图7.3所示。

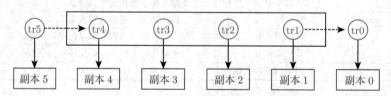

图 7.3　信箱中的句柄指向各自的随机化对象副本

7.5.2　使用信箱接收事务

例7.20中的代理器正在等待来自序列发生器的事务,类中使用 get 方法从信箱中取出事务。

例 7.20　使用信箱接收事务的驱动器

src/ch7/sec7.5/1/driver.svh

```
4  class driver #(type T = transaction);
5    mailbox #(T) seqr2drv;
6    T tr;
7
```

```
 8    function new(input mailbox #(T) seqr2drv);
 9      this.seqr2drv = seqr2drv;
10    endfunction
11
12    virtual task main();
13      forever begin
14        seqr2drv.get(tr); // 使用信箱接收transaction
15        tr.print("driver");
16      end
17    endtask
18  endclass
```

　　如果不希望在访问信箱时出现阻塞，可以使用 try_get 和 try_peek 方法。如果执行成功，它们会返回一个非零值，否则返回 0。它们比 num 方法更可靠，因为在查询和访问信箱的时间间隔中，信箱中的事务数量可能会发生变化。

7.5.3　使用信箱交换事务

　　例7.21中使用信箱在序列发生器和驱动器间交换事务。使用 new 方法构造信箱时默认容量是 0，表示创建一个容量无限的信箱。任何大于 0 的容量都会创建一个有限信箱。如果试图放入的对象数量大于最大容量，则 put 方法会处于阻塞状态直到有对象从信箱中取出。

例 7.21　使用信箱交换事务

src/ch7/sec7.5/1/test.sv

```
 8  module automatic test();
 9    mailbox #(transaction) seqr2drv;
10    transaction blueprint;
11    sequencer seqr;
12    driver drv;
13
14    initial begin
15      seqr2drv = new();
16      blueprint = new();
17      seqr = new(seqr2drv);
18      drv = new(seqr2drv);
19      seqr.blueprint = blueprint;
20      seqr.num_trans = 4;
21      fork
22        seqr.main();
23        drv.main();
24      join
25    end
```

```
26  endmodule
```

从例7.21的运行结果可以看出，信箱成功地将序列发生器生成的事务发送到驱动器。虽然序列发生器和驱动器被放在 fork-join 块中，但 main 方法中都没有延迟语句，因此序列发生器先生成全部的事务对象，然后统一发送到驱动器。

例7.21的运行结果

```
sequencer: a=3, b=8
sequencer: a=11, b=6
sequencer: a=0, b=8
sequencer: a=11, b=4
driver: a=3, b=8
driver: a=11, b=6
driver: a=0, b=8
driver: a=11, b=4
```

7.6 进程同步

多数情况下由信箱连接的两个进程在运行时应该步调一致，这样生产方才不会领先消费方。要想实现两个进程的同步，除了信箱还需要使用握手信号。在例7.21中序列发生器和驱动器没有握手信号，结果显示在驱动器取出第一个事务前序列发生器已经把所有事务放进了信箱。这是因为一个进程在遇到阻塞语句之前会一直运行，而序列发生器进程恰好没有遇到阻塞语句。驱动器进程在首次调用 get 方法时就被阻塞了。

7.6.1 使用事件同步进程

握手信号可以使用事件实现。例7.22在例7.19中的序列发生器中插入了事件 handshake，在事务被放入信箱后进入阻塞状态，直到事件 handshake 被触发。代码中 transaction 类的定义见例7.2。

例 7.22 序列发生器类

src/ch7/sec7.6/1/sequencer.svh

```
4   class sequencer #(type T = transaction);
5     int unsigned num_trans;
6     T blueprint;
7     mailbox #(T) seqr2drv;
8     event handshake;
9
10    function new(input mailbox #(T) seqr2drv, input event handshake);
11      this.seqr2drv = seqr2drv;
```

```
12      this.handshake = handshake;
13    endfunction
14
15    virtual task main();
16      repeat (num_trans) begin
17        T tr;
18        tr = new();
19        assert(blueprint.randomize());
20        tr.copy(blueprint);
21        seqr2drv.put(tr); // 使用信箱发送transaction到driver
22        tr.print("sequencer");
23        @handshake;
24      end
25    endtask
26  endclass
```

驱动器在完成事务处理后触发事件 handshake，解除序列发生器的阻塞，从而实现序列发生器和驱动器的进程同步，如例7.23所示。

例 7.23   驱动器类

src/ch7/sec7.6/1/driver.svh

```
4   class driver #(type T = transaction);
5     mailbox #(T) seqr2drv;
6     T tr;
7     event handshake;
8
9     function new(input mailbox #(T) seqr2drv, input event handshake);
10      this.seqr2drv = seqr2drv;
11      this.handshake = handshake;
12    endfunction
13
14    virtual task main();
15      forever begin
16        seqr2drv.get(tr); // 使用信箱接收transaction
17        tr.print("driver");
18        ->handshake;
19      end
20    endtask
21  endclass
```

测试模块中只需要定义事件 handshake，并将它分别传入序列发生器和驱动器，如例7.24所示。

例 7.24   测试模块中使用事件同步进程

src/ch7/sec7.6/1/test.sv

```
8   module automatic test();
9     mailbox #(transaction) seqr2drv;
10    transaction blueprint;
11    sequencer seqr;
12    driver drv;
13    event handshake;
14
15    initial begin
16      seqr2drv = new();
17      blueprint = new();
18      seqr = new(seqr2drv, handshake);
19      drv = new(seqr2drv, handshake);
20      seqr.blueprint = blueprint;
21      seqr.num_trans = 4;
22      fork
23        seqr.main();
24        drv.main();
25      join;
26    end
27  endmodule
```

从例7.24的运行结果可以看出，序列发生器发送完一个事务后，会等待驱动器接收完成后再继续发送新事务。

例7.24的运行结果

```
sequencer: a=9, b=12
driver: a=9, b=12
sequencer: a=11, b=0
driver: a=11, b=0
sequencer: a=10, b=6
driver: a=10, b=6
sequencer: a=7, b=2
driver: a=7, b=2
```

7.6.2   使用信箱同步进程

握手信号也可以使用信箱实现，信箱对传递的数据类型没有特别要求。在例7.25中，sequencer 使用信箱 seqr2drv 的 put 方法向 driver 发送完事务对象后，使用信箱 handshake 的 get 方法等待 driver 的反馈。

例 7.25　序列发生器类

src/ch7/sec7.6/2/sequencer.svh

```
4   class sequencer #(type T = transaction);
5     int unsigned num_trans;
6     T blueprint;
7     mailbox #(T) seqr2drv;
8     mailbox #(byte) handshake;
9
10    function new(input mailbox #(T) seqr2drv, input mailbox #(byte) handshake);
11      this.seqr2drv = seqr2drv;
12      this.handshake = handshake;
13    endfunction
14
15    virtual task main();
16      repeat (num_trans) begin
17        T tr;
18        byte i;
19        tr = new();
20        assert(blueprint.randomize());
21        tr.copy(blueprint);
22        seqr2drv.put(tr); // 使用信箱发送transaction到driver
23        tr.print("sequencer");
24        handshake.get(i);
25      end
26    endtask
27  endclass
```

在例7.26中，driver 使用信箱 seqr2drv 的 get 方法接收到事务对象后，会使用信箱 handshake 的 put 方法向 sequencer 反馈一个 byte 类型的握手信号。

例 7.26　驱动器类

src/ch7/sec7.6/2/driver.svh

```
4   class driver #(type T = transaction);
5     T tr;
6     mailbox #(T) seqr2drv;
7     mailbox #(byte) handshake;
8
9     function new(input mailbox #(T) seqr2drv, input mailbox #(byte) handshake);
10      this.seqr2drv = seqr2drv;
11      this.handshake = handshake;
12    endfunction
13
```

```
14    virtual task main();
15      forever begin
16        seqr2drv.get(tr); // 使用信箱接收transaction
17        tr.print("driver");
18        handshake.put(1);
19      end
20    endtask
21 endclass
```

测试模块如例7.27所示。

例 7.27　使用信箱同步进程

src/ch7/sec7.6/2/test.sv

```
8  module automatic test;
9    mailbox #(transaction) seqr2drv;
10   mailbox #(byte) handshake;
11   transaction blueprint;
12   sequencer seqr;
13   driver drv;
14   initial begin
15     seqr2drv = new();
16     handshake = new();
17     blueprint = new();
18     seqr = new(seqr2drv, handshake);
19     drv = new(seqr2drv, handshake);
20     seqr.num_trans = 4;
21     seqr.blueprint = blueprint;
22     fork
23       seqr.main();
24       drv.main();
25     join;
26   end
27 endmodule
```

7.7　练　习　题

✍ **练习 7.1**　分析下面代码在使用 fork-join、fork-join_any 和 fork-join_none 块时的执行顺序和时间。

```
4  module automatic test;
5    initial begin
6      $display("@%0t: Line %0d, proc", $time, `__LINE__);
```

```
7     fork
8       begin
9         #20 $display("@%0t: Line %0d, subproc 1", $time, `__LINE__);
10        #20 $display("@%0t: Line %0d, subproc 1", $time, `__LINE__);
11      end
12      $display("@%0t: Line %0d, subproc 2", $time, `__LINE__);
13      #50 $display("@%0t: Line %0d, subproc 3", $time, `__LINE__);
14      begin
15        #30 $display("@%0t: Line %0d, subproc 4", $time, `__LINE__);
16        #10 $display("@%0t: Line %0d, subproc 4", $time, `__LINE__);
17      end
18    join // join_any or join_none
19    $display("@%0t: Line %0d, proc", $time, `__LINE__);
20    #80 $display("@%0t: Line %0d, proc", $time, `__LINE__);
21  end
22 endmodule
```

练习 7.2　在代码的指定位置使用或者不使用 wait fork 时，输出结果分别什么？

```
4  module automatic test;
5    initial begin
6      fork
7        transmit(1);
8        transmit(2);
9      join_none
10
11     fork: receive_fork
12       receive(1);
13       receive(2);
14     join_none
15     // wait fork; 使用前后输出结果有什么不同
16     #15 disable receive_fork;
17     $display("%0t: Done", $time);
18   end
19
20   task transmit(int index);
21     #10ns;
22     $display("%0t: Transmit is done for index = %0d", $time, index);
23   endtask
24
25   task receive(int index);
26     #(index * 10ns);
27     $display("%0t: Receive is done for index = %0d", $time, index);
```

```
28      endtask
29   endmodule
```

✍ **练习 7.3**　事件和任务 trigger 声明在测试模块中，给出测试模块为自动类型和静态类型时的输出？

```
4   module automatic test;
5     event e1, e2;
6     task trigger(event local_event, input time wait_time);
7       #wait_time;
8       ->>local_event;
9     endtask
10
11    initial begin
12      fork
13        trigger(e1, 10ns);
14        begin
15          wait(e1.triggered);
16          $display("%0t: e1 triggered", $time);
17        end
18      join
19    end
20
21    initial begin
22      fork
23        trigger(e2, 20ns);
24        begin
25          wait(e2.triggered);
26          $display("%0t: e2 triggered", $time);
27        end
28      join
29    end
30  endmodule
```

✍ **练习 7.4**　在下面的测试模块中创建任务 detect，该任务每间隔 10ns 尝试获取信号量 sem 的一把钥匙，共尝试 10 次，当钥匙合理时打印当前运行时间并结束任务。

```
4   module automatic test;
5     semaphore sem;
17
18    initial begin
19      fork
20        begin
```

```
21        sem = new(1);
22        sem.get(1);
23        #45ns;
24        sem.put(2);
25      end
26      detect();
27    join
28  end
29 endmodule
```

✍ **练习 7.5**　下面代码的输出结果是什么？

```
4  module automatic test;
5    mailbox #(int) mbx;
6    int value;
7    initial begin
8      mbx = new(1);
9      $display("mbx.num()=%0d", mbx.num());
10     $display("mbx.try_get=%0d", mbx.try_get(value));
11     mbx.put(2);
12     $display("mbx.try_put=%0d", mbx.try_put(value));
13     $display("mbx.num()=%0d",mbx.num());
14     mbx.peek(value);
15     $display("value=%0d", value);
16   end
17 endmodule
```

第 8 章

功能覆盖

随着设计越来越复杂，受约束的随机测试成为验证大型设计的唯一有效方法，而覆盖率驱动的验证（Coverage Driven Verification, CDV）成为不可或缺的有效验证手段。CDV 包含了代码覆盖（code anverage）和功能覆盖（function converage）。覆盖率实际上是一组验证信息，它反映了 DUT 的代码和功能等是否在测试中被覆盖全面。

对于许多复杂设计而言，验证很难达到 100% 的功能覆盖率，这时就需要按照图8.1中的反馈环路不断分析功能覆盖率并采取相应的行动，直到功能覆盖率达到 100%。具体的步骤如下。

1. 如果功能覆盖率稳步增长，就应该继续使用更多的随机种子或者更长的时间运行现有的测试。

2. 如果功能覆盖率增长放缓，就应该根据覆盖盲区，添加额外的约束来产生更多有针对性的激励。

3. 如果功能覆盖率已经稳定，但设计仍未被完全覆盖，应该建立更多的定向测试。

最后在功能覆盖率接近 100% 时检查设计的错误率。如果还可以找到错误，说明设计中某些区域的真实覆盖率可能没有被测量到。不要急着想要达到 100% 的功能覆盖率，这只是说明在所有常见的区域查找了错误。当尝试验证整个设计时，应该在激励空间中进行更多的随机游走，这可以创造很多预期之外的组合。

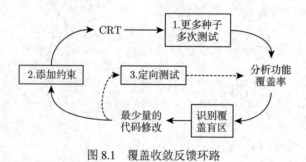

图 8.1　覆盖收敛反馈环路

8.1　覆盖类型

仿真工具在运行测试时执行覆盖信息收集，在仿真结束后对覆盖信息进行汇总生成覆盖报告。在报告中可以快速地查找到覆盖盲区，然后对现有测试类进行针对性修改，或者创建新的测试类来覆盖这些盲区。以覆盖报告作为驱动的迭代过程会一直持续直到覆盖率达到要求为止。覆盖通常包括代码覆盖和功能覆盖。

8.1.1　代码覆盖

代码覆盖是衡量验证进度的最简单的方式之一，它从如下几个方面统计代码的覆盖。

1. 行覆盖（line coverage）：即 DUT 的所有有效代码是否都被执行过（即覆盖）。例8.1中有效代码为非阻塞赋值那一行，如果这行代码被执行过，那么这个模块的行覆盖就是 100%。

2. 条件覆盖（condition coverage）：条件覆盖和分支覆盖很容易混淆，条件覆盖指可能进入某个分支的所有条件的组合都应该被遍历到。

3. 状态机覆盖（FSM coverage）：即状态机里所有可能发生的状态跳转都要被遍历到。

4. 分支覆盖（branch coverage）：即 DUT 的所有模块的每个条件分支是否有被执行过（包括 if、else 和 case 语句等）。

5. 翻转覆盖（toggle coverage）：即 DUT 的每个模块的信号（包括端口信号和内部信号）是否有被翻转过（即每个信号都从 0 到 1 或从 1 到 0 变化过）。例如异步复位信号 rst_n 只从 0 到 1 翻转过，但没有从 1 到 0 翻转过，那么这个信号没有被翻转覆盖。

6. 断言覆盖（assertion coverage）：断言是用于监控信号在逻辑上或者时序上是否运行正确的声明性代码。断言覆盖就是统计测试平台中的所有断言是否被执行过。

代码覆盖是验证工作中必须要做的工作，因为只要一行代码或一个逻辑没有被执行过，就无法真正判断整个设计是否会正确工作。但是代码覆盖不能用来衡量验证计划的完成进度。原因是设计代码有可能并没有实现设计规范的全部功能，或者设计人员由于理解设计规范有误而编写了包含功能错误的代码。大多数仿真软件都自带了代码覆盖分析功能。

例8.1描述了一个缺失异步复位操作的 DUT 模块。

例 8.1　DUT 中缺失异步复位操作

src/ch8/sec8.1/1/dut.sv

```
4   module adder #(parameter WIDTH = 4) (
5     input clk,
6     input rst_n,
7     input [WIDTH-1:0] a,
8     input [WIDTH-1:0] b,
9     output reg [WIDTH:0] sum);
10
11    always @(posedge clk, negedge rst_n) begin
12      sum <= a + b;
13    end
14  endmodule
```

DUT 的测试模块如例8.2所示，测试模块中约束激励 a 和 b 的取值都小于 8。施加足够多的激励后，代码覆盖工具会正确报告 DUT 模块中 a 和 b 的最高位没有发生过翻转。同时给出了

100% 的行覆盖率，这意味着代码覆盖无法发现 DUT 模块中缺失的功能。这种错误只能依靠功能验证发现，如果验证计划包括了验证复位的功能要求，就可以通过功能覆盖发现这个错误。

例 8.2　测试模块中约束 a 和 b 的取值都小于 8

src/ch8/sec8.1/1/test.sv

```
4   module automatic test #(parameter WIDTH = 4) (
5     input logic clk,
6     input logic rst_n,
7     input logic [WIDTH:0] sum,
8     output logic [WIDTH-1:0] a,
9     output logic [WIDTH-1:0] b);
10
11    initial begin
12      $monitor("@%0t, rst_n=%0d", $time, rst_n);
13      @(posedge rst_n);
14      repeat(5) begin
15        @(posedge clk);
16        a <= $urandom_range(0, 4'h7);
17        b <= $urandom_range(0, 4'h7);
18        $display("@%0t, a=%0d, b=%0d, sum=%0d", $time, a, b, sum);
19      end
20      $finish();
21    end
22  endmodule
```

默认情况下测试平台不会收集代码覆盖。开启代码覆盖收集需要修改附录中的 Makefile 文件，添加仿真选项 "-cm line+cond+fsm+tgl+branch+assert"。进行回归测试时，测试平台会产生多个包含代码覆盖和功能覆盖的数据库文件，它们最终会被汇总到一个扩展名为 vdb 的数据库中，查看这个汇总数据库可以清晰地看到验证平台中还存在哪些覆盖盲区。

8.1.2　功能覆盖

验证的目的是确保设计在实际环境中的正常运转。设计规范里详细说明了设备应该如何运行，而验证计划则列出了相应的功能的验证过程（激励、验证和测量）。当收集哪些功能已被覆盖的测量数据时，其实是在计算"设计功能"的覆盖率。例如，存储器的验证计划除了涉及它的数据存储外，还应该检查它如何被复位到一个已知状态。在测试这两个设计特性之前，不能达到 100% 的功能覆盖率。

功能覆盖和设计意图紧密相连，有时也被称为规范覆盖。而代码覆盖则是衡量 RTL 代码是否被执行过，也称为实现覆盖。代码覆盖率达到 100% 并不能证明功能的完整性。功能覆盖是本章接下来讨论的重点。

8.2　覆盖组和覆盖点

覆盖组是一种自定义类型，通常被定义在 package、module、interface 或 class 中。覆盖组在不同的环境下可以被例化多次。覆盖组和类相似，它必须使用 new 函数例化后才可以使用。覆盖组包含了覆盖模型的规范，一个覆盖组可以包含如下内容。

1. 可选的触发条件。
2. 一个或多个覆盖点。
3. 覆盖点间的交叉覆盖。
4. 可选的形式参数。
5. 覆盖选项。

覆盖组中的所有覆盖点在同一时间被采样。在测试平台中，覆盖组应该被定义在合适的抽象层级上，例如，定义在测试平台和 DUT 的边界上，在读写数据的事务处理器中，以及在环境配置类中或者任何需要的地方。注意对任何事务的采样都必须等到数据被 DUT 接收以后才可以进行。

8.2.1　模块中的覆盖组

在测量功能覆盖率的过程中，首先需要编写与验证计划相对应的测试模块，然后在测试模块中的合适位置对相关的变量和表达式进行采样，这些采样的位置被称为覆盖点。同一时间点上的多个覆盖点全部被放在一个覆盖组中。

如果没有特别强调，本章中使用的事务类指的是例6.1中的 transaction 类。假定验证计划要求事务类中属性 a 的所有可能值都被测试到，下面按照验证计划在测试模块中使用覆盖组收集功能覆盖，如例8.3所示。测试模块中使用覆盖组的过程如下。

1. 在测试模块中使用关键字 covergroup 定义覆盖组 cg。
2. 在覆盖组中使用关键字 coverpoint 定义覆盖点 track_a，该覆盖点用于采样事务对象中的属性 a，其中覆盖点名 track_a 可以省略。在覆盖组中指定覆盖点或交叉覆盖后，仿真器使用仓（bin）记录每个可能取值被采样到的次数。例子中仿真器会根据属性 a 的数据位宽自动创建 16 个仓，每个仓包含一个可能取值。
3. 设置覆盖选项。覆盖组、覆盖点和交叉覆盖都内置了两种覆盖选项，分别是实例选项 option 和类型选项 type_option，它们的详细解释见8.6节。例8.3中设置了覆盖组的 option，它会作用于这个覆盖组实例中的所有覆盖点和交叉覆盖。option 的成员 at_least 默认值为 1，当一个仓中的数值被采样到 at_least 次后，就认为这个仓被命中（hit）。
4. 定义覆盖组句柄 cgi，并调用 new 函数例化，覆盖组必须被例化后才能使用。
5. 使用覆盖组的内置方法 sample 收集功能覆盖，稍后会介绍更多触发覆盖组的方法。

例 8.3　模块中的功能覆盖组

src/ch8/sec8.2/1/test.sv

```
6  module automatic test;
7    transaction tr;
```

```
8
9    covergroup cg; // 定义覆盖组
10     track_a: coverpoint tr.a; // 定义覆盖点
11     option.at_least = 1; // 设置覆盖选项
12   endgroup
13
14   initial begin
15     cg cgi; // 定义覆盖组句柄
16     cgi = new(); // 例化覆盖组
17     repeat (32) begin
18       tr = new();
19       assert(tr.randomize());
20       tr.print();
21       cgi.sample(); // 收集覆盖
22     end
23   end
24 endmodule
```

运行测试后，例8.3的功能覆盖报告显示当前测试模块中覆盖组的覆盖率是81.25%（不同仿真软件运行结果会不同），说明属性 a 的所有可能取值没有被全部覆盖。提高功能覆盖率最简单的方法是发送更多的随机事务，将 repeat 语句的循环次数提高到 128 后，功能覆盖率就达到了100%。另外使用新的种子（见6.1.6节）可能在发送很少的事务后就能达到100%的功能覆盖率。在实际验证中，随着功能点被命中越来越多，功能覆盖率可能会进入稳定期不再增长。即使测试更长时间，或者使用更多随机种子，还会存在少数没有被命中过的覆盖点。这说明当前测试平台所创建的激励并不合适，可能需要尝试新的验证策略。覆盖报告中最重要的部分就是那些未命中的覆盖点。

例8.3的功能覆盖报告

```
Tests
Total Coverage Summary
SCORE   GROUP
 81.25  81.25
Total tests in report: 1
```

8.2.2 类中的覆盖组

在测试模块中采样事务类中的属性会破坏类的封装，更合理的做法是将覆盖组定义在类的内部。例8.4在序列发生器类 sequencer 中定义覆盖组 cg，类中定义的覆盖组属于嵌入式覆盖组，只能在类的构造方法中创建，而非嵌入式覆盖组可以在运行过程中的任意时间创建。嵌入式覆盖组可以直接使用，不需要定义覆盖组句柄，在 main 方法中直接使用覆盖组名 cg 调用覆盖组的内置方法 sample 收集属性 a 的功能覆盖。

例 8.4　在类中定义功能覆盖组

src/ch8/sec8.2/2/sequencer.svh

```
4   class sequencer #(type T = transaction);
5     int unsigned num_trans;
6     T tr;
7
8     covergroup cg; // 定义覆盖组
9       track_a: coverpoint tr.a; // 定义覆盖点
10    endgroup
11
12    function new();
13      cg = new(); // 例化覆盖组
14    endfunction
15
16    virtual task main();
17      tr = new();
18      repeat (num_trans) begin
19        assert(tr.randomize());
20        tr.print("sequencer");
21        cg.sample(); // 收集覆盖
22      end
23    endtask
24  endclass
```

测试模块如例8.5所示，sequencer 对象的属性 num_trans 被设置为 32，它决定 main 方法中 repeat 语句的循环次数。

例 8.5　测试模块

src/ch8/sec8.2/2/test.sv

```
7   module automatic test;
8     initial begin
9       sequencer seqr;
10      seqr = new();
11      seqr.num_trans = 32;
12      seqr.main();
13    end
14  endmodule
```

8.2.3　条件覆盖

使用关键字 iff 可以向覆盖点添加条件，只有条件满足时覆盖点才会执行采样，这种做法最常用于在复位期间关闭覆盖点，如例8.6所示。异步复位信号 rst_n 为 1 时覆盖点才会采样属性 a

的值。使用覆盖组内置的 start 和 stop 方法可以方便地打开或关闭整个覆盖组实例的采样。

例 8.6　条件覆盖，复位期间禁止采样
src/ch8/sec8.2/3/test.sv

```
7   module automatic test(intf i_intf);
8     transaction tr;
9
10    covergroup cg;
11      coverpoint tr.a iff (i_intf.rst_n);
12    endgroup
13
14    initial begin
15      cg cgi;
16      cgi = new();
17      @(posedge i_intf.rst_n);
18      repeat (32) begin
19        cgi.stop(); // 停止覆盖收集
20        tr = new();
21        assert(tr.randomize());
22        tr.print();
23        cgi.start(); // 启动覆盖收集
24        cgi.sample();
25      end
26      $finish();
27    end
28  endmodule
```

8.3　覆盖组的触发

功能覆盖的主要内容包括采样数据和采样触发条件。当新数据准备好时（例如发送完一个事务），测试平台便会触发覆盖组。触发覆盖组的主要方式如下。

1. 如果代码中不存在标识何时采样的信号或事件，或者一个覆盖组中有多个实例需要独立触发，这时应该使用 sample 方法显式触发覆盖。
2. 如果想借助已有事件或信号来触发覆盖，可以在覆盖组中使用覆盖事件。覆盖事件使用"@"操作符阻塞信号或事件。

8.3.1　使用 sample 方法触发覆盖组

前面例子中已经介绍了 sample 方法的显示调用。实际上 sample 方法也可以被重定义。例8.7在定义覆盖组 cg 的同时使用关键字 with function 重定义了 sample 方法，添加了输入参数 a，注意输入参数只能在覆盖点和交叉覆盖中使用，不能用于覆盖选项的设置。对应的测试模块见例8.5。

例 8.7 重定义 sample 方法

src/ch8/sec8.3/1/sequencer.svh

```
4   class sequencer #(type T = transaction);
5     int unsigned num_trans;
6     T tr;
7
8     covergroup cg with function sample(input bit [3:0] a); // 重写sample方法
9       track_a: coverpoint a;
10    endgroup
11
12    function new();
13      cg = new(); // 例化覆盖组
14    endfunction
15
16    virtual task main();
17      tr = new();
18      repeat (num_trans) begin
19        assert(tr.randomize());
20        tr.print("sequencer");
21        cg.sample(tr.a); // 收集覆盖
22      end
23    endtask
24  endclass
```

8.3.2 使用事件触发覆盖组

覆盖组可以使用事件触发，例8.8在 sequencer 类中定义了事件 done，并且将这个事件加入到覆盖组 cg 的敏感信号列表中。在 main 方法中触发事件 done 时覆盖组 cg 将会执行采样。测试模块见例8.5。

例 8.8 使用事件触发覆盖组

src/ch8/sec8.3/2/sequencer.svh

```
4   class sequencer #(type T = transaction);
5     int unsigned num_trans;
6     T tr;
7     event done; // 定义事件
8
9     covergroup cg @(done); // 定义覆盖组，将事件加入敏感列表
10      track_a: coverpoint tr.a; // 定义覆盖点
11    endgroup
```

```
12
13    function new();
14      cg = new(); // 例化覆盖组
15    endfunction
16
17    virtual task main();
18      tr = new();
19      repeat (num_trans) begin
20        assert(tr.randomize());
21        tr.print("sequencer");
22        ->>done; // 触发事件
23      end
24    endtask
25  endclass
```

8.3.3 使用断言触发覆盖组

覆盖组也可以使用断言触发。在例8.9中使用 cover property 语句定义断言，规定在时钟上升沿到来且总线写使能 bus.wen 等于 1 时，调用覆盖组的 sample 方法采样总线写数据 bus.wdata。cover property 语句中的表达式结果为 0 时并不会报错。

例 8.9　使用断言触发覆盖组
src/ch8/sec8.3/3/test.sv

```
4   interface simple_bus (input bit clk); // 接口
5     logic wen;
6     logic [3:0] wdata;
7   endinterface
8
9   module automatic test(simple_bus bus);
10    covergroup cg; // 定义覆盖组
11      coverpoint bus.wdata; // 定义覆盖点
12    endgroup
13
14    cg cgi; // 定义覆盖组句柄
15
16    cover property (@(posedge bus.clk) bus.wen == 1) // 断言触发覆盖组
17      cgi.sample;
18
19    initial begin
20      cgi = new(); // 创建覆盖组实例
21      repeat (32) begin
```

```
22        @(posedge bus.clk);
23        bus.wen <= $urandom_range(0, 1);
24        bus.wdata <= $urandom_range(0, 15);
25        $display("wen=%0d, wdata=%0d", bus.wen, bus.wdata);
26      end
27      $finish();
28    end
29  endmodule
30
31  module top_tb();
32    bit clk;
33
34    initial begin
35      forever #50 clk = ~clk;
36    end
37
38    simple_bus bus(clk);
39    test i_test(bus);
40  endmodule
```

8.3.4　使用回调触发覆盖组

　　使用回调（callback）技术可以方便地将功能覆盖集成到测试平台中，从而建立一个不限定覆盖采样位置和时间的测试平台。使用回调技术时，每个覆盖组都可以被抽象成一个独立的回调类，将回调类添加到测试平台的开销很小。回调技术比信箱更适合用于连接测试平台和覆盖对象。回调技术详见 9.5 节。

8.4　仓

　　为了计算一个覆盖点的功能覆盖率，仿真器首先确定覆盖点的可能取值范围，也被称为值域（domain）。然后按照约束创建一些仓，将值域中的数值分配到这些仓中，每个仓可能包含一个或多个可能取值。仓是衡量功能覆盖率的基本单位，在仿真时只要仓中数值被采样到的次数满足要求，就认为这个仓被命中。每执行一次仿真会生成一个新的数据库，数据库中包含本次仿真时所有被命中的仓。使用分析工具汇总所有的数据库生成总体的覆盖报告，报告中包含设计的各个部分和总体的覆盖率。

8.4.1　创建仓

　　关键字 bins 用于在覆盖点中创建一个或多个仓，它的使用方式如例8.10所示。注意覆盖点的附加信息使用大括号 {} 分组。

1. 单独使用 bins 可以创建一个仓，例子中仓 zero 包含数值 0。
2. 使用 bins 加方括号 [N] 可以创建 N 个仓。例子中 bins lo[3] 会创建 3 个仓。
3. 使用 bins 加空方括号 [] 可以为每个采样值创建一个仓。例子中 bins hi[] 会创建 8 个仓，用于记录采样值 [8:15] 的命中次数。"$" 在范围表达式中表示取值范围上限。
4. 使用关键字 default 定义独立的默认仓 misc，它不参与覆盖率的计算，默认仓在捕获未计划的或无效的值时非常有用。

例 8.10　指定仓名
src/ch8/sec8.4/1/sequencer.svh

```
8   covergroup cg; // 覆盖组
9     track_a: coverpoint tr.a // 覆盖点
10    {
11      bins zero = {0}; // 为0创建1个仓
12      bins lo[3] = {[1:2], 3}; // 为数值1-3创建3个仓
13      bins hi[] = {[8:$]}; // 为数值8-15创建8个仓
14      bins misc = default; // 创建默认仓
15    }
16  endgroup
```

使用 bins 手动定义仓时，应该将感兴趣的全部数值都放在仓中，因为此时仿真器不会再自动创建仓，它会忽略掉不在仓中的数值，只使用已经被创建的仓计算功能覆盖率。

8.4.2　通用覆盖组

有些覆盖组的功能类似，只是被采样的变量或覆盖特性略有不同。这时可以选择定义一个通用覆盖组（generic coverage group），然后在例化时指定被采样的变量和相应的覆盖特性。通用覆盖组属于非嵌入式覆盖组，它可以在运行过程中的任意时间创建。

下面在例8.11中定义通用覆盖组 cg，注意它使用引用的方式指定被采样的变量，采用值传递的方式指定其他参数。在方法 main 中创建覆盖组实例 cga 和 cgb 对随机属性 a 和 b 进行采样，即使用通用覆盖组中的同一个覆盖点对多个随机属性采样。覆盖组中设置覆盖实例选项 option.per_instance 为 1，这样各个覆盖组实例的覆盖率会被分开统计。如果不设置该选项，则覆盖组的所有实例会被叠加在一起进行统计。

例 8.11　使用通用覆盖组采样多个随机属性
src/ch8/sec8.4/2/sequencer.svh

```
4   covergroup cg (ref bit [3:0] a, input int mid);
5     option.per_instance = 1;
6     coverpoint a
7     {
8       bins lo = { [0:mid-1] };
9       bins hi = { [mid:$] };
10    }
```

```
11  endgroup
12
13  class sequencer #(type T = transaction);
14    int unsigned num_trans;
15    T tr;
16    cg cga, cgb;
17
18    virtual task main();
19      tr = new();
20      cga = new(tr.a, 7);
21      cgb = new(tr.b, 9);
22      repeat (num_trans) begin
23        assert(tr.randomize());
24        tr.print("sequencer");
25        cga.sample();
26        cgb.sample();
27      end
28    endtask
29  endclass
```

8.4.3　表达式的采样

在覆盖点中使用表达式时要留意结果的数据位宽对仓的影响。下面使用例8.12替换例8.4中的同名覆盖组，在覆盖点 sum0 中，属性 a 和 b 相加后可能会产生进位，因此需要扩展求和结果的数据位宽。编译器根据求和结果的数据位宽自动创建了 32 个仓，值域为 0~31，但实际的求和结果不会产生 31。因此无论测试平台运行多久，覆盖点 sum0 的覆盖率最高只能达到 96.88%。可以使用如下的方法修正错误的覆盖率。

1. 在覆盖点 sum1 中使用关键字 bins 定义 31 个仓，排除掉数值 31。
2. 在覆盖点 sum2 中使用 with 语句约束 bins 选择小于 31 的所有值。

例 8.12　在覆盖点中使用表达式

src/ch8/sec8.4/3/sequencer.svh

```
8   covergroup cg; // 覆盖组
9     coverpoint tr.a; // 覆盖点
10    sum0: coverpoint (tr.a + tr.b + 5'b0); // 32个仓
11    sum1: coverpoint (tr.a + tr.b + 5'b0) { bins valid[] = {[0:30]}; } // 31个仓
12    sum2: coverpoint (tr.a + tr.b + 5'b0) { bins all[] = {[0:31]} with (item < 31);
      } // 31个仓
13  endgroup
```

自动生成的仓适用于匿名数据值，如计数值、地址值或 2 的幂值。对于重要的数据值，应该使用有名字的仓以提高准确度并易于覆盖报告的分析。SystemVerilog 会自动为枚举类型变量对应的仓命名，但对于其他类型变量，需要手动指定仓的名字。

8.4.4 限制仓的个数

在例8.4中，仿真器会创建 16 个仓容纳属性 a 的 16 个可能取值，即每个仓包含一个可能取值。覆盖点的覆盖率等于被覆盖的仓的个数除以仓的总数。如果在仿真过程中有 8 个仓被覆盖，那么这个覆盖点的功能覆盖率是 50%。

覆盖实例选项 option 的成员 auto_bin_max 用于手动设置仓的最大数目，它的默认值是 64。如果覆盖点的可能取值个数大于 auto_bin_max，仿真器会将可能取值平均分配给每个仓。下面使用例8.13替换例8.4中的同名覆盖组，在覆盖点中设置 auto_bin_max 等于 2，则该覆盖点中属性 a 的 16 个可能取值被平均分配在两个仓中，其中第一个仓包含数值 0~7，第二个仓包含数值 8~15。如果在仿真过程中只采样到数值 1，则第一个仓被覆盖，这时这个覆盖点的覆盖率是 50%。

例 8.13 将覆盖点的最大仓数设置为 2

src/ch8/sec8.4/4/sequencer.svh

```
8   covergroup cg; // 定义覆盖组
9     track_a: coverpoint tr.a { option.auto_bin_max = 2; } // 设置覆盖点的最大仓数
10  endgroup
```

在覆盖组中设置 auto_bin_max 后，它将作用于覆盖组中的所有覆盖点，如例8.14所示。在实际项目中尽量不要将过多的可能取值放在一个仓中，这样会增加寻找覆盖盲区的难度。仓包含的可能取值个数等于 8 或 16 会更好。

例 8.14 在覆盖组中设置 option

src/ch8/sec8.4/5/sequencer.svh

```
8   covergroup cg; // 定义覆盖组
9     track_a: coverpoint tr.a; // 定义覆盖点
10    option.auto_bin_max = 2; // 设置所有覆盖点的最大仓数
11  endgroup
```

8.4.5 创建忽略仓和非法仓

在覆盖点的附加信息中使用 ignore_bins 创建忽略仓，忽略仓不参与覆盖率的计算。使用例8.15替换例8.4中的同名覆盖组，覆盖点 sum1 使用关键字 bins 创建了 32 个仓，然而数值 31 被放在了忽略仓中，所以最终只创建了 31 个仓。

有些采样值应该被忽略，并且如果出现还应该报错，这时应该使用 illegal_bins 对仓进行标识。在例8.15中，覆盖点 sum2 使用 auto_bin_max 创建了 32 个仓，然而数值 31 被放在了非法仓中，所以最终只创建了 31 个仓。使用 illegal_bins 既可以捕捉错误结果，又可以检查仓的准确性，如果非法仓被覆盖，就意味着测试平台或者仓定义出现了问题。

例 8.15 使用 auto_bin_max 和 ignore_bins 的覆盖点

src/ch8/sec8.4/6/sequencer.svh

```
8    covergroup cg; // 覆盖组
9      sum1: coverpoint (tr.a + tr.b + 5'b0) // 覆盖点
10     {
11       bins all[] = { [0:31] }; // 32个仓
12       ignore_bins ignore = {31}; // 忽略仓
13     }
14     sum2: coverpoint (tr.a + tr.b + 5'b0) // 覆盖点
15     {
16       option.auto_bin_max = 32; // 32个仓
17       illegal_bins ignore = {31}; // 非法仓
18     }
19   endgroup
```

8.4.6　枚举变量与仓

收集枚举变量的覆盖时，枚举变量的每个枚举值都对应一个仓，且选项 auto_bin_max 不起作用。如例8.16所示。

例 8.16 收集枚举变量的覆盖

```
1    typedef enum {IDLE, INIT, DECODE} fsmstate_e;
2    fsmstate_e pstate, nstate;
3
4    covergroup state_cg;
5      coverpoint pstate;
6    endgroup
```

8.4.7　转换覆盖

覆盖点中还可以指定变量的数值转换。使用例8.17替换例8.4中的同名覆盖组。例子中第一个 bins 结构用来查询属性 a 是否从 0 变为 1、2 或 3，对应 3 个转换仓。第二个 bins 结构使用表达式 (0, 2 => 1, 3) 创建了 4 个转换过程，分别是 (0 => 1)、(0 => 3)、(2 => 1) 和 (2 => 3)，对应 4 个转换仓。

例 8.17 在覆盖点中指定变量的数值转换

src/ch8/sec8.4/7/sequencer.svh

```
8    covergroup cg; // 覆盖组
9      track_a: coverpoint tr.a // 覆盖点
10     {
11       bins to_nozero = (0 => 1), (0 => 2), (0 => 3); // 转换覆盖
```

```
12        bins to_odd    = (0, 2 => 1, 3); // 转换覆盖
13    }
14  endgroup
```

转换覆盖中对转换长度没有限定，但是转换过程中每个状态只能被采样一次。例如 (0 => 1 => 2) 与 (0 => 1 => 1 => 2) 并不等价。后者状态 1 需要被重复采样两次，也可以使用缩略形式 (0 => 1[*2] => 2) 代替。如果需要对数值 1 重复采样 3、4 或 5 次，可以使用 (0 => 1[*3:5] => 2)。

8.4.8　通配符仓

使用关键字 wildcard 可以创建通配符仓。在表达式中任何 x、z 或? 都会被当成 0 或 1 的通配符。使用例8.18替换例8.4中的同名覆盖组，覆盖点 track_a 创建了两个仓，一个仓包含全部的偶数值，另一个仓包含全部的奇数值。

例 8.18　覆盖点的通配符仓

src/ch8/sec8.4/8/sequencer.svh

```
8   covergroup cg; // 覆盖组
9     track_a: coverpoint tr.a // 覆盖点
10    {
11      wildcard bins even = {4'b???0}; // 通配符仓
12      wildcard bins odd  = {4'b???1}; // 通配符仓
13    }
14  endgroup
```

8.5　交 叉 覆 盖

一个覆盖点记录了单个变量或表达式的可能值。而交叉覆盖用于同时测量两个或多个覆盖点的可能值。当测量两个变量的交叉覆盖时，如果两个变量分别有 N 和 M 种取值，则需要N×M个仓来存储所有的组合。

8.5.1　建立交叉覆盖

cross 结构用来记录一个覆盖组中两个或两个以上覆盖点的组合值。使用例8.19替换例8.4中的同名覆盖组，覆盖组 cg 建立了覆盖点 track_a 和 track_b 的交叉覆盖，产生了 256 个可能取值。可以看到，一个简单的交叉覆盖也会产生大量的可能取值。

例 8.19　在覆盖组中定义交叉覆盖

src/ch8/sec8.5/1/sequencer.svh

```
8   covergroup cg;
9     track_a: coverpoint tr.a;
10    track_b: coverpoint tr.b;
```

```
11    cross track_a, track_b; // 交叉覆盖
12  endgroup
```

8.5.2　binsof 和 intersect 结构

cross 结构只能操作简单的覆盖点，更精细的交叉覆盖操作应该围绕覆盖点中的仓展开。假设测试平台要采样事务类中属性 a 和 b 的 3 种组合状态，分别是 (a==0, b==0)、(a==1, b==0) 和 (b==1)。首先应该在覆盖点中为这些感兴趣的数值创建对应的仓，如例8.20所示，覆盖点 track_a 中创建了仓 a0 和 a1，覆盖点 track_b 中创建了仓 b0 和 b1。接下来在交叉覆盖中使用 binsof 结构生成 3 个新的交叉仓 a0b0、a1b0 和 b1，现在使用这些交叉仓就可以收集到想要的功能覆盖率。注意 binsof 结构使用的表达式应该是一个覆盖点或一个仓。例子中将覆盖点的权重设置为 0，它们不参与覆盖组实例的功能覆盖率计算。

例 8.20　使用 binsof 结构生成新的交叉仓

src/ch8/sec8.5/2/sequencer.svh

```
8   covergroup cg;
9     track_a: coverpoint tr.a
10    {
11      bins a0 = {0};
12      bins a1 = {1};
13      option.weight=0; // 此覆盖点的权重为0
14    }
15    track_b: coverpoint tr.b
16    {
17      bins b0 = {0};
18      bins b1 = {1};
19      option.weight=0; // 此覆盖点的权重为0
20    }
21    cross_ab: cross track_a, track_b
22    {
23      bins a0b0 = binsof(track_a.a0) && binsof(track_b.b0);
24      bins a1b0 = binsof(track_a.a1) && binsof(track_b.b0);
25      bins b1   = binsof(track_b.b1);
26    }
27  endgroup
```

binsof 结构可以和 intersect 结构配合使用，后者用来设置覆盖点的数值子集，即 binsof 结构生成的仓可以使用 intersect 进行二次筛选或排除。例8.21使用 intersect 结构实现了和例8.20相同的功能。注意 binsof 结构使用的是小括号 ()，而 intersect 结构使用大括号 {} 指定一个取值范围。

例 8.21　使用 intersect 结构设置覆盖点的数值子集

src/ch8/sec8.5/3/sequencer.svh

```
8    covergroup cg;
9      track_a: coverpoint tr.a { option.weight=0; } // 此覆盖点权重为0
10     track_b: coverpoint tr.b { option.weight=0; } // 此覆盖点权重为0
11     cross_ab: cross track_a, track_b
12     {
13       bins a0b0 = binsof(track_a) intersect {0} && binsof(track_b) intersect {0};
14       bins a1b0 = binsof(track_a) intersect {1} && binsof(track_b) intersect {0};
15       bins b1   = binsof(track_b) intersect {1};
16     }
17   endgroup
```

更复杂的例子如例8.22所示，交叉覆盖产生了 4 个交叉仓，分别是 <a0,b0>、<a0,b1>、<a1,b0> 和 <a1,b2>。在交叉仓 c0 中，指定 c0 不包括覆盖点 track_a 中取值大于 5 的仓，这个选择表达式排除了仓 a1。因此 c0 只包含 <a0,b0> 和 <a0,b1>。在交叉仓 c1 中，指定 c1 包括仓 a0 或 b1。因此 c1 包括 <a0,b0>、<a0,b1> 和 <a1,b1>，排除了 <a1,b0>。在交叉仓 c2 中，指定 c2 只包括仓 a0 和 b1。因此 c2 只包括 <a0,b1>。

例 8.22　使用 binsof 结构生成新的交叉仓

src/ch8/sec8.5/4/sequencer.svh

```
8    covergroup cg; // 覆盖组
9      track_a: coverpoint tr.a // 覆盖点
10     {
11       bins a0 = {[0:3]};  // 为数值0-3创建1个仓
12       bins a1 = {[8:11]}; // 为数值8-11创建1个仓
13       bins misc = default; // 默认仓
14     }
15     track_b: coverpoint tr.b
16     {
17       bins b0 = {[0:3]};
18       bins b1 = {[8:11]};
19       bins misc = default;
20     }
21     cross track_a, track_b
22     {
23       bins c0 = !binsof(track_a) intersect {[6:$]}; // 注意取反操作符
24       bins c1 = binsof(track_a.a0) || binsof(track_b.b1); // 排除<a1,b0>
25       bins c2 = binsof(track_a.a0) && binsof(track_b.b1); // 只包含<a0,b1>
26     }
27   endgroup
```

在交叉覆盖中，ignore_bins 结构用来减少仓的个数，其中 binsof 结构用来指定被忽略的覆盖点或仓。使用例8.23替换例8.4中的同名覆盖组，忽略仓 ignore0 排除覆盖点 track_b 中采样值等于 7 的仓。忽略仓 ignore1 排除覆盖点 track_a 中采样值介于 [9:11] 且覆盖点 track_b 中采样值等于 0 的仓。ignore_bins 还可以使用覆盖点中已经定义的仓。忽略仓 ignore2 排除了仓 lo。

例 8.23　使用 binsof 结构生成新的忽略仓

src/ch8/sec8.5/5/sequencer.svh

```
8    covergroup cg;
9      track_a: coverpoint tr.a
10     {
11       bins zero = {0};
12       bins lo[2] = {[1:2], 3, 4};
13       bins hi[] = {[8:$]};
14       bins misc = default; // 默认仓不参与覆盖计算
15     }
16     track_b: coverpoint tr.b;
17     cross track_a, track_b // 交叉覆盖
18     {
19       ignore_bins ignore0 = binsof(track_b) intersect {7}; // 忽略仓
20       ignore_bins ignore1 = binsof(track_a) intersect {[9:11]} && binsof(track_b)
       intersect {0};
21       ignore_bins ignore2 = binsof(track_a.lo);
22     }
23   endgroup
```

8.6　覆盖选项

覆盖选项用来控制覆盖组、覆盖点和交叉覆盖的行为。覆盖选项主要包括两类：

1. 实例选项（instance option）：每个覆盖组实例及其内部的覆盖点和交叉覆盖都内置了自动类型的 option，用于控制当前覆盖组实例。

2. 类型选项（type option）：覆盖组、覆盖点和交叉覆盖都内置了静态类型的 type_option，用来控制整个覆盖组。

8.6.1　实例选项

实例选项 option 覆盖组实例的不同层级中包含不同的选项名，如表8.1所示。在覆盖组实例中，一些高层级的选项名会影响低层级的同名选项名。例如，覆盖组实例层级的选项名 option.at_least 会影响其内部各个覆盖点和交叉覆盖的 option.at_least。

表 8.1　option 包含的选项名

选项名	覆盖组	覆盖点	交叉覆盖
name	有	无	无
weight	有	有	有
goal	有	有	有
comment	有	有	有
at_least	有（影响低层级）	有	有
auto_bin_max	有（影响低层级）	有	无
cross_num_print_missing	有（影响低层级）	无	有
detect_overlap	有（影响低层级）	有	无
per_instance	有	无	无
get_inst_coverage	有	无	无

1. name：设置覆盖组实例的名字，如果不设置，编译器会自动为每个实例生成不重复的名字。
2. weight：设置覆盖组实例及其内部覆盖点和交叉覆盖的权重值，默认值为1。
3. goal：设置覆盖组实例及其内部覆盖点和交叉覆盖的目标覆盖率，这个选项只影响覆盖率报告，默认值为100。
4. comment：设置覆盖组实例及其内部覆盖点和交叉覆盖的注释内容，这些注释最终会出现在覆盖率报告中。
5. at_least：当仓中数值被采样到的次数大于等于 at_least 时，就认为这个仓被命中，默认值为1。
6. auto_bin_max：当覆盖点中没有显示定义仓时，编译器自动创建仓的最大个数，默认值为64。
7. cross_num_print_missing：设置保存在覆盖数据库并打印在覆盖率报告中的未被命中的交叉覆盖仓的数量。
8. detect_overlap：当一个覆盖点的两个仓的取值或转换列表出现重叠时输出警告信息，默认值为0表示不输出警告信息。
9. per_instance：在测试平台中通用覆盖组可能被例化多次，默认情况下所有覆盖组实例的覆盖率会被汇集到一起，从而生成一个整体覆盖报告。如果需要查看单个覆盖组实例的报告，需要将选项名 per_instance 设置为1，如例8.11所示。
10. get_inst_coverage：目前主流的编译器暂不支持这个选项。

8.6.2　类型选项

每个覆盖组、覆盖点和交叉覆盖都内置了静态类型的类型选项 type_option，它内部常用的成员包括 weight、goal、comment、strobe 和 merge_instances，它们的含义如下。

1. weight：设置覆盖组/覆盖点/交叉覆盖的权重值，默认值为1。
2. goal：设置覆盖组/覆盖点/交叉覆盖的目标覆盖率，这个选项只影响覆盖率报告，默认值为100。

3. comment：为覆盖组/覆盖点/交叉覆盖添加注释内容，这些注释最终会出现在覆盖率报告中。

4. strobe：设置为 1 时在每个时间片的最后时刻采样。默认值为 0。

5. merge_instances：设置为 1 将所有覆盖组实例的覆盖信息合并到类型覆盖信息中。默认值为 0。

8.6.3 功能覆盖率与权重

覆盖组的功能覆盖率分为两种，第一种是累积（类型）覆盖率，它的结果由覆盖组的所有实例和 type_option.weight 共同决定。第二种是实例覆盖率，它的结果由当前覆盖组实例和 option.weight 决定。下面使用例8.24说明两种覆盖率的计算方法。

例 8.24　设置覆盖组的实例选项和类型选项

src/ch8/sec8.6/1/sequencer.svh

```
4   class sequencer #(type T = transaction);
5     int unsigned num_trans;
6     T tr;
7
8     covergroup cg (int w, string instComment);
9       // 收集覆盖组cg的类型覆盖率和覆盖组实例的覆盖率
10      option.per_instance = 1;
11      type_option.comment = "coverage model for property a and b";
12      type_option.strobe = 1; // 在每个时间片的最后时刻采样
13      // 将所有实例的覆盖信息合并到类型覆盖信息中
14      type_option.merge_instances = 1;
15      // 每个覆盖组实例的注释信息
16      option.comment = instComment;
17      track_a : coverpoint tr.a
18      {
19        // 使用权重值2计算覆盖组实例的覆盖率
20        option.weight = 2;
21        // 使用权重值3计算覆盖组cg的类型覆盖率
22        type_option.weight = 3;
23        // 注意：type_option.weight = w将导致编译出错
24      }
25      track_b : coverpoint tr.b
26      {
27        // 使用权重值w计算覆盖组实例的覆盖率
28        option.weight = w;
29        // 使用权重值5计算覆盖组cg的类型覆盖率
30        type_option.weight = 5;
31      }
```

```
32    endgroup
33
34    function new();
35      cg = new(3, "cg"); // 覆盖点track_b的option.weight被设置为3
36    endfunction
37
38    virtual task main();
39      tr = new();
40      repeat(num_trans) begin
41        assert(tr.randomize());
42        tr.print("sequencer");
43        cg.sample();
44      end
45      $display("instance coverage=%f", cg.get_inst_coverage()); // 获取覆盖组实例的功
          能覆盖率
46      $display("type coverage=%f", cg.get_coverage()); // 获取覆盖组的功能覆盖率
47      $display("total coverage=%f", $get_coverage()); // 获取测试平台总体功能覆盖率,
          其值由所有的覆盖组的功能覆盖率决定
48    endtask
49  endclass
```

在测试模块中设置属性 num_trans 等于 8,如例8.25所示。sequencer 类的 main 方法将 transaction 对象随机化 8 次并采样。

例 8.25 测试程序

src/ch8/sec8.6/1/test.sv

```
7  module automatic test;
8    initial begin
9      sequencer seqr;
10     seqr = new();
11     seqr.num_trans = 8;
12     seqr.main();
13   end
14 endmodule
```

例8.25的运行结果如下。在 sequencer 的 main 方法中调用覆盖组的内置方法 get_inst_coverage 获取覆盖组的实例覆盖率,调用内置方法 get_coverage 获取覆盖组的类型覆盖率。系统函数 $get_coverage 用来获取测试平台的功能覆盖率。因为 DUT 中只包含一个覆盖组,所以覆盖组的类型覆盖率等于测试平台的功能覆盖率。

例8.24的运行结果

```
sequencer: a=9, b=12
```

```
sequencer: a=11, b=0
sequencer: a=10, b=6
sequencer: a=7, b=2
sequencer: a=0, b=12
sequencer: a=3, b=6
sequencer: a=10, b=12
sequencer: a=3, b=14
instance coverage=33.750000
type coverage=33.593750
total coverage=33.593750
```

从测试结果可以看出，属性 a 产生了 6 个不重复的取值，覆盖点 track_a 的覆盖率为 37.5%，属性 b 产生了 5 个不重复的取值，覆盖点 track_b 的覆盖率为 31.25%。覆盖组 cg 的实例覆盖率计算公式如下。

$$C_g = \frac{\sum_i W_i \times C_i}{\sum_i W_i} = \frac{2 \times 37.5\% + 3 \times 31.25\%}{2 + 3} = 33.75\% \tag{8.1}$$

其中 i 表示覆盖组中的覆盖子项（覆盖点或交叉覆盖），W_i 表示覆盖子项 i 的权重 option.weight，C_i 表示覆盖子项 i 的覆盖率。

覆盖组 cg 的类型覆盖率 C_t 的计算公式如下。

$$C_t = \frac{\sum_i W_i \times I_i}{\sum_i W_i} = \frac{3 \times 37.5\% + 5 \times 31.25\%}{3 + 5} = 33.59375\% \tag{8.2}$$

其中 W_i 表示覆盖点的权重 type_option.weight，I_i 表示覆盖子项 i 的所有实例经过合并后得到的总覆盖率，因为测试平台中覆盖组只被例化了一次，所以 I_i 等于 C_i。

8.6.4 覆盖组的注释

使用选项名 comment 可以在覆盖报告中添加注释，解析器通过注释内容从覆盖报告的海量数据中提取相关信息。如果覆盖组被例化多次，就应该使用实例选项为每个覆盖组实例加入单独的注释，前提是必须设置覆盖组的 per_instance 选项为 1，如例8.26所示。

例 8.26 使用实例选项为每个覆盖组实例加入单独的注释

```
1  covergroup cg (ref bit [3:0] a, input int mid, input string comment);
2    coverpoint a {
3      bins lo = { [0:mid-1] };
4      bins hi = { [mid:$] }; }
5    option.per_instance = 1;
6    option.comment = comment;
7  endgroup
```

```
 8
 9  cga = new(tr.a, 7, "tr.a");
10  cgb = new(tr.b, 9, "tr.b");
```

如果覆盖组只被例化一次，那么可以使用类型选项设置注释内容，如例8.27所示。

例 8.27　使用类型选项为覆盖组指定注释

```
1  covergroup cg;
2    type_option.comment = "tr.a";
3    coverpoint tr.a;
4  endgroup
```

8.6.5　打印未被覆盖的交叉仓

默认情况下，覆盖报告只会给出带有采样值的仓。但验证的目的是检查所有情况是否都被覆盖，所以查看那些未被命中的仓更有意义。设置选项 cross_num_print_missing 可以将那些未被命中的交叉仓保存在覆盖数据库并打印在覆盖率报告中，如例8.28所示。

例 8.28　设置选项 cross_num_print_missing

```
1  covergroup cg;
2    track_a: coverpoint tr.a;
3    track_b: coverpoint tr.b;
4    cross track_a, track_b;
5    option.cross_num_print_missing = 50;
6  endgroup
```

8.6.6　覆盖目标

认定一个覆盖组或覆盖点已经被完整覆盖的百分比例被称为覆盖目标，默认的覆盖目标为100%。如果像例8.29中那样将覆盖目标设置为90%，就意味着覆盖目标并不是真正的完整覆盖。覆盖目标选项只影响覆盖报告结果。

例 8.29　指定覆盖目标

```
1  covergroup cg;
2    track_a: coverpoint tr.a;
3    option.goal = 90; // 指定覆盖目标
4  endgroup
```

8.7 覆盖率数据分析

在实际的项目中，通常会使用更多的种子运行测试，而不是添加更多的约束，因为运行更多的测试比添加新约束更容易些，而且新约束很容易影响随机值的概率分布。如果覆盖点命中数很低，说明约束可能根本就没有瞄准这些区域，这时需要增加约束将约束解析器调整到新区域中。

下面使用例8.30说明约束对覆盖率数据的影响，transaction 类中约束属性 sum 的值等于属性 a 与 b 的和。

例 8.30　带有约束的事务类

src/ch8/sec8.7/1/transaction.svh

```
4   class transaction;
5     rand bit [3:0] a, b;
6     rand bit [4:0] sum;
7
8     constraint sum_cons
9     {
10      sum == a + b;
11    }
12
13    virtual function void print(string name = "");
14      $display("%s: a=%d, b=%d", name, a, b);
15    endfunction
16  endclass
```

在 sequencer 类中定义覆盖组 cg，并在 main 方法中采样随机属性 sum，如例8.31所示。覆盖点 track_sum 创建了 31 个仓收集 sum 的可能结果 0~30。

例 8.31　在 sequencer 类中采样随机属性 sum

src/ch8/sec8.7/1/sequencer.svh

```
4   class sequencer #(type T = transaction);
5     int unsigned num_trans;
6     T tr;
7
8     covergroup cg; // 覆盖组
9       track_sum: coverpoint (tr.sum)
10      {
11        bins valid[] = { [0:30] };
12      }
13    endgroup
14
15    function new();
```

```
16    cg = new(); // 例化覆盖组
17  endfunction
18
19  virtual task main();
20    tr = new();
21    repeat (num_trans) begin
22      assert(tr.randomize());
23      tr.print("sequencer");
24      cg.sample(); // 收集覆盖
25    end
26  endtask
27 endclass
```

在测试模块中将 num_trans 设置为 20000，经过 20000 次采样后，得到 sum 各个可能取值的命中次数分布图，如图8.2所示。可以看到 sum 取值的概率分布不均匀，较小值和较大值的命中次数很少，中间值命中次数最多。问题就出在例8.30中的约束 track_sum。

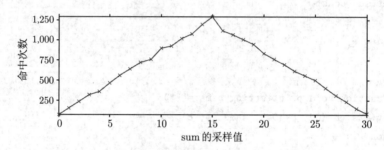

图 8.2   sum 各个可能取值的命中次数不均匀分布

下面在例8.30中添加 solve before 约束，让 sum 的各个可能取值趋于均匀分布，如例8.32所示。

例 8.32   加入 solve before 约束的事务类

src/ch8/sec8.7/2/transaction.svh

```
8  constraint sum_cons
9  {
10   sum == a + b;
11   solve sum before a, b;
12 }
```

也可以使用 dist 操作符让 sum 各个可能取值趋于均匀分布。如例8.33所示。

例 8.33   加入 dist 约束的事务类

src/ch8/sec8.7/3/transaction.svh

```
8  constraint sum_cons
9  {
10   sum == a + b;
```

```
11        sum dist {[0:31]:= 10};
12    }
```

重新运行测试后，得到 sum 各个可能取值的命中次数分布图，如图8.3所示，可以看到 sum 取值的概率趋于均匀分布。

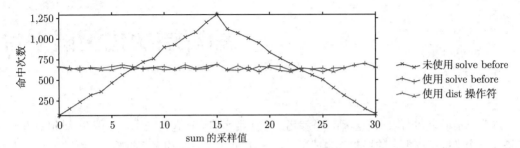

图 8.3　使用 solve before 或 dist 操作符让 sum 各个可能取值的命中次数均匀分布

8.8　练 习 题

练习 8.1　按照验证计划在测试模块中编写覆盖组。定义覆盖组 cg 和覆盖点 op_cp 采样随机属性 opcode。验证计划要求随机属性 opcode 的所有可能值都被测试到，假设 opcode 在时钟信号 clk 的上升沿有效。

```
4   typedef enum {AND, OR, NOT, XOR} opcode_e;
5
6   class transaction;
7     rand opcode_e opcode;
8     rand byte rs1;
9     rand byte rs2;
10  endclass
```

练习 8.2　拓展练习8.1的验证计划需求，定义覆盖点 rs1_cp 采样随机属性 rs1，为最小值 −128、0 和最大值 127 定义 3 个仓，同时还定义一个默认仓 misc。

练习 8.3　扩展练习8.2，完成如下验证计划需求。

1. 创建仓 and_or，要求随机属性 opcode 只取值 AND 和 OR。
2. 创建转换仓 and2or，要求随机属性 opcode 取值从 AND 转换到 OR。

练习 8.4　扩展练习8.3的验证计划需求，定义忽略仓 ignore 忽略 opcode 的取值 XOR。

练习 8.5　扩展练习8.4覆盖验证计划需求：当 rs1 取最小值 −128 或最大值 127 时，opcode 取值为 AND 或 OR。交叉覆盖实例的权重为 5。

练习 8.6　扩展练习8.4。

1. 打印覆盖点 op_cp 的类型覆盖率。
2. 打印覆盖点 rs1_cp 的实例覆盖率。

第 **9** 章

编写层次化测试平台

本章以前面讲述的知识为基础，并参考 UVM 类库的一些关键技术，使用 SystemVerilog 逐步搭建一个支持工厂机制的层次化测试平台，并对 DUT 进行受约束随机验证。测试平台还使用了回调技术进行功能覆盖收集。

9.1 被 测 设 计

假设被验证的 DUT 模块定义如例9.1 所示。

例 9.1 被测设计

src/ch9/dut/dut.sv

```
4   module dut(
5     input clk,
6     input rst_n,
7     input [7:0] rxd,
8     input rx_dv,
9     output reg [7:0] txd,
10    output reg tx_en);
11
12    always @(posedge clk, negedge rst_n) begin
13      if(!rst_n) begin
14        txd <= 8'b0;
15        tx_en <= 1'b0;
16      end
17      else begin
18        txd <= rxd;
19        tx_en <= rx_dv;
20      end
21    end
22  endmodule
```

这个 DUT 的功能非常简单,通过 rxd 接收数据,再通过 txd 将接收到的数据发送出去。相关端口描述如表9.1 所示。

表 9.1 DUT 的端口说明

信号名	方向	位宽	描述
clk	input	1	时钟
rst_n	input	1	异步低电平复位
rxd	input	8	接收的数据
rx_dv	input	1	接收数据有效
txd	output	8	发送的数据
tx_en	output	1	发送数据有效

9.2 层次化测试平台结构

下面将实现图 1.7 中的层次化测试平台,测试平台实现的主要功能如下。

1. 测试平台要模拟 DUT 的各种真实使用场景,这意味着要给 DUT 施加各种激励,有正常的激励,也有异常的激励。sequencer 以一个 transaction 为蓝图,通过不断随机化蓝图对象产生一系列随机事务对象并发送给 driver,driver 将接收到的随机事务对象转换成电平信号并发送到 DUT。类 callback 会以一定的概率将 driver 中正确的激励修改为异常的激励,实现错误的注入。
2. 测试平台要收集 DUT 的输出并把它们传递给 scoreboard,这个功能由 monitor 实现。
3. 测试平台能够根据 DUT 的输出自动判断 DUT 的行为是否符合预期,这个功能由 scoreboard 实现。判断的数据来自 DUT 的输出,判断的标准来自于 scoreboard 中参考模型的输出。

9.3 搭建层次化测试平台

9.3.1 添加接口

接口是连接测试平台和 DUT 的桥梁,接口决定了测试平台如何发送激励和采集响应,搭建测试平台首先需要完成接口的设计。根据 DUT 的输入和输出端口定义 2 个接口 input_intf 和 output_intf,如例9.2 所示。接口 input_intf 将在 driver 中使用,负责向 DUT 发送激励,时钟块 drv_cb 中的同步信号均被定义成输出信号。接口 output_intf 在 monitor 中使用,负责采集 DUT 的响应,时钟块 mon_cb 中的同步信号均被定义成输入信号。时钟信号 clk 和复位信号 rst_n 都在测试平台顶层中生成,它们作为接口的输入信号进入测试平台,当测试平台中的 driver 检测到 rst_n 无效后,才开始向 DUT 发送激励。

接口是连接测试平台和 DUT 的桥梁,接口决定了测试平台如何发送激励和采集结果,搭建测试平台首先需要完成接口的设计。根据 DUT 的输入和输出端口定义 2 个接口 input_intf 和 output_intf,如例9.2 所示。接口 input_intf 将在 driver 类中使用,负责向 DUT 发送激励,因此时钟块 drv_cb 中的同步信号均被定义成输出形式。接口 output_intf 将在 monitor 类中使用,负责采集 DUT 的响应，因此时钟块 mon_cb 中的同步信号均被定义成输入形式。时钟信号 clk 和复位信号 rst_n 都在测试平台顶层中生成，它们作为接口的输入信号进入测试平台，当测试平台中的 driver 类检测到 rst_n 无效后，才开始向 DUT 发送激励。

例 9.2 接口定义

src/ch9/sec9.1/env/intf.svh

```
4   interface input_intf(input clk, input rst_n);
5     logic [7:0] data;
6     logic valid;
7
8     clocking drv_cb @(posedge clk);
9       output data, valid;
10    endclocking
11  endinterface
12
13  interface output_intf(input clk, input rst_n);
14    logic [7:0] data;
15    logic valid;
16
17    clocking mon_cb @(posedge clk);
18      input data, valid;
19    endclocking
20  endinterface
```

9.3.2 添加组件基类

测试平台由各种功能不同的组件类搭建而成，所有的组件类都应该按照统一的规则运行，只有这样各个组件才能执行准确的同步和通信。这就好比一个班级中的所有同学都应该按照统一的时间上课和下课，否则老师很难去管理好这个班级。下面为所有组件类定义一个公共基类，如例 9.3 所示。仿照 UVM，在组件基类 component_base 中声明了 3 个纯虚方法规范所有组件派生类的行为，每个组件派生类都必须重定义这 3 个纯虚方法，完成如下功能。

1. 方法 build 是一个不耗时的函数，测试平台启动后会首先调用所有组件的方法 build。每个组件在方法 build 中执行内部成员的例化和初始化。
2. 方法 connect 是一个不耗时的函数，它在方法 build 后执行，测试平台会调用所有组件的方法 connect。每个组件在方法 connect 中搭建组件间控制和数据的互连。
3. 方法 main 是一个耗时的任务，它在方法 connect 之后运行，每个组件的耗时操作都应该放在这个任务中。所有组件的 main 方法被放在 fork 块中并行执行，从而实现组件间的并行执行。

例 9.3 组件基类

src/ch9/sec9.1/env/component_base.svh

```
4   virtual class component_base;
```

```
5    pure virtual function void build();
6    pure virtual function void connect();
7    pure virtual task main();
8  endclass
```

9.3.3　添加 driver 类

在测试平台中，driver 向 DUT 发送激励，它是整个测试平台数据流的源泉。由组件基类派生出来的 driver 类如例9.4所示，它重定义了组件基类中所有的纯虚方法。因为目前测试平台中只有 driver，没有其他组件可以连接，所以 driver 的 build 和 connect 方法留空。向 DUT 发送激励会消耗时间，因此这个功能被放到耗时的 main 方法中。在 repeat 语句中使用接口的时钟同步信号 drv_cb.data 向 DUT 发送 8 个随机数。发送期间接口同步信号 drv_cb.valid 保持高电平，空闲时将 drv_cb.valid 置为低电平。如果想发送更多的激励，只需要增加 repeat 语句的次数即可。

例 9.4　driver 类

src/ch9/sec9.1/env/driver.svh

```
4   class driver extends component_base;
5     virtual input_intf vif;
6
7     extern virtual function void build();
8     extern virtual function void connect();
9     extern virtual task main();
10  endclass
11
12  function void driver::build();
13  endfunction
14
15  function void driver::connect();
16  endfunction
17
18  task driver::main();
19    vif.drv_cb.data <= 8'b0;
20    vif.drv_cb.valid <= 1'b0;
21    @(posedge vif.rst_n);
22    repeat(8) begin
23      @vif.drv_cb;
24      vif.drv_cb.data <= $urandom_range(0, 255);
25      vif.drv_cb.valid <= 1'b1;
26      $display("driver: data is drived");
27    end
28    @vif.drv_cb;
```

```
29    vif.drv_cb.valid <= 1'b0;
30  endtask
```

在下文中测试平台将会陆续添加其他组件类，为了便于管理，下面将所有组件类封装在一个包中，如例9.5所示。目前包中只封装了组件基类和driver类，后续添加的每个新组件类都需要被封装到这个包中。注意SystemVerilog语法规定不能在包中定义接口，所以头文件intf.svh的导入被放在包外。

例 9.5　env_pkg 包

src/ch9/sec9.1/env/env_pkg.sv

```
4   `include "intf.svh"
5
6   package env_pkg;
7     `include "component_base.svh"
8     `include "driver.svh"
9   endpackage
```

测试模块如例9.6所示。测试模块需要先导入env_pkg包，才能使用包中的组件类。测试模块在initial结构中完成如下操作，创建driver组件、连接driver中的虚接口vif、按顺序调用driver的build、connect和main方法。

例 9.6　测试模块

src/ch9/sec9.1/test.sv

```
4   module automatic test (input_intf input_if);
5     import env_pkg::*;
6     driver drv;
7     initial begin
8       drv = new();
9       drv.vif = input_if;
10      drv.build();
11      drv.connect();
12      drv.main();
13      $finish();
14    end
15  endmodule
```

接口是静态存储类型，只能在顶层模块中完成例化，如例9.7所示。顶层模块主要完成如下功能。

1. 产生时钟和异步复位信号。
2. 例化 DUT 和测试模块 test。
3. 例化并连接接口。接口实例 input_if 一边连接到 DUT 的输入端口，另一边作为参数传进测试模块，最终连接到 driver 中的虚接口 vif。接口 output_if 目前只连接到 DUT 的输出端口，在下文中它将连接到 monitor 中的虚接口 vif。

例 9.7　顶层模块

src/ch9/sec9.1/top_tb.sv

```
5   module top_tb;
6     bit clk;
7     bit rst_n;
8     input_intf input_if(clk, rst_n);
9     output_intf output_if(clk, rst_n);
10
11    initial begin // 产生时钟信号
12      forever #50 clk = ~clk;
13    end
14
15    initial begin // 产生复位信号
16      rst_n = 1'b1;
17      #10 rst_n = 1'b0;
18      #20 rst_n = 1'b1;
19    end
27
28    test i_test(input_if);
29
30    dut my_dut(
31      .clk(clk),
32      .rst_n(rst_n),
33      .rxd(input_if.data),
34      .rx_dv(input_if.valid),
35      .txd(output_if.data),
36      .tx_en(output_if.valid));
37  endmodule
```

添加 driver 后层次化测试平台的结构如图9.1 所示。

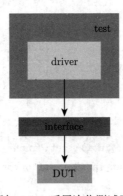

图 9.1　添加 driver 后层次化测试平台的结构

9.3.4 跨模块信号的连接

在例9.6中，接口实例 input_if 作为参数传入测试模块，然后赋值给 driver 的虚接口 vif。这种接口连接方法非常麻烦，而且大大降低了代码的复用性。下面使用 5.10 节中的配置数据库类 svm_config_db 连接接口实例和虚接口。svm_config_db 包含了 set 和 get 方法。set 方法可以简单地理解成"寄信"，而 get 方法则相当于"收信"。测试模块和顶层模块中添加 svm_config_db 的过程如下。

1. 在包 env_pkg 中导入例 5.68 中的 svm_pkg 包（包含了配置数据库类 svm_config_db 定义和工厂机制），这样所有组件都可以使用 svm_config_db 的 get 方法，如例9.8 所示。
2. 在顶层模块中导入包 uvm_pkg，这样顶层模块可以使用 svm_config_db 的 set 方法。

例 9.8 将 svm_config_db 和工厂机制添加到 env_pkg 包

src/ch9/sec9.2/env/env_pkg.sv

```
4   `include "intf.svh"
5
6   package env_pkg;
7     import svm_pkg::*;
8     `include "component_base.svh"
9     `include "driver.svh"
10  endpackage
```

在顶层模块中调用 svm_config_db 的 set 方法将接口实例 input_if 和 output_if 注册到配置数据库中。注册 input_if 时特殊化 svm_config_db 的参数是 virtual input_intf，索引值是"input_vif"，注册 output_if 时特殊化 svm_config_db 的参数是 virtual output_intf，索引值是"output_vif"，如例9.9 所示。

例 9.9 顶层模块中添加 svm_config_db::set

src/ch9/sec9.2/top_tb.sv

```
6   module top_tb;
7     import svm_pkg::*;
8     import env_pkg::*;
9     bit clk;
10    bit rst_n;
11    input_intf input_if(clk, rst_n);
12    output_intf output_if(clk, rst_n);
13
24    initial begin
25      svm_config_db #(virtual input_intf)::set("input_vif", input_if);
26      svm_config_db #(virtual output_intf)::set("output_vif", output_if);
27    end
```

添加 svm_config_db 后，测试模块中删除与接口连接相关的代码，这样即使 DUT 的端口发生改变，测试模块也不用做任何修改，如例9.10 所示。

例 9.10 测试模块中删除与接口连接相关的代码

src/ch9/sec9.2/test.sv

```
4   module automatic test();
5     import env_pkg::*;
6     driver drv;
7     initial begin
8       drv = new();
9       drv.build();
10      drv.connect();
11      drv.main();
12      $finish();
13    end
14  endmodule
```

driver 使用虚接口 vif 向 DUT 发送激励，接口的连接需要在发送激励前完成。在 driver 的 connect 方法中调用 svm_config_db 的 get 方法，get 方法从配置数据库中取出注册过的接口实例 input_if 并绑定到虚接口 vif 上，如例9.11 所示。调用 svm_config_db 的 set 和 get 方法时，作为索引的第一个字符串类型的参数值要保持一致。

例 9.11 在 driver 的 connect 方法中调用 svm_config_db::get

src/ch9/sec9.2/env/driver.svh

```
15  function void driver::connect();
16    svm_config_db#(virtual input_intf)::get("input_vif", vif);
17  endfunction
```

经过上述操作后,顶层模块的结构如图9.2 所示,其中虚线表示使用配置数据库类连接接口实例。在后面添加的各种组件中，配置数据库类会被经常使用，用来完成跨模块的信号连接。

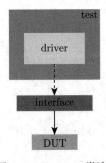

图 9.2 使用 svm_config_db 类连接接口实例

9.3.5 添加 transaction 类

在大型设计中，硬件模块通常都是连接到系统的高速或低速总线上。总线的接口信号数量比较多，同时信号的收发还要遵循总线的数据传输协议。测试平台中的大多数组件都使用抽象的事务类描述复杂数据的传输。

一般来说，物理协议中的数据传输都是以帧或者包为单位。例如以太网中包的大小至少是64 字节，包中包括源地址、目的地址、包的类型和 CRC 校验数据等。transaction 类就是用来模拟各种包，下面先定义一个抽象事务基类 trans_base，后续各种形式的 transaction 类都是 trans_base 的派生类。事务基类 trans_base 中定义了两个纯虚方法 copy 和 print，分别用于复制和打印事务对象内容，如例9.12 所示。

例 9.12　事务基类

src/ch9/sec9.3/env/trans_base.svh

```
4  virtual class trans_base;
5    pure virtual function void copy(input trans_base rhs = null);
6    pure virtual function void print();
7  endclass
```

以太网 transaction 类派生自抽象类 trans_base，如例9.13 所示。其中 dmac 是 48 比特的以太网目的地址，smac 是 48 比特的以太网源地址，ether_type 是以太网类型，pload 是携带数据的大小，约束 pload_cons 将数据大小限制在1~8 个字节，crc 是全部数据的校验值，在 post_randomize 方法中只是简单地让它等于 0。

例 9.13　以太网 transaction 类

src/ch9/sec9.3/env/transaction.svh

```
4  class transaction extends trans_base;
5    rand bit[47:0] dmac;
6    rand bit[47:0] smac;
7    rand bit[15:0] ether_type;
8    rand byte      pload[];
9    rand bit[31:0] crc;
10
11   constraint pload_cons{
12     pload.size inside {[1:8]};
13   }
14
15   function void post_randomize();
16     crc = calc_crc;
17   endfunction
18
19   virtual function bit[31:0] calc_crc();
20     return 32'h0;
```

```
21     endfunction
22
23     virtual function void print();
24       $display("dmac=%0h", dmac);
25       $display("smac=%0h", smac);
26       $display("ether_type=%0h", ether_type);
27       $display("pload=%p", pload);
28       $display("crc=%0h", crc);
29     endfunction
30
31     virtual function void copy(input trans_base rhs = null);
32       transaction rhs_;
33       if ((rhs == null) || !$cast(rhs_, rhs))
34         $display("copy fail");
35       dmac = rhs_.dmac;
36       smac = rhs_.smac;
37       ether_type = rhs_.ether_type;
38       pload = new[rhs_.pload.size];
39       for(int i = 0; i < pload.size(); i++) begin
40         pload[i] = rhs_.pload[i];
41       end
42       crc = rhs_.crc;
43     endfunction
44   endclass
```

　　print 方法负责打印 transaction 对象的内容。copy 方法实现了 transaction 对象的复制，copy 方法的输入参数 rhs 是 trans_base 类型，当 rhs 指向一个 transaction 类型或派生自 transaction 类型的源对象时 $cast 方法才会正确执行类型向下转换。这时 rhs_ 和 rhs 同时指向了源对象，但只能使用 rhs_ 将源对象的内容复制到当前对象中。

　　为了让 driver 类支持更多形式的数据包，现在将其改写成一个参数化类，如例9.14所示。参数 T 的默认值是事务基类 trans_base，这样 driver 就可以处理所有派生事务对象。属性 pkt_amount 表示要发送的数据包个数，它在 build 方法中被赋予一个随机值。在 connect 方法中使用 svm_config_db 的 get 方法从配置数据库中获取了接口和蓝图对象。在 main 方法中，先使用 randomize 方法随机化句柄 blueprint 指向的蓝图对象，然后将蓝图对象的内容复制到句柄 tr 所指向的事务对象，最后调用 drive_one_pkt 方法将事务对象的内容以字节流的形式驱动到 DUT。

例 9.14　参数化 driver 类

src/ch9/sec9.3/env/driver.svh

```
4    class driver #(type T = trans_base) extends component_base;
5      virtual input_intf vif;
6      T blueprint;
7      rand int unsigned pkt_amount;
```

```
8
9     extern virtual function void build();
10    extern virtual function void connect();
11    extern virtual task main();
12    extern virtual task drive_one_pkt(T tr);
13   endclass
14
15   function void driver::build();
16     pkt_amount = $urandom_range(1, 8);
17   endfunction
18
19   function void driver::connect();
20     svm_config_db#(virtual input_intf)::get("input_vif", vif);
21     svm_config_db#(T)::get("blueprint", blueprint);
22   endfunction
23
24   task driver::main(); // 向接口发送事务对象
25     T tr;
26     vif.drv_cb.data <= 8'b0;
27     vif.drv_cb.valid <= 1'b0;
28     @(posedge vif.rst_n);
29     repeat(pkt_amount) begin
30       assert(blueprint.randomize());
31       tr = new();
32       tr.copy(blueprint);
33       drive_one_pkt(tr);
34     end
35   endtask
36
37   task driver::drive_one_pkt(T tr);
38     bit [47:0] tmp_data;
39     bit [7:0] data_q[$];
40
41     // 将dmac保存到data_q
42     tmp_data = tr.dmac;
43     repeat(6) begin
44       data_q.push_back(tmp_data[7:0]);
45       tmp_data = (tmp_data >> 8);
46     end
47     // 将smac保存到data_q
48     tmp_data = tr.smac;
49     repeat(6) begin
```

```
50      data_q.push_back(tmp_data[7:0]);
51      tmp_data = (tmp_data >> 8);
52    end
53    // 将ether_type保存到data_q
54    tmp_data = tr.ether_type;
55    repeat(2) begin
56      data_q.push_back(tmp_data[7:0]);
57      tmp_data = (tmp_data >> 8);
58    end
59    // 将payload保存到data_q
60    foreach(tr.pload[i]) begin
61      data_q.push_back(tr.pload[i]);
62    end
63    // 将crc保存到data_q
64    tmp_data = tr.crc;
65    repeat(4) begin
66      data_q.push_back(tmp_data[7:0]);
67      tmp_data = (tmp_data >> 8);
68    end
69
70    repeat(data_q.size()) begin
71      @vif.drv_cb;
72      vif.drv_cb.valid <= 1'b1;
73      vif.drv_cb.data <= data_q.pop_front();
74    end
75    @vif.drv_cb;
76    vif.drv_cb.valid <= 1'b0;
77
78    $display("driver sends one package");
79    tr.print();
80  endtask
```

　　蓝图对象在测试模块中被例化，也就是说在测试模块中决定 driver 发送哪种事务对象。测试模块如例9.15所示，定义句柄 drv 时使用的特殊化参数是 transaction。在 initial 过程中先创建蓝图对象和 driver 对象，蓝图对象是生成随机激励的模板对象。接下来使用 svm_config_db 的 set 方法将蓝图对象注册到配置数据库中。最后依次调用 driver 的 build、connect 和 main 方法。driver 发送到 DUT 的随机激励正是蓝图对象被多次随机化的结果。

例 9.15　添加 transaction 后的测试模块

src/ch9/sec9.3/test.sv

```
4  module automatic test();
5    import svm_pkg::*;
```

```
6    import env_pkg::*;
7    transaction blueprint;
8    driver #(transaction) drv;
9    initial begin
10     blueprint = new();
11     drv = new();
12     svm_config_db#(transaction)::set("blueprint", blueprint);
13     drv.build();
14     drv.connect();
15     drv.main();
16     $finish();
17   end
18  endmodule
```

使用 transaction 后层次化测试平台的结构如图9.3 所示。

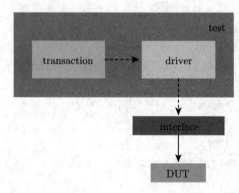

图 9.3　使用 transaction 后层次化测试平台的结构

9.3.6　添加 environment 类

environment 是一个容器类，测试平台中的各种组件类都应该例化在这个容器中。下面将测试模块中与 driver 相关的代码迁移到 environment 类中，如例9.16 所示。具体操作步骤如下。

1. 在 environment 中定义句柄 drv。
2. 在 environment 的 build 方法中创建 driver 对象，并调用它的 build 方法。
3. 在 environment 的 connect 方法中调用 driver 的 connect 方法。
4. 在 environment 的 main 方法中调用 driver 的 main 方法。

例 9.16　环境类（容器）

src/ch9/sec9.4/env/environment.svh

```
4   class environment #(type T = trans_base) extends component_base;
5     driver #(T) drv;
6
7     extern virtual function void build();
```

```
 8    extern virtual function void connect();
 9    extern virtual task main();
10  endclass
11
12  function void environment::build();
13    drv = new();
14    drv.build();
15  endfunction
16
17  function void environment::connect();
18    drv.connect();
19  endfunction
20
21  task environment::main();
22    drv.main();
23  endtask
```

现在 environment 类变成了测试模块中最高层级的类，如例9.17所示。测试模块对 environment 类的具体操作步骤如下。

1. 在 test 中定义句柄 env。

2. 在 initial 结构中创建 environment 对象和 transaction 蓝图对象。

3. 将接口和蓝图对象注册到配置数据库中。

4. 在 initial 结构中按顺序调用 environment 的 build、connect 和 main 方法。

例 9.17　添加 environment 后的测试模块

src/ch9/sec9.4/test.sv

```
 4  module automatic test();
 5    import svm_pkg::*;
 6    import env_pkg::*;
 7    transaction blueprint;
 8    environment #(transaction) env;
 9    initial begin
10      blueprint = new();
11      env = new();
12      svm_config_db#(transaction)::set("blueprint", blueprint);
13      env.build();
14      env.connect();
15      env.main();
16      $finish();
17    end
18  endmodule
```

可以看到，正是定义了组件基类，才使得所有组件派生类的用法变得非常相似，代码也更易于维护。添加 environment 后层次化测试平台的结构如图9.4 所示。

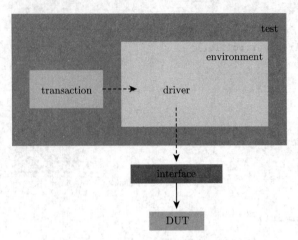

图 9.4　添加 environment 后层次化测试平台的结构

9.3.7　添加 monitor 类

测试平台中 monitor 负责收集 DUT 的输出响应，并将其转换成 transaction 交给后续的组件处理。参数化组件类 monitor 的定义如例9.18 所示，它主要完成如下功能。

1. 在 connect 方法中使用 svm_config_db 的 get 方法获取顶层模块中的输出接口实例。
2. monitor 需要时刻收集数据，永不停歇，所以在 main 方法中使用了 forever 语句收集数据。
3. 定义属性 pkt_amount 记录接收的数据包个数。
4. monitor 中的 collect_one_pkt 方法将字节流解包成 transaction 对象，因为当前还没有加入记分板，所以 monitor 只是简单地将 transaction 对象内容打印出来。

例 9.18　monitor 类

src/ch9/sec9.5/env/monitor.svh

```
4   class monitor #(type T = trans_base) extends component_base;
5     virtual output_intf vif;
6     int unsigned pkt_amount;
7
8     extern virtual function void build();
9     extern virtual function void connect();
10    extern virtual task main();
11    extern virtual task collect_one_pkt(T tr);
12  endclass
13
14  function void monitor::build();
15  endfunction
16
17  function void monitor::connect();
```

```
18    svm_config_db#(virtual output_intf)::get("output_vif", vif);
19  endfunction
20
21  task monitor::main();
22    T tr;
23    forever begin
24      tr = new();
25      collect_one_pkt(tr);
26      pkt_amount++;
27    end
28  endtask
29
30  task monitor::collect_one_pkt(T tr);
31    bit[7:0] data_q[$];
32    int psize;
33    while(1) begin
34      @vif.mon_cb;
35      if(vif.mon_cb.valid) break;
36    end
37
38    while(vif.mon_cb.valid) begin
39      data_q.push_back(vif.mon_cb.data);
40      @vif.mon_cb;
41    end
42    // 从队列中取出dmac
43    repeat(6) begin
44      tr.dmac = {data_q.pop_front(), tr.dmac[47:8]};
45    end
46    // 从队列中取出smac
47    repeat(6) begin
48      tr.smac = {data_q.pop_front(), tr.smac[47:8]};
49    end
50    // 从队列中取出ether_type
51    repeat(2) begin
52      tr.ether_type = {data_q.pop_front(), tr.ether_type[15:8]};
53    end
54
55    psize = data_q.size() - 4;
56    tr.pload = new[psize];
57    // 从队列中取出payload
58    foreach(tr.pload[i]) begin
59      tr.pload[i] = data_q.pop_front();
```

```
60    end
61    // 从队列中取出crc
62    repeat(4) begin
63      tr.crc = {data_q.pop_front(), tr.crc[31:8]};
64    end
65    $display("output monitor gets one pkt");
66    tr.print();
67  endtask
```

下面将 monitor 放入 environment 类，如例9.19 所示，修改的内容如下。

1. 在 environment 中定义 monitor 类型的句柄 mon，用于监控 DUT 的输出。
2. 在 environment 的 build 方法中创建 monitor 对象，并调用 monitor 的 build 方法。
3. 在 environment 的 connect 方法中调用 monitor 的 connect 方法。
4. 在 environment 的 main 方法中使用 fork 块并行执行 driver 和 monitor 的 main 方法。当 driver 和 monitor 中的 pkt_amount 相等时，测试结束。

例 9.19　添加 monitor 后的在 environment 类

src/ch9/sec9.5/env/environment.svh

```
4   class environment #(type T = trans_base) extends component_base;
5     driver #(T) drv;
6     monitor #(T) mon;
7
8     extern virtual function void build();
9     extern virtual function void connect();
10    extern virtual task main();
11  endclass
12
13  function void environment::build();
14    drv = new();
15    mon = new();
16    drv.build();
17    mon.build();
18  endfunction
19
20  function void environment::connect();
21    drv.connect();
22    mon.connect();
23  endfunction
24
25  task environment::main();
26    fork
27      drv.main();
```

```
28      mon.main();
29    join_none
30    wait(drv.pkt_amount == mon.pkt_amount);
31  endtask
```

添加 monitor 后层次化测试平台的结构如图9.5 所示。

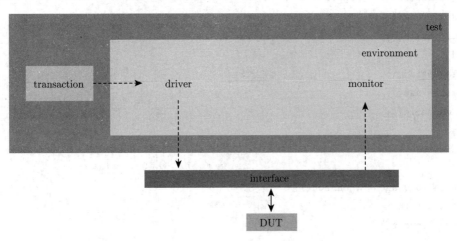

图 9.5　添加 monitor 后层次化测试平台的结构

本章中的测试平台只在 DUT 的输出端监控采样运行结果，其实在 DUT 的输入端设置监控也是有必要的，原因如下。

1. 在一个大型的项目中，driver 需要使用某种数据传输协议向 DUT 发送激励，而 monitor 使用同样的协议从 DUT 收集结果，如果测试平台的 driver 和 monitor 由不同的人员设计，就可以降低其中一方出现协议理解错误的可能性。
2. 在实现代码复用时，使用 monitor 是非常有必要的。

9.3.8　添加 agent 类

driver 和 monitor 使用相同的数据传输协议收发数据，所以两者的代码高度相似。在工程中经常将它们封装在组件类 agent 中，agent 也是起到一个容器的作用，不同的 agent 封装了不同的传输协议，agent 可以在不同的测试平台中复用。下面将 environment 类中与 driver 和 monitor 相关的代码迁移到 agent 类中，如例9.20 所示。

例 9.20　agent 类

src/ch9/sec9.6/env/agent.svh

```
4   class agent #(type T = trans_base) extends component_base;
5     bit is_active; // iagent或oagent
6     driver #(T) drv;
7     monitor #(T) mon;
8
9     extern virtual function void build();
```

```
10    extern virtual function void connect();
11    extern virtual task main();
12  endclass
13
14  function void agent::build();
15    if(is_active == 1) begin
16      drv = new();
17      drv.build();
18    end
19    else begin
20      mon = new();
21      mon.build();
22    end
23  endfunction
24
25  function void agent::connect();
26    if(is_active == 1)
27      drv.connect();
28    else
29      mon.connect();
30  endfunction
31
32  task agent::main();
33    if(is_active == 1'b1)
34      drv.main();
35    else
36      mon.main();
37  endtask
```

agent 在 DUT 的输入端和输出端被配置成不同的结构，配置由 agent 类的属性 is_active 决定。当 is_active 等于 1 时表示将 agent 连接到 DUT 的输入端，具体情况如下。

1. agent 的 build 方法创建 driver 对象，同时调用 driver 的 build 方法。

2. 在 agent 的 connect 方法中调用 driver 的 connect 方法。

3. 在 agent 的 main 方法中调用 driver 的 main 方法。

当 is_active 等于 0 时表示将 agent 连接到 DUT 的输出端，因为输出端不需要产生激励，所以输出端的 agent 不会例化 driver 类。具体情况如下。

1. agent 的 build 方法创建 monitor 对象，同时调用 monitor 的 build 方法。

2. 在 agent 的 connect 方法中调用 monitor 的 connect 方法。

3. 在 agent 的 main 方法中调用 monitor 的 main 方法。

组件 driver 和 monitor 已经被移动到 agent 中，现在只需要在环境类中例化并配置组件 agent 就可以了，如例9.21 所示。environment 类需要做出如下修改。

1. 定义句柄 iagt 和 oagt。
2. 在 build 方法中创建连接 DUT 输入和输出端的 agent 对象。设置输入端 agent 的属性 is_active 为 1，设置输出端 agent 的属性 is_active 为 0，并调用两个 agent 的 build 方法。
3. 在 connect 方法中调用两个 agent 的 connect 方法。
4. 在 main 方法的 fork 块中调用两个 agent 的 main 方法。当 driver 和 monitor 中的 pkt_amount 相等时，测试结束。

例 9.21 添加 agent 后的 environment 类

src/ch9/sec9.6/env/environment.svh

```
4   class environment #(type T = trans_base) extends component_base;
5     agent #(T) iagt;
6     agent #(T) oagt;
7
8     extern virtual function void build();
9     extern virtual function void connect();
10    extern virtual task main();
11  endclass
12
13  function void environment::build();
14    iagt = new();
15    oagt = new();
16
17    iagt.is_active = 1;
18    oagt.is_active = 0;
19    iagt.build();
20    oagt.build();
21  endfunction
22
23  function void environment::connect();
24    iagt.connect();
25    oagt.connect();
26  endfunction
27
28  task environment::main();
29    fork
30      iagt.main();
31      oagt.main();
32    join_none
33    wait(iagt.drv.pkt_amount == oagt.mon.pkt_amount);
34  endtask
```

添加 agent 后层次化测试平台的结构如图9.6 所示。

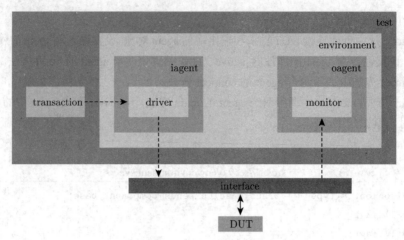

图 9.6　添加 agent 后层次化测试平台的结构

9.3.9　添加 scoreboard 类

结果的自动比对在 scoreboard 类中实现，比对的参考数据来自于 driver，为此在 driver 中定义用来转发 transaction 句柄的信箱 drv2scb，如例9.22 所示。drv2scb 在 driver 的 buiild 方法中被例化，然后在 connect 方法中调用 svm_config_db 的 set 方法注册到配置数据库中，信箱 drv2scb 在配置数据库中的索引是"drv2scb"。最后在 main 方法中使用信箱的 put 方法将 transaction 句柄转发给 scoreboard。

例 9.22　driver 类中添加信箱 drv2scb

src/ch9/sec9.7/env/driver.svh

```
4   class driver #(type T = trans_base) extends component_base;
5     virtual input_intf vif;
6     mailbox #(T) drv2scb; // 定义信箱句柄
7     T blueprint;
8     rand int unsigned pkt_amount;
9
10    extern virtual function void build();
11    extern virtual function void connect();
12    extern virtual task main();
13    extern virtual task drive_one_pkt(T tr);
14  endclass
15
16  function void driver::build();
17    drv2scb = new(); // 创建信箱实例
18    pkt_amount = $urandom_range(1, 8);
19  endfunction
20
21  function void driver::connect();
```

```
22      svm_config_db#(virtual input_intf)::get("input_vif", vif);
23      svm_config_db#(mailbox #(T))::set("drv2scb", drv2scb); // 注册信箱句柄
24      svm_config_db#(T)::get("blueprint", blueprint);
25   endfunction
26
27   task driver::main();
28      T tr;
29      vif.drv_cb.data <= 8'b0;
30      vif.drv_cb.valid <= 1'b0;
31      @(posedge vif.rst_n);
32      repeat(pkt_amount) begin
33        assert(blueprint.randomize());
34        tr = new();
35        tr.copy(blueprint);
36        drive_one_pkt(tr);
37        drv2scb.put(tr); // 转发transaction对象
38      end
39   endtask
```

    scoreboard 类中比对的实际数据来自于 monitor，为此在 monitor 中添加用来转发 transaction 句柄的信箱 mon2scb，如例9.23 所示。mon2scb 在 monitor 的 build 方法中被例化，然后在 connect 方法中调用 svm_config_db 的 set 方法注册到配置数据库中，mon2scb 在配置数据库中的索引是 "mon2scb"。最后在 main 方法中使用信箱的 put 方法将 transaction 句柄转发到 scoreboard。monitor 类中的属性 pkt_amount 将被移动到 scoreboard 类，这里将与 pkt_amount 相关的代码删除即可。

例 9.23　monitor 类中添加信箱 mon2scb

src/ch9/sec9.7/env/monitor.svh

```
4    class monitor #(type T = trans_base) extends component_base;
5      virtual output_intf vif; // 定义虚接口
6      mailbox #(T) mon2scb; // 定义信箱句柄
7
8      extern virtual function void build();
9      extern virtual function void connect();
10     extern virtual task main();
11     extern virtual task collect_one_pkt(T tr);
12   endclass
13
14   function void monitor::build();
15     mon2scb = new(); // 创建信箱实例
16   endfunction
17
18   function void monitor::connect();
```

```
19  svm_config_db#(virtual output_intf)::get("output_vif", vif); // 注册信箱句柄
20  svm_config_db#(mailbox #(T))::set("mon2scb", mon2scb);
21  endfunction
22
23  task monitor::main();
24    T tr;
25    forever begin
26      tr = new();
27      collect_one_pkt(tr);
28      mon2scb.put(tr); // 发送transaction对象
29    end
30  endtask
```

参考数据和实际数据的对比功能在组件类 scoreboard 中实现，如例9.24 所示，这个类对比接收到的两个 transaction 对象的内容是否一致，从而验证 DUT 是否正确工作。scoreboard 中定义了两个信箱 drv2scb 和 mon2scb，在 connect 方法中调用 svm_config_db 的 get 方法从配置数据库中取出注册过的信箱实例。

scoreboard 需要时刻收集数据，永不停歇，所以在 main 方法中使用了 forever 语句。数据的比较使用了 transaction 类的 compare 方法，稍后将给出代码。每比较一次属性 pkt_amount 数值加 1。

例 9.24 scoreboard 类

src/ch9/sec9.7/env/scoreboard.svh

```
4   class scoreboard #(type T = trans_base) extends component_base;
5     mailbox #(T) drv2scb, mon2scb; // 定义信箱句柄
6
7     int unsigned pkt_amount;
8     T expect_queue[$];
9
10    extern virtual function void build();
11    extern virtual function void connect();
12    extern virtual task main();
13  endclass
14
15  function void scoreboard::build();
16  endfunction
17
18  function void scoreboard::connect();
19    svm_config_db#(mailbox #(T))::get("drv2scb", drv2scb);
20    svm_config_db#(mailbox #(T))::get("mon2scb", mon2scb);
21  endfunction
22
```

```
23   // 比较实际结果和期望结果
24   task scoreboard::main();
25     T get_expect, get_actual;
26     bit result;
27     fork
28       forever begin
29         drv2scb.get(get_expect);
30         mon2scb.get(get_actual);
31         result = get_actual.compare(get_expect);
32         if(result == 1) begin
33           $display("Compare successfully");
34         end
35         else begin
36           $display("Compare failed");
37           $display("the expect pkt is");
38           get_expect.print();
39           $display("the actual pkt is");
40           get_actual.print();
41         end
42         pkt_amount++;
43       end
44     join_none
45   endtask
```

下面在 environment 类中加入组件类 scoreboard，如例9.25 所示。environment 在 build 方法中例化 iagt、oagt 和 scb，并调用它们的 build 方法。在 connect 方法中按顺序调用这三个组件对象的 connect 方法，最后在 main 方法的 fork 块中并行处理这 3 个组件对象的 main 方法。当 scoreboard 与 driver 中的 pkt_amount 相等时验证结束。

例 9.25　添加 scoreboard 后的 environment 类

src/ch9/sec9.7/env/environment.svh

```
4    class environment #(type T = trans_base) extends component_base;
5      agent #(T) iagt;
6      agent #(T) oagt;
7      scoreboard #(T) scb;
8
9      extern virtual function void build();
10     extern virtual function void connect();
11     extern virtual task main();
12   endclass
13
14   function void environment::build();
```

```
15    iagt = new();
16    oagt = new();
17    scb = new();
18
19    iagt.is_active = 1;
20    oagt.is_active = 0;
21    iagt.build();
22    oagt.build();
23    scb.build();
24  endfunction
25
26  function void environment::connect();
27    iagt.connect();
28    oagt.connect();
29    scb.connect();
30  endfunction
31
32  task environment::main();
33    fork
34      iagt.main();
35      oagt.main();
36      scb.main();
37    join_none
38    wait(iagt.drv.pkt_amount == scb.pkt_amount);
39  endtask
```

scoreboard 类中用到了 transaction 类的 compare 方法，它逐字段比较两个 my_transaction 对象，并给出最终的比较结果。compare 方法如例9.26 所示。

例 9.26　scoreboard 类的 compare 方法

src/ch9/sec9.7/env/transaction.svh

```
45  virtual function bit compare(input trans_base rhs = null);
46    transaction rhs_;
47    bit result;
48    if ((rhs == null) || !$cast(rhs_, rhs))
49      $display("copy fail");
50    result = ((dmac == rhs_.dmac) && (smac == rhs_.smac) &&
51      (ether_type == rhs_.ether_type) && (crc == rhs_.crc));
52    if(pload.size() != rhs_.pload.size())
53      result = 0;
54    else
55      for(int i = 0; i < pload.size(); i++) begin
```

```
56        if(pload[i] != rhs_.pload[i])
57          result = 0;
58      end
59    return result;
60  endfunction
```

添加 scoreboard 后层次化测试平台的结构如图9.7 所示。

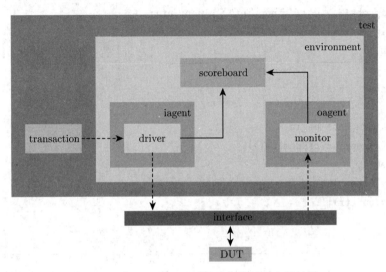

图 9.7　添加 scoreboard 后层次化测试平台的结构

9.3.10　添加 sequencer 类

在 1.6 节中强调过，driver 只负责发送激励。不产生激励。激励应该在 sequence 类中生成，并通过 sequencer 转发到 driver。考虑到当前的 DUT 只有数据端口，所以测试平台省略了 sequence 类，将 driver 类中产生激励的代码移动到 sequencer 类中，如例9.27 所示。信箱实例在 build 方法中创建，在 connect 方法中调用 svm_config_db 的 set 方法将信箱句柄 seq2drv 注册到配置数据库中，最后在 main 方法中使用信箱的 put 方法发送 transaction 对象。

例 9.27　sequencer 类

src/ch9/sec9.8/env/sequencer.svh

```
4   class sequencer #(type T = trans_base) extends component_base;
5     mailbox #(T) seq2drv; // 定义信箱
6     T blueprint;
7     rand int unsigned pkt_amount;
8
9     extern virtual function void build();
10    extern virtual function void connect();
11    extern virtual task main();
12  endclass
```

```
13
14  function void sequencer::build();
15    seq2drv = new();
16    pkt_amount = $urandom_range(4, 8);
17  endfunction
18
19  function void sequencer::connect();
20    svm_config_db#(T)::get("blueprint", blueprint);
21    svm_config_db#(mailbox #(T))::set("seq2drv", seq2drv);
22  endfunction
23
24  task sequencer::main();
25    T tr;
26    repeat(pkt_amount) begin
27      assert(blueprint.randomize());
28      tr = new();
29      tr.copy(blueprint);
30      seq2drv.put(tr);
31    end
32  endtask
```

下面在 driver 类中使用信箱接收来自 sequencer 的 transaction 对象，如例9.28 所示。定义信箱句柄 seq2drv 后，在 connect 方法中调用 config_db 的 get 方法从配置数据库获取信箱句柄，然后在 main 方法的 forever 语句中使用 seq2drv 的 get 方法得到 transaction 对象。

例 9.28 向 driver 类中添加信箱句柄 seq2drv

src/ch9/sec9.8/env/driver.svh

```
4   class driver #(type T = trans_base) extends component_base;
5     virtual input_intf vif;
6     mailbox #(T) drv2scb;
7     mailbox #(T) seq2drv;
8
9     extern virtual function void build();
10    extern virtual function void connect();
11    extern virtual task main();
12    extern virtual task drive_one_pkt(T tr);
13  endclass
14
15  function void driver::build();
16    drv2scb = new();
17  endfunction
18
```

```
19  function void driver::connect();
20    svm_config_db#(virtual input_intf)::get("input_vif", vif);
21    svm_config_db#(mailbox #(T))::set("drv2scb", drv2scb);
22    svm_config_db#(mailbox #(T))::get("seq2drv", seq2drv);
23  endfunction
24
25  task driver::main(); // 向接口发送事务对象
26    T tr;
27    vif.drv_cb.data <= 8'b0;
28    vif.drv_cb.valid <= 1'b0;
29    @(posedge vif.rst_n);
30    forever begin
31      seq2drv.get(tr);
32      drive_one_pkt(tr);
33      drv2scb.put(tr);
34    end
35  endtask
```

由于 sequencer 与 driver 的关系非常密切，因此它也被放置在 agent 中。agent 中将包含 sequencer、driver 和 monitor 共 3 个组件类，如例9.29 所示。当 is_active 等于 1 时，sequencer 和 driver 组件类将被例化，当 is_active 等于 0 时，只有 monitor 组件类被例化。

例 9.29 在 agent 类中添加 sequencer、driver 和 monitor

src/ch9/sec9.8/env/agent.svh

```
4   class agent #(type T = trans_base) extends component_base;
5     bit is_active; // iagent或oagent
6     sequencer #(T) sqr;
7     driver #(T) drv;
8     monitor #(T) mon;
9
10    extern virtual function void build();
11    extern virtual function void connect();
12    extern virtual task main();
13  endclass
14
15  function void agent::build();
16    if(is_active == 1) begin
17      sqr = new();
18      drv = new();
19      sqr.build();
20      drv.build();
21    end
```

```
22      else begin
23        mon = new();
24        mon.build();
25      end
26   endfunction
27
28   function void agent::connect();
29     if(is_active == 1) begin
30       sqr.connect();
31       drv.connect();
32     end
33     else
34       mon.connect();
35   endfunction
36
37   task agent::main();
38     if(is_active == 1'b1) begin
39       fork
40         sqr.main();
41         drv.main();
42       join_none
43     end
44     else
45       mon.main();
46   endtask
```

添加 sequencer 后层次化测试平台的结构如图9.8 所示。

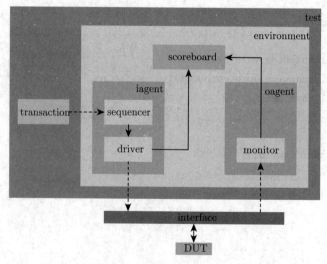

图 9.8　添加 sequencer 后层次化测试平台的结构

9.4 添加工厂机制

当前的测试平台只包含一个测试模块。为了添加更多的测试用例，并在运行时灵活地选择测试用例。需要将工厂机制添加到测试平台。9.3.4 节中添加 svm_config_db 时使用了 svm_pkg 包，实际上这个包中已经包含了工厂机制。现在要做的就是将所有的测试模块改写成测试类，然后在每个测试类中使用 svm_component_utils 宏添加工厂机制，这样测试平台在运行时就可以使用代理对象动态创建想要执行的测试对象。

测试平台通常会执行很多测试，包含很多测试类，有必要为所有的测试类定义一个公共测试基类，并在其中添加所有测试类都需要执行的操作，如例9.30 所示。测试基类主要完成了如下操作。

1. 添加 transaction 和 environment 类，并在 new 方法中例化。
2. 使用 svm_component_utils 宏为 test_base 添加工厂机制。
3. 在虚方法 run_test 方法中使用 svm_config_db 从配置数据库中得到 blueprint 对象。

例 9.30 测试基类 test_base

src/ch9/sec9.9/tests/test_base.svh

```
4  class test_base extends svm_component;
5    transaction blueprint;
6    environment #(transaction) env;
7    `svm_component_utils(test_base);
8
9    function new(string name);
10     super.new(name);
11     blueprint = new();
12     env = new();
13   endfunction
14
15   virtual task run_test();
16     svm_config_db#(transaction)::set("blueprint", blueprint);
17   endtask
18 endclass
```

下面将例9.17 中的测试模块改写成测试类 test_normal，如例9.31 所示。test_normal 是 test_base 的派生类，主要完成了如下操作。

1. 使用 svm_component_utils 宏为 test_normal 添加工厂机制。
2. 在 new 方法中调用测试基类的 new 方法。
3. 重写虚方法 run_test，在调用测试基类的 run_test 方法后，按顺序调用环境类的 build、connect 和 main 方法。

例 9.31　测试类 test_normal

src/ch9/sec9.9/tests/test_normal.svh

```
4   class test_normal extends test_base;
5     `svm_component_utils(test_normal);
6
7     function new(string name);
8       super.new(name);
9     endfunction
10
11    virtual task run_test();
12      super.run_test();
13      env.build();
14      env.connect();
15      env.main();
16    endtask
17  endclass
```

现在将 test_base、test_normal 和下文中新添加的所有测试类封装成包 test_pkg，如例9.32 所示。因为测试类需要使用工厂机制和环境类，所以 test_pkg 包导入了 svm_pkg 包和 env_pkg 包的全部内容。

例 9.32　将所有测试类放在包中

src/ch9/sec9.9/tests/test_pkg.sv

```
4   package test_pkg;
5     import svm_pkg::*;
6     import env_pkg::*;
7     `include "test_base.svh"
8     `include "test_normal.svh"
9     `include "test_crc.svh"
10    `include "test_cov.svh"
11  endpackage
```

添加工厂机制后，测试平台不再使用 new 函数显示例化测试对象，而是使用工厂机制创建命令行参数指定的测试对象，然后运行测试对象的 run_test 方法，如例9.33 所示。

例 9.33　在测试平台中使用工厂机制创建测试对象

src/ch9/sec9.9/top_tb.sv

```
6   module top_tb;
29    initial begin
30      svm_component test_obj;
31      test_obj = svm_factory::get_test();
32      test_obj.run_test();
33      $finish();
```

```
34    end
50    endmodule
```

添加工厂机制后测试平台的工作过程如图9.9所示，在 0 时刻时测试平台完成如下工作。

1. 启动所有的 initial 和 always 结构。
2. 使用工厂机制创建命令行参数指定的测试对象。
3. 调用测试对象的 run_test 方法。
4. run_test 方法调用 environment 类的 build 方法，继而调用所有组件类的 build 方法。
5. run_test 方法调用 environment 类的 connect 方法，继而调用所有组件类的 connect 方法。

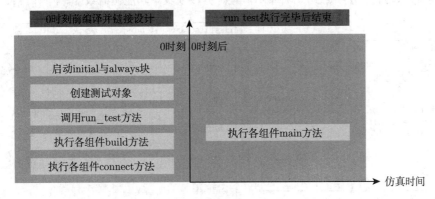

图 9.9　测试平台的工作过程

修改附录中的 Makefile 文件，将变量 LIB_NAME 设置为"SVM"，然后在"TEST_NAME="后补全测试类名，即"TEST_NAME=test_normal"，这样就可以在测试模块运行时使用工厂机制动态创建测试类 test_normal 的实例。

9.5　添加回调技术

9.5.1　回调技术

回调（callback）技术可以在不修改测试平台代码的情况下为测试平台添加新的功能。图9.10演示了在 driver 中插入回调的原理和实现过程，具体如下。

1. driver 中添加一个 callback 类型的队列 drv_cb。其中 callback 类是所有回调类的抽象基类，如例9.34所示，它包含 2 个内容为空的虚方法（注意不是纯虚方法）pre_tx 和 post_tx，pre_tx 被称为前回调方法，它将在 driver 发送测试激励前执行被调用（如修改测试激励），post_tx 被称作后回调方法，它将在 driver 发送测试激励后被调用（如做覆盖收集）。这 2 个虚方法会在回调派生类中被重新定义。
2. 根据实际功能定义 1 个或多个回调派生类，文中定义了 2 个回调派生类 callback_drv_set_crc 和 callback_drv_get_cov。回调派生类 callback_drv_set_crc 中只重写了 pre_tx 虚方法，如例9.35所示。回调派生类 callback_drv_set_cov 中只重写了 post_tx 虚方法，如例9.39所示。这两个回调派生类会在下文中详细解释。

3. 在测试类 test 中创建所有派生回调类的实例，并将所有回调对象的句柄 push_back 到 driver 的 drv_cb 中。这相当于使用回调技术向 driver 注入新的功能，driver 使用队列 drv_cb 管理所有的回调对象。

4. 在组件类 driver 的合适位置使用 foreach 语句遍历所有回调对象的 pre_tx 和 post_tx 方法。在遍历回调对象的过程中，回调基类句柄会根据虚方法是否被重写而调用回调派生类或者回调基类中的相应虚方法，调用回调基类 callback 中的虚方法相当于不做任何操作。

测试类使用回调类句柄将回调对象传入 driver 中，然后在 driver 中调用回调方法。这样只需要在回调类中添加不同的回调方法，driver 就可以在不修改测试平台的情况下实现不同的功能。例如向事务注入错误、丢弃事务、将事务放进记分板或收集功能覆盖数据等。

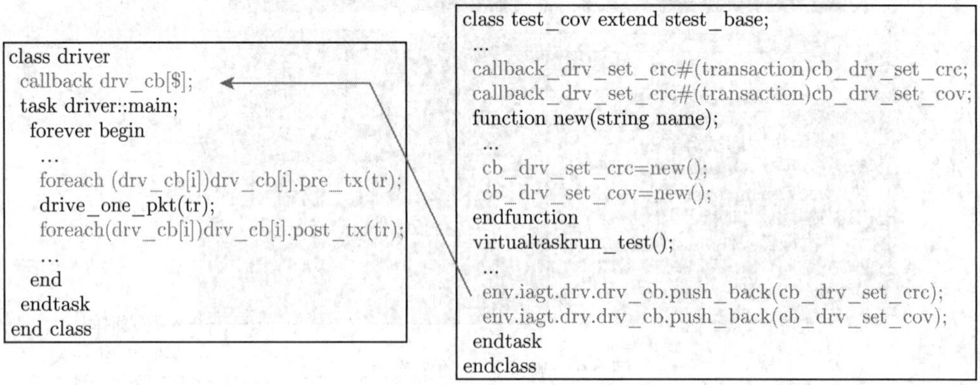

```
class driver
  callback drv_cb[$];
  task driver::main;
   forever begin
    …
    foreach (drv_cb[i])drv_cb[i].pre_tx(tr);
    drive_one_pkt(tr);
    foreach(drv_cb[i])drv_cb[i].post_tx(tr);
   end
  endtask
end class
```

```
class test_cov extend stest_base;
  …
  callback_drv_set_crc#(transaction)cb_drv_set_crc;
  callback_drv_set_crc#(transaction)cb_drv_set_cov;
  function new(string name);
   cb_drv_set_crc=new();
   cb_drv_set_cov=new();
  endfunction
  virtualtaskrun_test();
   …
   env.iagt.drv.drv_cb.push_back(cb_drv_set_crc);
   env.iagt.drv.drv_cb.push_back(cb_drv_set_cov);
  endtask
endclass
```

图 9.10　回调技术的原理

9.5.2　使用回调修改激励

DUT 的激励由 sequencer 产生，并通过 driver 发送到 DUT。为了模拟真实的外部环境，本节将设计一个回调派生类 callback_drv_set_crc，它将被传入到 driver 中，它是以一定的概率将 driver 中正确的激励修改为异常的激励，从而实现错误的注入。先定义参数化的回调基类 callback，它是一个抽象类，不能被直接例化，如例 9.34 所示。回调基类中定义了两个内容为空的虚方法 pre_tx 和 post_tx。它们没有被定义为纯虚方法，因为 driver 在默认状态下不使用回调，会调用这两个空方法。

例 9.34　回调基类

src/ch9/sec9.9/env/callback.svh

```
4  virtual class callback #(type T = trans_base); // 回调基类
5    virtual function void pre_tx(input T rhs);
6    endfunction
7    virtual function void post_tx(input T rhs);
8    endfunction
9  endclass
```

回调基类只包含回调方法的原型声明。回调方法的功能将在回调派生类中被重新定义。例 9.35 给出了参数化的回调派生类 callback_drv_set_crc，类中重新定义了前回调方法 pre_tx，用来随机将 transaction 对象中的 crc 属性置位。回调对象在测试模块被特殊化，参数 ET 的特殊化值是 transaction。测试模块中创建的回调实例将被注入到 driver 中。

例 9.35　定义回调派生类 callback_drv_set_crc

src/ch9/sec9.9/env/callback.svh

```
11   class callback_drv_set_crc #(type ET = trans_base) extends callback;
12     virtual function void pre_tx(input T rhs);
13       ET rhs_;
14       if(rhs == null)
15         $display("error: rhs is null");
16       assert($cast(rhs_, rhs));
17       if (!$urandom_range(0,4)) begin; // 以20%概率设置事务对象中的crc值
18         rhs_.crc = 32'hffff;
19         $display("crc set");
20       end
21     endfunction
22   endclass
```

driver 中需要添加回调抽象基类队列 drv_cb，回调实例的句柄将被保存到这个队列中，driver 在发送激励的前后使用 foreach 语句调用所有回调对象的 pre_tx 和 post_tx 方法，如例9.36 所示。

例 9.36　在 driver 中添加回调抽象基类队列 drv_cb

src/ch9/sec9.9/env/driver.svh

```
4    class driver #(type T = trans_base) extends component_base;
8      callback drv_cb[$]; // 回调队列
13     extern virtual task drive_one_pkt(T tr);
14   endclass
25
26   task driver::main(); // 向接口发送事务对象
27     T tr;
28     vif.drv_cb.data <= 8'b0;
29     vif.drv_cb.valid <= 1'b0;
30     @(posedge vif.rst_n);
31     forever begin
32       seq2drv.get(tr);
33       foreach (drv_cb[i]) drv_cb[i].pre_tx(tr); // 调用回调方法
34       drive_one_pkt(tr);
35       foreach (drv_cb[i]) drv_cb[i].post_tx(tr); // 调用回调方法
36       drv2scb.put(tr);
37     end
38   endtask
```

261

回调对象不属于测试平台，比较好的办法是在测试类中完成回调对象的例化，再将它们注入到 driver 的对调队列中。现在从测试基类中派生出第 2 个测试类 test_crc，如例9.37 所示。test_crc 中添加了回调派生类句柄 cb_drv_set_crc，在 new 方法中例化 callback_drv_set_crc 后，使用 push_back 方法将这个句柄追加到 driver 中的队列 drv_cb 中。

例 9.37　测试派生类 test_crc

src/ch9/sec9.9/tests/test_crc.svh

```
4   class test_crc extends test_base;
5     callback_drv_set_crc #(transaction) cb_drv_set_crc;
6     `svm_component_utils(test_crc);
7
8     function new(string name);
9       super.new(name);
10      cb_drv_set_crc = new();
11    endfunction
12
13    virtual task run_test();
14      super.run_test();
15      env.build();
16      env.iagt.drv.drv_cb.push_back(cb_drv_set_crc); // 将回调方法加入到回调队列中
17      env.connect();
18      env.main();
19    endtask
20  endclass
```

因为 callback 类在 driver 中被使用，所以要其导入到包 env_pkg 中，如例9.38 所示。接下来将使用回调技术向测试平台中添加功能覆盖。

例 9.38　将 callback 类导入到包 env_pkg 中

src/ch9/sec9.9/env/env_pkg.sv

```
6   package env_pkg;
7     import svm_pkg::*;
8     `include "trans_base.svh"
9     `include "transaction.svh"
10    `include "callback.svh"
11    `include "component_base.svh"
12    `include "sequencer.svh"
13    `include "driver.svh"
14    `include "monitor.svh"
15    `include "agent.svh"
16    `include "scoreboard.svh"
17    `include "environment.svh"
```

```
18  endpackage
```

9.5.3　使用回调收集功能覆盖

为了收集功能覆盖，需要再添加一个回调派生类 callback_drv_get_cov，并重新定义后回调方法 post_tx，在 post_tx 中调用覆盖组的 sample 任务，如例9.39 所示。这个回调派生类用来收集 driver 发送的 transaction 对象中的属性 ether_type 的覆盖率。将覆盖回调对象注入驱动器的回调句柄队列中，覆盖代码就会在合适的时间触发覆盖组。

例 9.39　定义回调派生类 callback_drv_get_cov

src/ch9/sec9.9/env/callback.svh

```
24  class callback_drv_get_cov #(type ET = trans_base) extends callback;
25    ET rhs_;
26
27    covergroup cov_ether_type;
28      coverpoint rhs_.ether_type; // 覆盖点
29      option.at_least = 1;
30    endgroup
31
32    function new();
33      cov_ether_type = new();
34    endfunction
35
36    virtual function void post_tx(input T rhs);
37      if(rhs == null)
38        $display("error: rhs is null");
39      assert($cast(rhs_, rhs));
40      cov_ether_type.sample(); // 收集覆盖
41    endfunction
42  endclass
```

添加回调后，需要从测试基类派生出第 3 个测试类 test_cov，如例9.40 所示。test_cov 中新添加了回调派生类句柄 cb_drv_get_cov，在 new 方法中例化 callback_drv_get_cov 后，使用 push_back 方法将这个句柄追加到 driver 中的队列 drv_cb 中。

例 9.40　测试派生类 test_cov

src/ch9/sec9.9/tests/test_cov.svh

```
4  class test_cov extends test_base;
5    callback_drv_set_crc #(transaction) cb_drv_set_crc;
6    callback_drv_get_cov #(transaction) cb_drv_get_cov;
7    `svm_component_utils(test_cov);
8
```

```
9    function new(string name);
10      super.new(name);
11      cb_drv_set_crc = new();
12      cb_drv_get_cov = new();
13    endfunction
14
15    virtual task run_test();
16      super.run_test();
17      env.build();
18      env.iagt.drv.drv_cb.push_back(cb_drv_set_crc); // 将回调方法加入到回调队列中
19      env.iagt.drv.drv_cb.push_back(cb_drv_get_cov); // 将回调方法加入到回调队列中
20      env.connect();
21      env.main();
22    endtask
23  endclass
```

回调派生类 callback_drv_get_cov 中定义了覆盖组和覆盖点，为 driver 注入了收集覆盖的功能，仿真结束后可以使用相关软件查看功能覆盖率结果。

修改附录中的 Makefile 文件，将变量 LIB_NAME 设置为"SVM"，然后在 TEST_NAME=后补全测试类名，即"TEST_NAME=test_crc"或"TEST_NAME=test_cov"，这样就可以在测试模块运行时使用工厂机制动态创建对应的测试对象并启动测试。

9.6 练 习 题

练习 9.1 在本章的测试平台中，编写一个回调函数，计算发送的事务对象序列中错误 crc 出现的概率。

第 10 章

直接编程接口

随着数字系统的复杂度与日俱增，软硬件协同设计和验证将面对更多的挑战。复杂 SoC 的验证开始从硬件驱动转向软件驱动，使用 C/C++ 等高级编程语言编写更高抽象层级的模型也变得常见。另外，数模混仿中模拟电路的仿真模型（simulation model）以及数字系统参考模型的搭建，对使用 C/C++ 代码等软件语言来建模有一定的要求，并且要求模型能够嵌入到不同的平台来进行联合仿真。

直接编程接口是 SystemVerilog 与其他编程语言（本章主要以 C 语言为例）的连接接口。使用 DPI 可以很方便地在 SystemVerilog 中调用 C 函数，也可以在 C 中调用 SystemVerilog 例程。

本章首先说明导入函数/任务和导出函数/任务在 SystemVerilog 和 C 中的定义、声明和调用方法。接下来介绍函数/任务参数和函数返回值在 C 层和 SystemVerilog 层间的传递，传递的数据类型包括整数类型、浮点数类型、标量和向量的 bit 类型、标量和向量的 logic 类型、数组和结构等数据类型。最后讨论 SystemVerilog 层和 C 层之间控制的传递。

10.1　DPI 术语说明

DPI 由两个完全独立的层（layer）组成，分别是 SystemVerilog 层和 C 层。在 SystemVerilog 中，使用导入声明（import）可以将 C 函数导入到 SystemVerilog 层并被调用，使用导出声明（export）可以将 SystemVerilog 的函数或任务导出到 C 层并被调用。目前 DPI 只支持 C，C++ 代码需要被封装起来使它看起来像 C。为了方便下文的论述，定义如下术语。

1. 导出函数（exported function）：指定了导出声明的 SystemVerilog 函数，它可以被 C 调用。
2. 导出任务（exported task）：指定了导出声明的 SystemVerilog 任务，它可以被 C 调用。
3. 导入函数（imported function）：指定了导入声明的 C 函数，它可以被 SystemVerilog 调用，导入函数可以调用导出函数。
4. 导入任务（imported task）：指定了导入声明的 C 函数，它可以被 SystemVerilog 调用，导入任务可以调用导出任务（消耗时间）。

10.2 导入和导出函数

在 SystemVerilog 中，使用 import 语句可以将带有返回值的 C 函数映射成导入函数（function），而没有返回值的 C 函数既可以被映射成导入任务（task），也可以是导入函数（function void）。同样使用 export 语句可以将 SystemVerilog 中的导出函数或导出任务映射成 C 中的函数。

例10.1 中声明了导入函数 c_display 和导出函数 sv_display，它们都不带任何参数和返回值，只是用来说明导入函数和导出函数的声明、定义和调用方法。注意在 export 语句中不能加入 SystemVerilog 例程的返回值类型、参数和括号。这样做的好处是当修改 SystemVerilog 例程时，导出声明不受影响。导出函数 sv_display 的声明和定义要在相同的作用域中，否则会导致编译失败。

例 10.1　声明导入函数和导出函数

src/ch10/sec10.2/1/test.sv

```
4   module automatic test;
5     import "DPI-C" context function void c_display();
6     export "DPI-C" function sv_display; // 没有返回值类型、参数和括号
7
8     function void sv_display();
9       $display("SV: in sv_display");
10    endfunction
11
12    initial c_display();
13  endmodule
```

导出函数 sv_display 被 C 函数 c_display 调用，在 SystemVerilog 中 C 函数 c_display 又被映射为导入函数并被调用，如例10.2 所示。C 函数 c_display 中使用了编程语言接口（Program Language Interface，PLI）任务 io_printf 打印调试消息。这个任务被定义在头文件 veriuser.h 中，它在调试程序时非常有用。C 中的 io_printf 和 SystemVerilog 中的 $display 都会将输出内容打印到屏幕并写入到仿真日志文件。而 C 中的 printf 函数只能将信息打印在显示器上，并不会写入到仿真日志文件中。

例 10.2　在导入函数中调用导出函数

src/ch10/sec10.2/1/dpi.c

```
4   #include <svdpi.h>
5   #include <veriuser.h>
6
7   extern void sv_display();
8
9   void c_display()
10  {
11    io_printf("C: in c_display\n");
```

```
12   sv_display();
13 }
```

从例10.2的运行结果可以看出，导入函数 c_display 被调用后先输出自身的打印信息，然后再输出导出函数的打印信息。

例10.2的运行结果

```
C: in c_display
SV: in sv_display
```

10.3　基本数据类型的匹配

C 不能直接与 SystemVerilog 进行数据交互，需要使用字符串"DPI-C"注明两种语言之间的数据传递的标准格式。同时在 C 中需要定义一些数据结构用来规范描述 SystemVerilog 中的数据类型、接口函数、宏和参数等，这些规范描述被定义在头文件 svdpi.h 中。该文件是独立存在的，不依赖于任何一种仿真器，它主要包含了如下内容。

1. 定义了所有二值（bit）和四值（logic）数值的类型标准形式。
2. 将引用传递给 SystemVerilog 数据对象。
3. 所有被使用的函数的头部声明。
4. 一些常用宏和常量。

SyetemVerilog 和 C 之间的数据类型映射关系如表10.1所示。本节主要讲解整数类型、浮点数类型、标量和向量的 bit 类型、标量和向量的 logic 类型的映射，数组和结构的数据类型映射将在之后讨论。

表 10.1　SyetemVerilog 和 C 之间的数据类型映射

SystemVerilog	C（输入）	C（输出）
byte	char	char*
shortint	short int	short int*
int	int	int*
longint	long long int	long int*
shortreal	float	float*
real	double	double*
string	const char*	char**
string[N]	const char**	char**
bit	svBit	svBit*
logic/reg	svLogic	svLogic*
bit[N]	const svBitVecVal*	svBitVecVal*
logic[N]/reg[N]	const svLogicVecVal*	svLogicVecVal*
动态数组	const svOpenArrayHandle	svOpenArrayHandle
chandle	const void*	void*

10.3.1　整数和浮点数的数据类型映射

例10.3 中声明了两个导入函数 fabs 和 factorial，其中 fabs 是一个 C 库函数，用来计算浮点数的绝对值，factorial 是一个自定义 C 函数，用来计算整数的阶乘。字符串"DPI-C"指定了 SystemVerilog 和 C 之间的数据通信规范。

导入函数使用 SystemVerilog 的数据类型匹配 C 函数的参数和返回值数据类型。例10.3 中使用 SystemVerilog 层的 real 和 int 类型匹配 C 层中的 double 和 int 类型。导入函数可以直接被 SystemVerilog 调用。SystemVerilog 仿真器无法读入 C 代码，所以它不会进行数据类型检查。对于导入函数，VCS 和 Questa 编译器分别会生成 vc_hdrs.h 和 incl.h 头文件，文件中的内容可以作为数据类型匹配的参考。

导入函数的参数方向可以是 input、output 或 inout，但不能是 ref。默认参数方向是 input（向 C 函数传入数据）。导入函数可以返回一个简单数据类型，也可以是 void。语法手册规定导入函数的返回结果只能是如下数据类型：byte、shortint、int、longint、real、shortreal、chandle、string 以及 bit 和 logic 类型的单比特值。

例 10.3　映射并调用导入函数 fabs 和 factorial

src/ch10/sec10.3/1/test.sv

```
4  module automatic test;
5    import "DPI-C" function real fabs(input real r);
6    import "DPI-C" function int factorial(input int r);
7
8    initial begin
9      $display("fabs(-1.0)=%f", fabs(-1.0));
10     for(int i=0;i<10;i++)
11       $display("factorial(%0d)=%0d", i, factorial(i));
12   end
13 endmodule
```

C 代码中需要导入头文件 svdpi.h。在 C 函数 factorial 中，输入参数不应该被函数修改，所以将它定义为 const，如例10.4 所示。

例 10.4　C 函数 factorial

src/ch10/sec10.3/1/dpi.c

```
4  #include<svdpi.h>
5
6  int factorial(const int i)
7  {
8    if (i<=1) return 1;
9    else return i*factorial(i-1);
10 }
```

如果导入函数名与 SystemVerilog 的关键字存在命名冲突，可以在导入声明中指定新的导入函数名。例如，要将 C 函数 byte（见例10.5）导入到 SystemVerilog 中，而函数名 byte 是 SystemVerilog 的关键字，所以导入函数 byte 在 SystemVerilog 中被重新命名为 cbyte，如例10.6 所示。注意 byte 前面要加上 "\"。不存在命名冲突的导入函数也可以被重新命名，例10.5 中导入函数 fabs 在 SystemVerilog 中被重新命名为 cfabs。

例 10.5　C 函数 byte

src/ch10/sec10.3/2/dpi.c

```
4   #include <svdpi.h>
5
6   void byte()
7   {
8     printf("In SV, the alias of c funciton byte is cbyte.\n");
9   }
```

例 10.6　指定新的导入函数名

src/ch10/sec10.3/2/test.sv

```
4    module automatic test;
5      import "DPI-C" \byte = function void cbyte();
6      import "DPI-C" fabs = function real cfabs(input real r);
7
8      initial begin
9        cbyte();
10       $display("cfabs(-1.0)=%f", cfabs(-1.0));
11     end
12   endmodule
```

SystemVerilog 中允许声明例程的地方都可以插入导入声明，这时导入函数只在声明的作用域中有效。如果需要在代码的多个位置调用同一个导入函数，可以将导入声明封装到一个包中，并在需要的地方导入这个包。

10.3.2　标量的数据类型映射

作为 C 层的输入参数时，SystemVerilog 中标量的 bit 和 logic 类型分别被映射成 C 层的 svBit 和 svLogic 类型。svBit 和 svLogic 在 svdpi.h 中的定义如例10.7 所示，它们最终都被映射为 unsigned char 类型。SystemVerilog 层的标量常数值 0、1、z 和 x 分别被映射成 C 层的 sv_0、sv_1、sv_z 和 sv_x。因此 svBit 变量的合理取值只能是 sv_0 和 sv_1，svLogic 变量的合理取值可以是 sv_0、sv_1、sv_z 和 sv_x。由于性能原因，SystemVerilog 在调用导入函数/任务时不会屏蔽参数中未使用的高位，这很可能导致错误发生，所以需要在 C 中确保这些变量被正确使用。

例 10.7　svdpi.h 中 svBit 和 svLogic 类型的定义

```
/* canonical representation */
#define sv_0 0
#define sv_1 1
#define sv_z 2 /* representation of 4-st scalar z */
#define sv_x 3 /* representation of 4-st scalar x */

/* common type for 'bit' and 'logic' scalars. */
typedef unsigned char svScalar;
typedef svScalar svBit; /* scalar */
typedef svScalar svLogic; /* scalar */
```

例10.8和例10.9展示了如何向 C 层传递 bit 类型和 logic 类型的标量数据。例10.8在 SystemVerilog 层声明导入函数 print_scalar，它的输入参数 a 是 bit 类型，输入参数 b 是 logic 类型。

例 10.8　导入函数的输入参数是标量的 bit 和 logic 类型
src/ch10/sec10.3/3/test.sv

```
4   import "DPI-C" function void print_scalar(input bit a, input logic b);
5
6   module automatic test;
7     bit a;
8     logic b;
9
10    initial begin
11      a = 1'b0;
12      b = 1'bz;
13      print_scalar(a, b);
14      a = 1'b1;
15      b = 1'bx;
16      print_scalar(a, b);
17    end
18  endmodule
```

SystemVerilog 层标量的 bit 和 logic 类型在 C 层分别被映射成 svBit 和 svLogic 类型，如例10.9所示。导入函数 print_scalar 用来打印参数的内容。

例 10.9　C 函数的参数是 svBit 和 svLogic 类型
src/ch10/sec10.3/3/dpi.c

```
4   #include "svdpi.h"
5   #include "veriuser.h"
6
7   void print_scalar(svBit a, svLogic b)
8   {
```

```
 9   io_printf("a=%x, b=%x\n", a, b);
10  }
```

例10.9的运行结果如下。SystemVerilog 层的数值 0、1、z 和 x 在 C 层打印出来的结果分别是 0、1、2 和 3。

例10.9的运行结果

```
a = 0, b = 2
a = 1, b = 3
```

10.3.3　向量的数据类型映射

作为 C 层的输入参数时，SystemVerilog 层的向量 bit 类型被映射并压缩成 svBitVecVal 类型的数组，因为数组的地址不能被更改，所以可以使用指针 const svBitVecVal* 表示。向量 logic 类型被映射并压缩成 svLogicVecVal 类型的数组，可以使用指针 const svLogicVecVal* 表示。svBitVecVal 和 svLogicVecVal 在 svdpi.h 中的定义如例10.10 所示，svBitVecVal 最终被映射成 uint32_t，即 32位无符号整数类型。svLogicVecVal 最终被映射成 s_vpi_vecval。s_vpi_vecval 是一个结构类型，它包含了 2 个 uint32_t 类型的变量 aval 和 bval。

例 10.10　svdpi.h 中 bit 和 logic 向量的相关宏定义

```
/*
 * DPI representation of packed arrays.
 * 2-state and 4-state vectors, exactly the same as PLI's avalue/bvalue.
 */
#ifndef VPI_VECVAL
#define VPI_VECVAL
typedef struct t_vpi_vecval {
  uint32_t aval;
  uint32_t bval;
} s_vpi_vecval, *p_vpi_vecval;
#endif
/* (a chunk of) packed logic array */
typedef s_vpi_vecval svLogicVecVal;
/* (a chunk of) packed bit array */
typedef uint32_t svBitVecVal;
/* Number of chunks required to represent the given width packed array */
#define SV_PACKED_DATA_NELEMS(WIDTH) (((WIDTH) + 31) >> 5)
/*
 * Because the contents of the unused bits is undetermined,
 * the following macros can be handy.
 */
```

```
#define SV_MASK(N) (~(-1 << (N)))
#define SV_GET_UNSIGNED_BITS(VALUE, N) \
  ((N) == 32 ? (VALUE) : ((VALUE) & SV_MASK(N)))
#define SV_GET_SIGNED_BITS(VALUE, N) \
  ((N) == 32 ? (VALUE) : \
  (((VALUE) & (1 << (N))) ? ((VALUE) | ~SV_MASK(N)) : ((VALUE) & SV_MASK(N))))
```

先说明 SystemVerilog 层向量 bit 类型在 C 中的存储方式。假设 SystemVerilog 层定义了向量 bit [39:0] a = 40'h1234_5678_9a，它被传入 C 层后将被压缩成 uint32_t 类型的数组 a，存储方式如图10.1 所示。数组 a 包含 2 个元素，a[0] 保存了 SystemVerilog 层向量 a 的低 32 位，a[1] 的低 8 位保存了 SystemVerilog 层向量 a 的高 8 位，a[1] 的剩余空间未使用。即数组元素的每个位对应 SystemVerilog 层向量的一个位。

a[0]	32'h3456789a	
a[1]	未使用	8'h12

图 10.1　向量的 bit 类型在 C 层的存储方式

接下来说明 SystemVerilog 层向量 logic 类型在 C 中的存储方式。假设 SystemVerilog 层定义了向量 logic [39:0] a = 40'h1234_5678_zx，它被传入 C 层后将被压缩成 s_vpi_vecval 类型的数组 a，存储方式如图10.2 所示。数组 a 包含了 2 个元素，a[0] 中的 aval 和 bval 共同保存了 SystemVerilog 层向量 a 的低 32 位，a[1] 中的 aval 和 bval 的低 8 位共同保存了 SystemVerilog 层向量 a 的高 8 位，a[1] 的剩余空间未使用。即数组元素中 aval 和 bval 的一个位共同对应 SystemVerilog 层向量的一个位。对应方式如表10.2 所示。

a[0]	a[0].aval:32'h3456780f	a[0].bval:32'h000000ff
a[1]	a[1].aval:{24'h000000,8'h12}	a[1].bval:{24'h000000,8'h00}

图 10.2　向量 logic 类型在 C 层的存储方式

表 10.2　logic 向量中的一位在 C 中的编码

logic	aval	bval
0	0	0
1	1	0
z	0	1
x	1	1

例10.11 和例10.12 演示了如何向 C 层传递向量的 logic 类型数据。例10.11 在 SystemVerilog 层声明导入函数 print_logic_vec，它的输入参数 a 是位宽为 40 比特的向量 logic 类型。

例 10.11　导入函数的输入参数是向量的 logic 类型

src/ch10/sec10.3/4/test.sv

```
4  import "DPI-C" function void print_logic_vec(input logic [39:0] a);
```

```
5
6   module automatic test;
7     logic [39:0] a;
8
9     initial begin
10      a=40'h1234_5678_zx;
11      $display("SV: data sent to C side: %x", a);
12      print_logic_vec(a);
13    end
14  endmodule
```

在对应的同名 C 函数中，SystemVerilog 层的 logic 向量被映射成 const svLogicVecVal* 类型，如例10.12所示。函数 print_logic_vec 也是用来打印参数的内容。宏 SV_PACKED_DATA_NELEMS 的定义见例10.10，这个宏根据 SystemVerilog 层 logic 向量的位宽计算出 C 层 svLogicVecVal 类型数组的长度。

例 10.12　C 函数的参数是 const svLogicVecVal* 类型

src/ch10/sec10.3/4/dpi.c

```
4   #include <svdpi.h>
5   #include <veriuser.h>
6
7   void print_logic_vec(const svLogicVecVal* a)
8   {
9     io_printf("C data from SV side\n");
10    for(int i = 0; i < SV_PACKED_DATA_NELEMS(40); i++)
11      io_printf("a[%x].aval=%x, a[%x].bval=%x\n", i, a[i].aval, i, a[i].bval);
12  }
```

从例10.12的运行结果可以看出，aval 和 bval 的编码和表10.2一致。

例10.12的运行结果

```
a[0].aval = 3456780f, a[0].bval = ff
a[1].aval = 12, a[1].bval = 0
```

10.4　chandle 与 C 指针的数据类型映射

在测试平台中，经常使用 C 建模 DUT 的参考模型。同时在测试平台运行的整个过程中，C 参考模型中的寄存器应该始终保持在内存中以便访问，这就涉及在 C 中为寄存器申请内存空间的问题。本节将建模一个 4 位计数器模型来说明 chandle 类型的使用，这个计数器具有复杂设计的所有特征，包括输入、输出、使用内存空间以及对多次例化的支持。

10.4.1　使用静态变量的 C 函数

在 C 中，静态变量被保存在内存的静态存储区中，该区域中的数据在 C 程序运行期间一直存在，直到 C 程序运行结束。当测试模块只例化一个计数器时，就可以在 C 中使用静态变量保存计数器（寄存器）值。例10.13使用 C 函数描述了一个 4 位计数器，计数值被保存在 char 类型的静态变量 counter 中，所以要通过与运算屏蔽其高 4 位内容。

例 10.13　使用静态变量的计数器 C 函数

src/ch10/sec10.4/1/dpi.c

```
4   #include <svdpi.h>
5   #include <veriuser.h>
6
7   void do_count(
8     svBitVecVal* o,
9     const svBitVecVal* i,
10    const svBit reset,
11    const svBit load)
12  {
13    static unsigned char counter = 0; // 静态计数器变量
14
15    if (reset) counter = 0; // 复位
16    else if (load) counter = *i; // 加载预设值
17    else counter++; // 计数
18    *o = counter & 0xf; // 屏蔽高4位
19    io_printf("C: o=%x, i=%x, reset=%x, load=%x\n", *o, *i, reset, load);
20  }
```

导入函数 do_count 在测试模块中被调用，如例10.14所示。在测试模块中，变量 reset 和 load 是 bit 类型，它们按 svBit 类型传递到 C 中，在 C 中最终被映射成 unsigned char 类型。变量 i 是宽度为 4 的 bit 类型，它代表计数器的预设值，以 const svBitVecVal 类型进行传递，即防止指针变量的值被改变。

例 10.14　使用静态存储的 4 位计数器的测试模块

src/ch10/sec10.4/1/test.sv

```
4   import "DPI-C" function void do_count(
5     output bit [3:0] out,
6     input bit [3:0] in,
7     input bit reset, load);
8
9   module automatic test;
10    bit [3:0] out, in;
11    bit reset, load;
```

```
12
13    initial begin
14      reset = 1;
15      load = 0;
16      in = 4'he;
17      do_count(out, in, reset, load); // 复位计数器
18      #10 reset = 0;
19      load = 1;
20      do_count(out, in, reset, load); // 加载预设值
21      #10 load = 0;
22      repeat(4)
23        #10 do_count(out, in, reset, load); // 计数
24    end
25 endmodule
```

例10.14的运行结果如下，可以看出测试模块虽然多次调用了导入函数 do_count，但每次调用都是在访问同一个保存计数值的静态变量。

例10.14的运行结果

```
C: o=0, i=e, reset=1, load=0
C: o=e, i=e, reset=0, load=1
C: o=f, i=e, reset=0, load=0
C: o=0, i=e, reset=0, load=0
C: o=1, i=e, reset=0, load=0
C: o=2, i=e, reset=0, load=0
```

10.4.2　使用指针的 C 函数

如果测试模块例化多个计数器实例，则 C 中每个计数值都需要独立的存储空间。这时可以使用动态内存分配函数 malloc 为每个计数值都申请一块连续的指定大小的存储空间，并以指针类型（void*）返回被该存储空间的首地址。使用函数 malloc 申请的存储空间将一直存在，直到测试模块结束或使用 C 函数 free 释放存储空间。例10.15 中将 char 类型计数变量 c 封装在结构类型 cnt_s 中，在复杂设计中使用结构可以更方便地管理多个简单数据。

例 10.15　为每个计数值创建存储空间的计数器函数
src/ch10/sec10.4/2/dpi.c

```
4  #include <svdpi.h>
5  #include <veriuser.h>
6
7  typedef struct { // 保存计数值的结构
8    unsigned char c;
9  } cnt_s;
```

```
10
11   void* create_counter()
12   {
13     cnt_s* counter = (cnt_s*) malloc(sizeof(cnt_s));
14     counter->c = 0;
15     return counter;
16   }
17
18   void do_count(
19     cnt_s* counter,
20     svBitVecVal* o,
21     const svBitVecVal* i,
22     const svBit reset,
23     const svBit load)
24   {
25     if (reset) counter->c = 0; // 复位
26     else if (load) counter->c = *i; // 加载预设值
27     else counter->c++; // 计数
28     *o = counter->c & 0xf; // 屏蔽高位
29     io_printf("C: o=%x, i=%x, reset=%x, load=%x\n", *o, *i, reset, load);
30   }
```

    C 函数 create_counter 中调用 malloc 函数为结构类型的指针 counter 分配存储空间，然后将结构中的成员 c 初始化为 0，最后返回指向存储空间首地址的指针。由表10.1可知，C 指针在 SystemVerilog 中被映射成 chandle 类型。在例10.16 中，导入函数 create_counter 被调用 2 次，返回的两个独立计数值的存储地址分别被保存在 chandle 类型的变量 cnt0 和 cnt1 中。cnt0 和 cnt1 最终作为输入参数传递给导入函数 do_count。为了避免竞争条件，测试模块指定在时钟上升沿被调用计数器，在时钟下降沿加载激励。

例 10.16　使用 2 个独立 4 位计数器的测试模块
src/ch10/sec10.4/2/test.sv

```
4    import "DPI-C" function chandle create_counter();
5
6    import "DPI-C" function void do_count(
7      input chandle cnt,
8      output bit [3:0] out,
9      input bit [3:0] in,
10     input bit reset, load);
11
12   module automatic test;
13     bit [3:0] i0, i1, o0, o1;
14     bit clk, reset, load;
```

```
15    chandle cnt0, cnt1; // 指向C中的存储空间
16
17    initial begin
18      forever #50 clk = ~clk;
19    end
20
21    initial begin
22      reset = 0; // 初始化
23      load = 0;
24      i0 = 'h1;
25      i1 = 'h7;
26      @(negedge clk) reset <= 1; // 复位
27      @(negedge clk) begin
28        reset <= 0; // 取消复位
29        load <= 1; // 加载预设值
30      end
31      @(negedge clk) load <= 0; // 计数
32      @(negedge clk) $finish();
33    end
34
35    initial begin // 例化2个计数器
36      cnt0 = create_counter();
37      cnt1 = create_counter();
38      fork
39        forever @(posedge clk) begin
40          do_count(cnt0, o0, i0, reset, load);
41          do_count(cnt1, o1, i1, reset, load);
42        end
43      join_none
44    end
45  endmodule
```

例10.16的运行结果如下，可以看出测试模块中使用的 2 个 4 位计数器具有独立的存储空间。

例10.16的运行结果

```
C: o=1, i=1, reset=0, load=0
C: o=1, i=7, reset=0, load=0
C: o=0, i=1, reset=1, load=0
C: o=0, i=7, reset=1, load=0
C: o=1, i=1, reset=0, load=1
C: o=7, i=7, reset=0, load=1
```

```
C: o=2, i=1, reset=0, load=0
C: o=8, i=7, reset=0, load=0
```

支持 logic 类型的 4 位计数器导入函数如例10.17 所示。和例10.15比较，代码中加入了输入参数 reset、load 和 i 的数值检查，一旦发现它们的取值出现 z 或 x 就打印错误信息，然后调用 VPI 函数 vpi_control 强行终止当前的仿真。vpi_control 函数和常数 vpiFinish 在头文件 vpi_user.h 中定义，SystemVerilog 仿真器收到该函数发送的常数 vpiFinish 后立即执行 $finish 结束仿真。导入函数内部的计数值仍然使用二值数值。

例 10.17 支持 logic 类型的 4 位计数器导入函数

src/ch10/sec10.4/3/dpi.c

```c
4   #include <svdpi.h>
5   #include <veriuser.h>
6   #include <vpi_user.h>
7
8   typedef struct {
9     unsigned char c;
10  } cnt_s;
11
12  void* create_counter()
13  {
14    cnt_s* counter = (cnt_s*) malloc(sizeof(cnt_s)); // 分配存储空间
15    counter->c = 0;
16    return counter;
17  }
18
19  void do_count(
20    cnt_s *counter,
21    svLogicVecVal* o,
22    const svLogicVecVal* i,
23    const svLogic reset,
24    const svLogic load)
25  {
26    if ((reset == sv_z) || (reset == sv_x) || // 检查标量reset
27      (load  == sv_z) || (load  == sv_x) || // 检查标量load
28      (i->bval == 1))                        // 检查向量i
29    {
30      io_printf("Error: z or x detected on input\n");
31      vpi_control (vpiFinish, 0);
32    }
33
34    if (reset) counter->c = 0;               // 复位
```

```
35    else if (load) counter->c = i->aval; // 加载预设值
36    else counter->c++;                    // 计数
37    o->aval = counter->c & 0xf;           // 屏蔽高位
38    o->bval = 0;
39    io_printf("C: o=%x, i=%x, reset=%x, load=%x\n", o->aval, i->aval, reset, load);
40 }
```

　　例10.18给出了支持 logic 类型的 4 位计数器的测试模块。和例10.16比较，只是将导入声明和测试模块中的 bit 类型代替成 logic 类型。

例 10.18　支持 logic 类型的 4 位计数器的测试模块

src/ch10/sec10.4/3/test.sv

```
4  import "DPI-C" function chandle create_counter();
5
6  import "DPI-C" function void do_count
7    (input chandle cnt,
8    output logic [3:0] out,
9    input logic [3:0] in,
10   input logic reset, load);
11
12 // 测试程序例化2个计数器
13 module automatic test;
14   bit clk;
15   logic [3:0] i0, i1, o0, o1;
16   logic reset, load;
17   chandle cnt0, cnt1; // 指向C中的存储空间
18
19   initial begin
20     forever #50 clk = ~clk;
21   end
22
23   initial begin
24     reset = 0; // 初始化
25     load = 0;
26     i0 = 'h1;
27     i1 = 'h7;
28     @(negedge clk) reset <= 1; // 复位
29     @(negedge clk) begin
30       reset <= 0; // 取消复位
31       load <= 1; // 加载预设值
32       i0 <= 'hx;
33       i1 <= 'hz;
```

```
34        end
35        @(negedge clk) load <= 0; // 计数
36        @(negedge clk) $finish();
37      end
38
39      initial begin
40        cnt0 = create_counter();
41        cnt1 = create_counter();
42        fork
43          forever @(posedge clk) begin
44            do_count(cnt0, o0, i0, reset, load);
45            do_count(cnt1, o1, i1, reset, load);
46          end
47        join_none
48      end
49    endmodule
```

例10.16的运行结果

```
C: o=1, i=1, reset=0, load=0
C: o=1, i=7, reset=0, load=0
C: o=0, i=1, reset=1, load=0
C: o=0, i=7, reset=1, load=0
Error: z or x detected on i
```

从例10.17可以看出，编写支持 logic 或 integer 类型的 C 函数，需要遵循如下规则。

1. 参数类型应该声明成 svLogicVecVal。
2. 对参数的引用都要使用 ".aval" 后缀以便正确地访问数据。
3. 当读取四值变量时，需要检查 bval 位是否存在 z 或 x 值。
4. 当写入四值变量时，需要清除 bval 位，除非要写入 z 或者 x。

10.5 传递一维定长数组

前文介绍了单个标量或向量在 DPI 中的传递，本节将讲述数组在 DPI 中的传递。需要注意的是 C 层可以访问 SystemVerilog 层的数组，但是 SystemVerilog 层不能访问 C 层的数组。

10.5.1 传递二值一维数组

例10.19 中定义了导入函数 fib，这个函数将计算出的 Fibonacci 序列的前 10 个数值保存在数组 data 中。

例 10.19　计算 Fibonacci 序列前 10 个数值的导入函数

src/ch10/sec10.5/1/dpi.c

```
4   #include <svdpi.h>
5
6   void fib(svBitVecVal* data)
7   {
8     int i;
9     data[0] = 1;
10    data[1] = 1;
11    for (i=2; i<10; i++)
12      data[i] = data[i-1] + data[i-2];
13  }
```

导入函数 fib 的参数类型是 svBitVecVal*，根据表10.1，参数也可以写成数组形式 svBitVecVal data [10]，本例中两种写法都可以。对应的测试模块如例10.20 所示。

例 10.20　调用导入函数 fib 的测试模块

src/ch10/sec10.5/1/test.sv

```
4   import "DPI-C" function void fib (output bit [31:0] data[10]);
5
6   module automatic test;
7     bit [31:0] data[10];
8     initial begin
9       fib(data);
10      foreach (data[i]) $display("fib(%0d)=%0d", i, data[i]);
11    end
12  endmodule
```

10.5.2　传递四值一维数组

例10.21给出了四值数组的 Fibonacci 序列的 C 函数。这里导入函数的参数被写成数组形式 svLogicVecVal data [10]。

例 10.21　计算四值输入数组的 Fibonacci 序列的 C 函数

src/ch10/sec10.5/2/dpi.c

```
4   #include <svdpi.h>
5
6   void fib(svLogicVecVal data[10])
7   {
8     int i;
9     data[0].aval = 1; // 同时写入aval和bval
10    data[0].bval = 0;
```

```
11   data[1].aval = 1;
12   data[1].bval = 0;
13   for (i=2; i<10; i++)
14   {
15     data[i].aval = data[i-1].aval + data[i-2].aval;
16     data[i].bval = 0;
17   }
18 }
```

对应的测试模块如例10.22所示。

例 10.22　在测试模块中调用计算四值数组的 Fibonacci 序列的 C 函数

src/ch10/sec10.5/2/test.sv

```
4  import "DPI-C" function void fib(output logic [31:0] data[10]);
5
6  module automatic test;
7    logic [31:0] data[10];
8    initial begin
9      fib(data);
10     foreach (data[i]) $display("fib(%0d)=%0d", i, data[i]);
11   end
12 endmodule
```

10.6　开 放 数 组

开放数组（open array）是 DPI 的一种形式参数，它可以将 SystemVerilog 层一维动态数组或多维数组（定长或动态）传到 C 层，传递的数组可以是压缩或非压缩类型。同时 DPI 还提供了一些操作开放数组的接口函数。

10.6.1　传递一维动态数组

例10.23 中定义了一维动态数组 data。与之对应，导入函数 fib_oa 的参数声明使用了空的方括号"[]"，表明向 C 层传递的是一个长度不定的一维动态数组。

例 10.23　使用 DPI 传递一维动态数组

src/ch10/sec10.6/1/test.sv

```
4  import "DPI-C" function void fib_oa(inout bit [31:0] data[]);
5
6  module automatic test;
7    bit [31:0] data[];
8
```

```
9   initial begin
10      data = new[10];
11      fib_oa(data);
12      foreach (data[i]) $display("fib_oa(%0d)=%0d", i, data[i]);
13   end
14  endmodule
```

导入函数 fib_oa 的定义如例10.24 所示，它使用 svOpenArrayHandle 类型的开放数组句柄 data_oa 访问 SystemVerilog 中的一维动态数组 data。for 语句中使用的 svSize 函数查询开放数组的长度。

例 10.24　导入函数 fib_oa 的定义

src/ch10/sec10.6/1/dpi.c

```
4   #include <svdpi.h>
5
6   void fib_oa(const svOpenArrayHandle data_oa)
7   {
8     int *data;
9     data = (int *) svGetArrayPtr(data_oa);
10    data[0] = 1;
11    data[1] = 1;
12    for (int i = 2; i <= svSize(data_oa, 1); i++)
13      data[i] = data[i-1] + data[i-2];
14  }
```

10.6.2　传递多维数组

开放数组也可以用来传递多维数组。例10.25 中定义了二维数组 a，导入函数 print 的参数声明使用了 2 个空方括号 "[][]"，表明向 C 层传递的是一个二维数组。

例 10.25　将二维数组传递给导入函数

src/ch10/sec10.6/2/test.sv

```
4   import "DPI-C" function void print(inout int h[][]);
5
6   module automatic test;
7     int a[1:0][3:0]; // 注意数组下标范围为[高:低]
8     initial begin
9       foreach (a[i,j]) a[i][j] = i+j;
10      print(a);
11      $display("SV: a=%p", a);
12    end
13  endmodule
```

导入函数 print 的定义如例10.26 所示，它使用 svLow 和 svHigh 函数确定数组的各个维度的索引范围，还使用 svGetArrElemPtr2 函数返回二维数组 h 的第 i 行第 j 列元素的地址。

例 10.26　导入函数 print 的定义

src/ch10/sec10.6/2/dpi.c

```
4   #include <svdpi.h>
5   #include <veriuser.h>
6
7   void print(const svOpenArrayHandle h)
8   {
9     for(int i=svLow(h, 1); i<=svHigh(h, 1); i++)
10    {
11      for(int j=svLow(h, 2); j<=svHigh(h, 2); j++)
12      {
13        int *a = (int*) svGetArrElemPtr2(h, i, j);
14        io_printf("C: a[%d][%d]=%d\n", i, j, *a);
15        *a = i - j;
16      }
17    }
18  }
```

10.6.3　开放数组相关函数

头文件 svdpi.h 中定义了很多开放数组的查询和访问函数，表10.3列出了常用的查询函数，这些查询函数的参数使用了相同的语义。参数 h 的数据类型是 const svOpenArrayHandle，维度 d 是整数类型。如果查询的是一维数组的压缩内容，则 d 应该设置为 0，如果查询的是数组的非压缩内容，则 d 应该设置为对应的维度值。

表 10.3　常用的开放数组查询函数

函数	描述
int svLeft(h, d);	返回数组 h 的第 d 维度的左索引值
int svRight(h, d);	返回数组 h 的第 d 维度的右索引值
int svLow(h, d);	返回数组 h 的第 d 维度的最小索引值
int svHigh(h, d);	返回数组 h 的第 d 维度的最大索引值
int svIncrement(h, d);	如果数组 h 的第 d 维度的 svLeft 大于 svRight，则返回 1，否则返回-1
int svSize(h, d);	返回数组 h 的第 d 维度的元素个数：svHigh-svLow+1
int svDimensions(h);	返回数组 h 的维度
int svSizeOfArray(h);	返回数组 h 的大小（字节为单位）

开放数组查询函数的使用如例10.27 所示。

例 10.27 开放数组查询函数的使用

src/ch10/sec10.6/3/dpi.c

```
4    #include <svdpi.h>
5    #include <veriuser.h>
6
7    void inquire(const svOpenArrayHandle h)
8    {
9      io_printf("C: %d\n", svLeft(h, 1));
10     io_printf("C: %d\n", svRight(h, 1));
11     io_printf("C: %d\n", svLeft(h, 2));
12     io_printf("C: %d\n", svRight(h, 2));
13     io_printf("C: %d\n", svSize(h, 1));
14     io_printf("C: %d\n", svSize(h, 2));
15     io_printf("C: %d\n", svDimensions(h));
16     io_printf("C: %d\n", svSizeOfArray(h));
17   }
```

测试模块见例10.28。

例 10.28 测试模块

src/ch10/sec10.6/3/test.sv

```
4    import "DPI-C" function void inquire(inout int h[][]);
5
6    module automatic test;
7      int a[1:0][3:0]; // 注意数组下标范围为[高:低]
8      initial begin
9        inquire(a);
10     end
11   endmodule
```

从例10.28的运行结果可以看到，开放数组 a 的第一个维度的左索引值是 1，右索引值是 0。开放数组 a 的第二个维度的左索引值是 3，右索引值是 0。这与 SystemVerilog 中数组 a 的定义是一致的。

例10.28的运行结果

```
C: 1
C: 0
C: 3
C: 0
C: 2
C: 4
C: 2
```

```
C: 32
```

表10.4 中列出了用来定位数组或者数组元素地址的访问函数。注意这些访问函数的返回值类型为 void *，如果要访问数组元素的内容，还需要对访问函数的返回地址做强制类型转换。

表 10.4 常用的开放数组访问函数

函数	说明
void *svGetArrayPtr(h);	返回数组的地址
void *svGetArrElemPtr(h, d1, ...);	返回数组 h 的一个元素的地址
void *svGetArrElemPtr1(h, d1);	返回一维数组 h 的一个元素的地址
void *svGetArrElemPtr2(h, d1, d2);	返回二维数组 h 的一个元素的地址
void *svGetArrElemPtr3(h, d1, d2, d3);	返回三维数组 h 的一个元素的地址

开放数组访问函数的使用如例10.29 所示。在使用访问函数访问整数类型的开放数组元素时需要将 void * 类型的返回地址强制转换成 int * 类型。

例 10.29　开放数组访问函数的使用

src/ch10/sec10.6/4/dpi.c

```
4   #include <svdpi.h>
5   #include <veriuser.h>
6
7   void getElem(const svOpenArrayHandle h)
8   {
9     io_printf("C: %p\n", svGetArrayPtr(h));
10    io_printf("C: %p\n", svGetArrElemPtr(h, 0, 0));
11    io_printf("C: %p\n", svGetArrElemPtr(h, 1, 3));
12    io_printf("C: %d\n", *(int *)svGetArrElemPtr(h, 1, 3));
13    io_printf("C: %d\n", *(int *)svGetArrElemPtr2(h, 0, 0));
14  }
```

测试模块见例10.30。

例 10.30　测试模块

src/ch10/sec10.6/4/test.sv

```
4   import "DPI-C" function void getElem(inout int h[][]);
5
6   module automatic test;
7     int a[1:0][3:0]; // 注意数组下标范围为[高:低]
8     initial begin
9       foreach (a[i,j]) a[i][j] = i+j;
10      $display("SV: a=%p", a);
11      getElem(a);
12    end
13  endmodule
```

例10.30的运行结果如下。

例10.30的运行结果

```
SV: a='{'{4, 3, 2, 1}, '{3, 2, 1, 0}}
C: 0x2aaab65e4fe0
C: 0x2aaab65e4ffc
C: 0x2aaab65e4fe0
C: 4
C: 0
```

10.6.4　传递压缩数组

在 DPI 中开放数组拥有一个压缩维度，同时拥有一个或多个非压缩维度。只要作为实参的多维压缩数组与导入函数的形参位宽相同，数据就可以被正确传递。在例10.31 中，导入函数 print_pack 的形式声明为 bit[31:0] oa []，表示一个 32 位非压缩数组，而实际传递的参数是 bit [0:3][7:0] a [3:0]，表示一个压缩数组。

例 10.31　使用 DPI 传递压缩数组
src/ch10/sec10.6/5/test.sv

```
4  import "DPI-C" function void print_pack(input bit [31:0] oa[]);
5
6  module automatic test;
7    bit [0:3][7:0] a[3:0];
8    initial begin
9      foreach(a[i]) a[i] = i;
10     a[1] = 64'h12345678;
11     $display("SV: a=%p", a);
12     $display("SV: a[1]=%0h", a[1]);
13     $display("SV: a[1][0]=%0h", a[1][0]);
14     print_pack(a);
15   end
16 endmodule
```

导入函数 print_pack 的定义如例10.32 所示。SystemVerilog 层传递到 C 中的数组类型是 bit [31:0]，而函数 svGetArrElemPtr1 返回的数据类型是 void 类型的指针，因此必须先使用 (int *) 强制转换指针类型，再访问数组的元素。

例 10.32　导入函数 print_pack 的定义
src/ch10/sec10.6/5/dpi.c

```
4  #include <svdpi.h>
5  #include <veriuser.h>
6
```

```
7   void print_pack(const svOpenArrayHandle oa)
8   {
9     for (int i = svLow(oa,1); i <= svHigh(oa,1); i++)
10      io_printf("C: oa[%d]=%x\n", i, *(int *)svGetArrElemPtr1(oa, i));
11  }
```

10.7 传递 SystemVerilog 结构

C 结构与 SystemVerilog 结构在内存中的存储方式不同，在 2.10.1 节中已经说明了 SystemVerilog 结构的存储方式。本节先讲解 C 结构的存储方式，再演示 SystemVerilog 结构的传递。

为了便于说明 C 结构的存储方式，这里定义了结构类型 color_s，它的内部元素包含 char 类型的 r 和 g，还包括一个 int 类型的 b，如例 10.33 所示。例子中打印了结构变量 color 及其 3 个元素的地址值。printf 语句中使用 "%p" 表示按 16 进制格式打印变量的地址值。

例 10.33　打印 C 结构内部元素的地址值

src/ch10/sec10.7/1/addr.c

```
1   #include<stdio.h>
2
3   int main()
4   {
5     typedef struct
6     {
7       char r;
8       char g;
9       int  b;
10    } color_s;
11
12    color_s color = {1, 2, 3};
13    printf("color's address=%p\n", &color);
14    printf("color.r=%d, address=%p\n", color.r, &color.r);
15    printf("color.g=%d, address=%p\n", color.g, &color.g);
16    printf("color.b=%d, address=%p\n", color.b, &color.b);
17  }
```

观察运行结果，可以看到元素 r 的地址与结构变量 color 的地址相同，地址为 0x7ffe51f21cd8。元素 g 存储在元素 r 的相邻字节的位置，地址是 0x7ffe51f21cd9。而元素 b 的存储地址却是 0x7ffe51f21cdc，与元素 g 间隔 2 个字节。

例 10.33 的运行结果

```
color's address=0x7ffe51f21cd8
```

```
color.r=1, address=0x7ffe51f21cd8
color.g=2, address=0x7ffe51f21cd9
color.b=3, address=0x7ffe51f21cdc
```

原因是 C 结构中不同类型的元素会以 4 个字节（一个字）为一个单元进行存储。如果当前单元可以容纳下一个类型的元素，那么下一个元素就存储在相邻的地址中。如果当前单元无法容纳下一个类型的元素时，那么当前单元中空闲的内存空间将留空，并将下一个元素存放在相邻的下一个单元中。因此结构变量 color 的存储方式如图10.3 所示。

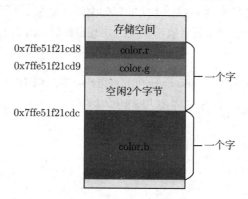

图 10.3　C 结构变量 color 的存储方式

在了解 SystemVerilog 结构和 C 结构的存储方式的差异后，接下来讲述如何将 SystemVerilog 结构传递到 C 中。在例10.34 中，结构类型 pixel_s 封装了一个 RGB24 格式（使用 3 个 8 位数据表示颜色 R、G 和 B）的像素值，包含 3 个字节类型的元素 r、g 和 b。在导入函数 invert 的声明中，双向参数 pixel 的类型是 pixel_s，说明 SystemVerilog 和 C 之间使用结构变量共享数据。

例 10.34　传递 SystemVerilog 结构

src/ch10/sec10.7/1/test.sv

```
4   typedef struct {
5     bit [7:0] r;
6     bit [7:0] g;
7     bit [7:0] b;
8   } pixel_s;
9
10  import "DPI-C" function void invert(inout pixel_s pixel);
11
12  module automatic test;
13    initial begin
14      pixel_s pixel;
15      pixel.r = $urandom_range(0, 255);
16      pixel.g = $urandom_range(0, 255);
17      pixel.b = $urandom_range(0, 255);
```

```
18      $display("SV: pixel=%p", pixel);
19      invert(pixel); // 调用C层的invert
20      $display("SV: pixel=%p", pixel);
21    end
22  endmodule
```

与 SystemVerilog 结构 pixel_s 对应的 C 结构指针类型 p_pixel_s 的定义如例10.35 所示。注意后者中的 3 个元素并没有被定义成 char 类型，而是都被定义成 int 类型。这是因为结构 pixel_s 中每个 bit [7:0] 类型的元素实际都占据一个字的存储空间，如图 2.9 所示。导入函数 invert 将指针 p_pixel 所指向的结构中的每个元素值都取反，并与常数值 0xff 进行按位与运算清零高 24 位的内容。

例 10.35　导入函数 invert 和结构指针类型 p_pixel_s 的定义
src/ch10/sec10.7/1/dpi.c

```c
4   #include <svdpi.h>
5   #include <veriuser.h>
6
7   typedef struct {
8     int r;
9     int g;
10    int b;
11  } *p_pixel_s;
12
13  void invert(p_pixel_s p_pixel)
14  {
15    p_pixel->r = (~p_pixel->r) & 0xff; // 取反
16    p_pixel->g = (~p_pixel->g) & 0xff;
17    p_pixel->b = (~p_pixel->b) & 0xff;
18    io_printf("C: pixel=%x, %x, %x\n", p_pixel->r, p_pixel->g, p_pixel->b);
19  }
```

例10.34的运行结果如下，可以看到 C 层使用结构指针 p_pixel 正确地访问到 SystemVerilog 层结构变量 pixel 的内容。

例10.34的运行结果

```
SV: pixel='{r:'hde, g:'h22, b:'h58}
C: pixel=21, dd, a7
SV: pixel='{r:'h21, g:'hdd, b:'ha7}
```

在例10.35 中，p_pixel_s 的元素都被定义成 int 类型，当它们参与计算时，都需要将结果的高 24 位清零。其实也可以将 p_pixel_s 的元素统一修改成 char unsigned 类型，如例10.36 所示。这样做可以明显提高 C 代码的运行效率。

例 10.36 将 p_pixel_s 的元素修改成 char unsigned 类型

src/ch10/sec10.7/2/dpi.c

```
4    #include <svdpi.h>
5    #include <veriuser.h>
6
7    typedef struct {
8      char unsigned r;
9      char unsigned g;
10     char unsigned b;
11   } *p_pixel_s;
12
13   void invert(p_pixel_s p_pixel)
14   {
15     p_pixel->r = ~p_pixel->r; // 取反
16     p_pixel->g = ~p_pixel->g;
17     p_pixel->b = ~p_pixel->b;
18     io_printf("C: pixel=%x, %x, %x\n", p_pixel->r, p_pixel->g, p_pixel->b);
19   }
```

修改类型 p_pixel_s 的定义后，指针变量 p_pixel 所指向的结构的存储方式如图10.4 所示，元素 r、g 和 b 存储在连续的内存空间中。

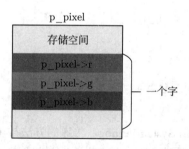

图 10.4 指针变量 p_pixel 所指向的结构的存储方式

为了保证 C 和 SystemVerilog 结构在存储方式上的一致，需要在 SystemVerilog 中定义压缩结构类型 packed_pixel_s，如例10.37 所示。注意在 x86 处理器中，C 数据的存储采用小端模式（little endian），而 SystemVerilog 数据的存储采用大端模式（big endian），所以 packed_pixel_s 中元素 r、g 和 b 的定义顺序与 p_pixel_s 刚好相反。

例 10.37 定义压缩结构类型 packed_pixel_s

src/ch10/sec10.7/2/test.sv

```
4    typedef struct packed {
5      bit [7:0] b;
6      bit [7:0] g;
7      bit [7:0] r;
```

```
8   } packed_pixel_s;
9
10  import "DPI-C" function void invert(inout packed_pixel_s pixel);
11
12  module automatic test;
13    initial begin
14      packed_pixel_s pixel;
15      pixel.r = $urandom_range(0, 255);
16      pixel.g = $urandom_range(0, 255);
17      pixel.b = $urandom_range(0, 255);
18      $display("SV: pixel=%p", pixel);
19      invert(pixel); // 调用C端的invert
20      $display("SV: pixel=%p", pixel);
21    end
22  endmodule
```

例10.37的运行结果如下,可以看到在 x86 处理器中 C 和 SystemVerilog 的结构使用了不同的数据存储方式。

例10.37的运行结果

```
SV: pixel='{b:'h7d, g:'h3c, r:'h36}
C: pixel=c9, c3, 82
SV: pixel='{b:'h82, g:'hc3, r:'hc9}
```

10.8   传递 C 字符串

DPI 可以将 C 字符串传递到 SystemVerilog,传递的方法与10.4.2 节中的内容类似,使用指针返回字符串的首地址。在 C 中新定义一个函数 print,如例10.38 所示,它将作为导入函数使用。函数 print 调动字符串格式化函数 sprintf 将要打印输出的字符串保存在字符串指针 s 指向的存储空间中,然后返回 s 的地址。注意必须使用 malloc 函数在堆中分配存储空间,而不能使用 char s[32] 自动分配,因为自动分配的存储空间在 C 函数返回后会被系统自动释放。

例 10.38   导入函数 print 返回一个字符串指针
src/ch10/sec10.8/1/dpi.c

```
21  char* print(p_pixel_s p_pixel)
22  {
23    char *s; // char s[32]; 编译出错
24    s = (char*) malloc(32*sizeof(char));
25    sprintf(s, "C: pixel=%x, %x, %x", p_pixel->r, p_pixel->g, p_pixel->b);
26    return s;
```

```
27  }
```

导入函数 print 的声明如例10.39 所示。测试模块的代码与例10.34类似，区别是 $display 函数打印的内容是导入函数 print 的返回结果。

例 10.39　传递字符串到 SystemVerilog

src/ch10/sec10.8/1/test.sv

```
10  import "DPI-C" function void invert(inout pixel_s pixel);
11  import "DPI-C" function string print(inout pixel_s pixel);
12
13  module automatic test;
14    initial begin
15      pixel_s pixel;
16      pixel.r = $urandom_range(0, 255);
17      pixel.g = $urandom_range(0, 255);
18      pixel.b = $urandom_range(0, 255);
19      // $display("SV: pixel=%p", pixel);
20      $display("%s", print(pixel));
21      invert(pixel); // 调用C层的invert
22      // $display("SV: pixel=%p", pixel);
23      $display("%s", print(pixel));
24    end
25  endmodule
```

例10.39的运行结果如下，测试模块调用导入函数 print 打印结构变量 pixel 的内容。

例10.39的运行结果

```
C: pixel=36, 3c, 7d
C: pixel=c9, c3, 82
C: pixel=c9, c3, 82
```

10.9　共享 C++ 对象

在前面的几个例子中，C 与 SystemVerilog 之间的通信都是基于信号层级的，与计数器相关的导入函数在每个时钟沿被调用。在信号层级建立参考模型不但代码复杂，而且运行效率也非常低。在实际项目中，参考模型通常会被封装成一个 C++ 或 SystemVerilog 类。目前 DPI 只支持 C，无法直接将 C++ 对象共享到 SystemVerilog 中，C++ 端到 SystemVerilog 层基于对象的事务级通信可以使用包装函数（wrapper function）间接解决。

10.9.1　计数器类

例10.40将支持二值输入的 4 位计数器及其相关函数封装成 C++ 的 counter 类。注意 C++ 源文件的扩展名为 ".cpp"，在编译时扩展名为 "cpp" 的文件会自动按照 C++ 的语法编译。

例 10.40　C++ 计数器类
src/ch10/sec10.9/1/dpi.cpp

```cpp
4   #include <svdpi.h>
5
6   class counter{
7   public:
8     counter();
9     void do_count();
10    void load(const svBitVecVal* i);
11    void reset();
12    unsigned char get();
13  private:
14    unsigned char c;
15  };
16
17  counter::counter() // 构造函数，计数器清零
18  {
19    c = 0;
20  }
21
22  void counter::do_count() // 计数器加1
23  {
24    c++;
25    c &= 0xf; // 屏蔽高位
26  }
27
28  void counter::load(const svBitVecVal* i) // 加载预设值
29  {
30    c = *i;
31    c &= 0xf; // 屏蔽高位
32  }
33
34  void counter::reset() // 复位
35  {
36    c = 0;
37  }
38
```

```
39  unsigned char counter::get() // 读计数器
40  {
41    return c;
42  }
```

10.9.2　包装函数

　　包装函数的主要目的就是用来调用另一个函数，在面向对象编程中，它又被称为方法委任（method delegation），即在包装函数中调用 C++ 类中的方法。如果将包装函数声明成导入函数，在 SystemVerilog 中就可以借助导入函数间接调用 C++ 类中的方法。

　　在例10.41 中，包装函数 create_counter 使用关键字 new 创建了一个计数器对象，并返回该对象的句柄。其他包装函数使用对象的句柄调用 counter 类中的方法。extern "C" 表示编译代码时生成的内部符号名使用 C 的约定。可以在 SystemVerilog 调用的每个包装函数前加上它，或者在 extern "C" { } 中放入多个包装函数。

例 10.41　使用包装函数调用 C++ 类的方法
src/ch10/sec10.9/1/dpi.cpp

```
44  #ifdef __cplusplus
45  extern "C" {
46  #endif
47    void* create_counter()
48    {
49      return new counter;
50    }
51
52    void do_count(void* inst)
53    {
54      ((counter*)inst)->do_count();
55    }
56
57    void do_load(void* inst, const svBitVecVal* i)
58    {
59      ((counter*)inst)->load(i);
60    }
61
62    void do_reset(void* inst)
63    {
64      ((counter*)inst)->reset();
65    }
66
67    unsigned char do_get(void* inst)
```

```
68  {
69      return ((counter*)inst)->get();
70  }
71  #ifdef __cplusplus
72  }
73  #endif
```

测试模块如例10.42 所示，例10.41 中所有的包装函数都被声明为导入函数。SystemVerilog 层先调用导入函数 create_counter 得到 C++ 端 counter 对象的句柄，然后将对象句柄传到其他导入函数中。

例 10.42   在测试模块中将导入函数封装到类中

src/ch10/sec10.9/1/test.sv

```
4   import "DPI-C" function chandle create_counter();
5   import "DPI-C" function void do_count(input chandle inst);
6   import "DPI-C" function void do_load(input chandle inst, input bit [3:0] i);
7   import "DPI-C" function void do_reset(input chandle inst);
8   import "DPI-C" function byte unsigned do_get(input chandle inst);
9
10  module automatic test;
11    initial begin
12      chandle inst;
13      inst = create_counter();
14
15      do_reset(inst);
16      $display("SV: reset: counter=%0h", do_get(inst));
17
18      do_load(inst, 'he);
19      $display("SV: load: counter=%0h", do_get(inst));
20
21      repeat(4) begin
22        do_count(inst);
23        $display("SV: count: counter=%0h", do_get(inst));
24      end
25    end
26  endmodule
```

10.9.3   封装导入函数

使用导入函数操作 C++ 对象并没有发挥出 SystemVerilog 的 OOP 语言优势，为了更高效地访问 C++ 对象，可以将例10.42 中所有的导入函数封装成 counter 类（SystemVerilog 类），并在测试模块中使用，如例10.43 所示。counter 类的 new 方法调用导入函数 create_counter 创建 C++

中的 counter 对象，并将其地址保存在 chandle 类型的 inst 中，inst 将作为其他导入函数的输入参数使用。注意导入函数 do_get 的返回值是 byte signed 类型，而包装函数 get 的返回值是 bit [3:0] 类型，这里会进行静态类型转换。

例 10.43　将导入函数封装到类中

src/ch10/sec10.9/2/test.sv

```
4   import "DPI-C" function chandle create_counter();
5   import "DPI-C" function void do_count(input chandle inst);
6   import "DPI-C" function void do_load(input chandle inst, input bit [3:0] i);
7   import "DPI-C" function void do_reset(input chandle inst);
8   import "DPI-C" function byte unsigned do_get(input chandle inst);
9
10  // 使用counter类封装所有的导入函数和C++的对象句柄
11  class counter;
12    chandle inst;
13
14    function new();
15      inst = create_counter();
16    endfunction
17
18    virtual function void count();
19      do_count(inst);
20    endfunction
21
22    virtual function void load(bit [3:0] val);
23      do_load(inst, val);
24    endfunction
25
26    virtual function void reset();
27      do_reset(inst);
28    endfunction
29
30    virtual function bit [3:0] get();
31      return do_get(inst);
32    endfunction
33  endclass
34
35  module automatic test;
36    initial begin
37      counter inst;
38      inst = new();
39
```

```
40    inst.reset();
41    $display("SV: reset: counter=%0h", inst.get());
42
43    inst.load('he);
44    $display("SV: load: counter=%0h", inst.get());
45
46    repeat(4) begin
47      inst.count();
48      $display("SV: count: counter=%0h", inst.get());
49    end
50  end
51 endmodule
```

10.10　共享 SystemVerilog 对象

在 C 中使用包装函数间接调用 C++ 类中的方法，再将包装函数声明成导入函数，就可以在 SystemVerilog 中借助导入函数间接调用 C++ 类中的方法。同样，在 SystemVerilog 中使用包装函数间接调用 SystemVerilog 类中的方法，再将包装函数声明成导出函数，就可以在 C 中借助导出函数间接调用 SystemVerilog 类中的方法。

10.10.1　导出函数

例10.44 中使用队列描述一个简单的 FIFO 模型，其中函数 print 用来打印队列变量 fifo 的内容，函数 push 和 pop 分别用来向 fifo 推入和弹出数据，3 个函数都被声明为导出函数。注意导出函数在声明时只保留函数名，不能添加参数和返回值类型信息。

例 10.44　使用队列描述一个简单的 FIFO 模型

src/ch10/sec10.10/1/test.sv

```
4  module automatic test;
5    import "DPI-C" context function check();
6    export "DPI-C" function print; // 没有类型和参数
7    export "DPI-C" function push;
8    export "DPI-C" function pop;
9
10   int fifo[$]; // 保存数据值
11
12   function void print();
13     $display("SV: fifo=%p", fifo);
14   endfunction
15
```

```
16    function void push(input int i); // 推入数据
17      fifo.push_back(i);
18    endfunction
19
20    function int pop(); // 弹出数据
21      return fifo.pop_front();
22    endfunction
23
24    initial check();
25  endmodule
```

导入函数 check 的定义如例10.45 所示，该函数先调用导出函数 push 将数据 data 推入 FIFO，在调用导出函数 print 打印 FIFO 内容，最后调用导出函数 pop 弹出 FIFO 数据。

例 10.45　在导入函数中调用导出函数

src/ch10/sec10.10/1/dpi.c

```
4   #include <svdpi.h>
5   #include <veriuser.h>
6   #include <stdio.h>
7
8   extern void print();
9   extern void push(int);
10  extern int pop();
11
12  void check()
13  {
14    int data;
15    io_printf("C: input data: ");
16    scanf("%d", &data);
17    push(data);
18    io_printf("C: fifo push %d\n", data);
19    print();
20    data = pop();
21    io_printf("C: fifo pop %d\n", data);
22    print();
23  }
```

例10.44的运行结果如下。

例10.44的运行结果

```
C: input data: 1
C: fifo push 1
SV: fifo='{1}
```

```
C: fifo pop 1
SV: fifo='{}
```

10.10.2　导出任务

在实际的电路中 FIFO 的读写操作都带有延迟，带有延迟的操作应该使用任务实现。例10.46 使用带有延迟的任务描述了 FIFO 的读写操作，push 和 pop 的延迟都是 10ns。check 被修改成了导入任务，因为它调用了导出任务，同时 import 语句使用"context"为导入任务 check 指定为一个语境任务，因为仿真器在每次调用该任务时都要创建一个单独的栈。

例 10.46　导出和导入任务的定义

src/ch10/sec10.10/2/test.sv

```
4   module automatic test;
5     import "DPI-C" context task check();
6     export "DPI-C" function print; // 没有类型和参数
7     export "DPI-C" task push;
8     export "DPI-C" task pop;
9
10    int fifo[$]; // 保存数据值
11
12    function void print();
13      $display("SV: fifo=%p", fifo);
14    endfunction
15
16    task push(input int i); // 插入到队列最后
17      #10 fifo.push_back(i);
18    endtask
19
20    task pop(output int data); // 弹出队列首个元素
21      #10 data = fifo.pop_front();
22    endtask
23
24    initial check();
25  endmodule
```

C 函数 check（导入任务）的定义如例10.47 所示，该函数先调用导出任务 push 将数据 data 推入 FIFO，在调用导出函数 print 打印 FIFO 内容，最后调用导出任务 pop 弹出 FIFO 数据。语法手册规定导出任务在 C 中应该被声明为 extern int，而 VCS 规定导出任务在 C 中被声明为 void。

例 10.47　在导入任务中调用导出任务

src/ch10/sec10.10/2/dpi.c

```
4   #include <svdpi.h>
5   #include <veriuser.h>
6   #include <stdio.h>
7
8   extern void print();
9   extern void push(int);
10  extern void pop(int*);
11
12  void check()
13  {
14    int data;
15    io_printf("C: input data: ");
16    scanf("%d", &data);
17    push(data);
18    io_printf("C: fifo push %d\n", data);
19    print();
20    pop(&data);
21    io_printf("C: fifo pop %d\n", data);
22    print();
23  }
```

10.10.3　共享 SystemVerilog 对象

DPI 不能直接传递 SystemVerilog 对象，因为 DPI 代码的转译工作在编译阶段完成，而此时对象还没有被创建出来。DPI 也不能直接传递 SystemVerilog 的句柄。传递 SystemVerilog 对象的简单方法是在 SystemVerilog 层定义一个句柄数组，然后在两种语言间传递句柄数组的索引。

例10.48中定义了一个fifo类，这个类可以被例化多次，建模多个fifo实例。测试模块中还定义了句柄数组 fifoq，在 C 层通过索引访问 fifoq 的句柄元素，进而访问句柄所指向的对象。

例 10.48　fifo 类的定义

src/ch10/sec10.10/3/test.sv

```
4   module automatic test;
5     import "DPI-C" context task check();
6     export "DPI-C" function create; // 没有类型和参数
7     export "DPI-C" function print;
8     export "DPI-C" task push;
9     export "DPI-C" task pop;
```

```
10
11    class fifo;
12      int buffer[$]; // 保存数据值
13
14      function void print();
15        $display("SV: fifo=%p", buffer);
16      endfunction
17
18      task push(input int i); // 插入到队列最后
19        #10 buffer.push_back(i);
20      endtask
21
22      task pop(output int data); // 弹出队列首个元素
23        #10 data = buffer.pop_front();
24      endtask
25    endclass
26
27    fifo fifoq[$]; // 句柄队列
28
29    // 创建一个fifo对象并追加到队列中
30    function void create();
31      fifo f;
32      f = new();
33      fifoq.push_back(f);
34    endfunction
35
36    function void print(input int idx);
37      fifoq[idx].print();
38    endfunction
39
40    task push(input int idx, input int data);
41      fifoq[idx].push(data);
42    endtask
43
44    task pop(input int idx, output int data);
45      fifoq[idx].pop(data);
46    endtask
47
48    initial check();
49  endmodule
```

导入函数 check 调用 2 次导出方法 create 在 SystemVerilog 层创建 2 个 fifo 对象，2 个 fifo 对

象的句柄都保存到队列 fifoq 中，如例10.49 所示。因为句柄保存在队列中，所以可以动态地增加新的 fifo 实例。现在导出任务 push 和 pop 需要添加一个额外参数，即句柄队列的索引值。

例 10.49　在导入函数中使用句柄数组索引访问 SystemVerilog 对象

src/ch10/sec10.10/3/dpi.c

```
4   #include <svdpi.h>
5   #include <veriuser.h>
6   #include <stdio.h>
7
8   extern void print();
9   extern void create();
10  extern void push(int, int);
11  extern void pop(int, int*);
12
13  void check()
14  {
15    int data;
16    create();
17    create();
18    io_printf("C: input data: ");
19    scanf("%d", &data);
20    push(0, data);
21    io_printf("C: fifo0 write %d\n", data);
22    push(1, data);
23    io_printf("C: fifo1 write %d\n", data);
24    pop(0, &data);
25    io_printf("C: fifo0 read %d\n", data);
26    print(0);
27    print(1);
28  }
```

例10.49的运行结果如下，可以看到导入函数 check 通过调用导出函数 create 在 SystemVerilog 层创建了 2 个 fifo 对象。

例10.49的运行结果

```
C: input data: 1
C: fifo0 write 1
C: fifo1 write 1
C: fifo0 read 1
SV: fifo='{}
SV: fifo='{1}
```

303

10.11　纯导入和语境导入函数/任务

本节只讲解纯导入和语境导入函数。因为导入任务与导入函数的用法非常类似，所以本节内容同样适用于纯导入和语境导入任务。导入函数分为3类，分别是纯（pure）导入函数、语境（context）导入函数和通用（generic）导入函数。通用导入函数是指其在声明时没有使用关键字pure或context。

10.11.1　纯导入函数

纯导入函数是指其在声明时添加了关键字pure。纯导入函数只根据输入计算输出，与函数外部没有任何交互，例如不会访问全局或静态变量，不会调用外部的函数，也不会进行文件操作等。例10.4中的fabs和factorial都是数学函数，可以将它们声明成纯导入函数，如例10.50所示。

例 10.50　声明纯导入函数

```
1  import "DPI-C" pure function real fabs(input real r);
2  import "DPI-C" pure function int factorial(input int i);
```

SystemVerilog编译器会优化满足如下条件的纯导入函数。

1. 返回结果没有被使用的纯导入函数。
2. 一个纯导入函数被多次调用，且每次调用的输入参数值都相同，那么编译器会使用纯导入函数的首次返回结果替换后续的返回结果。

10.11.2　语境导入函数

语境导入函数是指其在声明时添加了关键字context。语境是指导入函数被调用的位置，例如模块或者包等作用域。语境导入函数会根据当前被调用的位置访问相应的外部内容。

例10.1在模块test中定义了导出函数sv_display。现在在顶层模块top_tb中也定义一个同名的导出函数，如例10.51所示。在顶层模块top_tb和测试模块test中都调用语境导入函数c_display（见例10.2）时，因为语境不同，c_display调用了不同的导出函数sv_display。

例 10.51　语境导入函数在不同语境中调用不同的导出函数

src/ch10/sec10.11/1/top_tb.sv

```
1  module top_tb;
2    import "DPI-C" context function void c_display();
3    export "DPI-C" function sv_display;
4
5    test i_test();
6    initial c_display();
7
8    function void sv_display();
```

```
9      $display("SV: top");
10    endfunction
11  endmodule
```

从例10.51的运行结果可以看出，测试模块 test 中的导入函数 c_display 调用了测试模块中定义的导出函数 sv_display，而顶层模块 top_tb 中的导入函数 c_display 调用了顶层模块中定义的导出函数 sv_display。

例10.51的运行结果

```
C: in c_display
SV: top
C: in c_display
SV: in sv_display
```

如果导入函数中调用了导出函数，就应该在声明导入函数时添加关键字 context，这样导入函数才能知道它所处的语境，从而调用相应的导出函数。如果导入函数只使用了全局变量，并没有调用导出函数或 PLI，应该将它声明成通用导入函数，无须添加关键字 context，因为使用 context 会降低程序的运行性能。

10.11.3　更改语境

使用 DPI 语境函数可以更改语境导入函数的语境。DPI 语境函数的使用方法如例10.52 所示。在 SystemVerilog 中函数 svGetScope 和 c_display 都会被声明成语境导入函数。DPI 语境函数 svGetScope 用来获取函数 save_scope 在 SystemVerilog 中被调用时的语境。DPI 语境函数 svSetScope 用于设置函数 c_display 在 SystemVerilog 中的新语境。

例 10.52　在语境导入函数中使用 DPI 语境函数

src/ch10/sec10.11/3/dpi.c

```
4   #include <svdpi.h>
5   #include <veriuser.h>
6
7   extern void sv_display();
8   svScope scope;
9
10  void save_scope()
11  {
12    scope = svGetScope();
13  }
14
15  void c_display()
16  {
17    io_printf("C: default scope is %s\n", svGetNameFromScope(svGetScope()));
```

```
18   sv_display();
19   svSetScope(scope);
20   io_printf("C: current scope is %s\n", svGetNameFromScope(svGetScope()));
21   sv_display();
22 }
```

更改语境导入函数的语境的操作过程如下。

1. 定义全局语境句柄 scope（见例10.52），它用于保存将被使用的语境实例。
2. 在顶层模块 top_tb 中声明语境导入函数 save_scope 并进行调用，如例10.53 所示。这时 DPI 语境函数 svGetScope 将获取 top_tb 的语境实例，然后将其保存在 scope 中。
3. 在测试模块 test 中声明导入函数 c_display 并进行调用，如例10.54 所示。开始时 c_display 运行在测试模块 test 的语境中，在调用 DPI 语境函数 svSetScope 后，c_display 的语境被设置成 scope 中保存的 top_tb 的语境。

顶层模块如例10.53 所示，它例化了测试模块 test，并在 initial 结构中调用导入函数 save_scope 保存了当前的语境。

例 10.53　在顶层模块中保存语境

src/ch10/sec10.11/3/top_tb.sv

```
1  module top_tb;
2    export "DPI-C" function sv_display;
3    import "DPI-C" context function void save_scope();
4
5    test i_test();
6    initial save_scope();
7
8    function void sv_display();
9      $display("SV: %m");
10   endfunction
11 endmodule
```

测试模块 test 如例10.54 所示。语境导入函数 c_display 声明在测试模块 test 中，其默认语境是测试模块 test，因此 c_display 首次调用的是测试模块 test 中声明的导出函数 sv_display。在调用语境函数 svSetScope 之后，c_display 的语境被设置成模块 top_tb，因此第二次调用的是顶层模块 top_tb 中声明的导出函数 sv_display。另外语境函数 svGetNamefromScope 会以字符串的形式返回当前语境，它的输入参数类型是 svScope，这也正是语境函数 svGetScope 的返回值类型。

例 10.54　在测试模块中声明并调用导入函数 c_display

src/ch10/sec10.11/3/test.sv

```
4  module automatic test;
5    import "DPI-C" context function void c_display();
6    export "DPI-C" function sv_display;
```

```
7
8    function void sv_display();
9      $display("SV: %m");
10   endfunction
11
12   initial c_display();
13 endmodule
```

例10.54的运行结果如下。

例10.54的运行结果

```
C: default scope is top_tb.i_test
SV: top_tb.i_test.sv_display
C: current scope is top_tb
SV: top_tb.sv_display
```

使用语境的概念可以让导入函数知道它在何处被例化，以及区分每个实例。例如，一个存储器模型可能被例化多次，每一个实例都需要分配自己的存储空间。

10.12　SystemVerilog 与 Python 混合编程

前文使用 DPI 实现了 SystemVerilog 与 C 的交互，而 Python/C API 又实现了 C 与 Python 的互相调用，所以使用 C 作为中间桥梁可以实现 SystemVerilog 与 Python 的混合编程。

10.12.1　调用 Python 脚本

C 调用 Python 的本质是在 C 中启动一个 Python 解释器，解释器负责 Python 代码的运行，代码执行完毕后释放解释器资源，如例10.55 所示。C 代码的执行步骤如下。

1. 使用 include 语句将头文件 Python.h 导入到 C 中。
2. 调用函数 Py_Initialize 初始化 Python 接口。
3. 调用函数 PyRun_SimpleString 执行 Python 脚本，脚本内容是 print('Hello world.')。
4. 调用函数 Py_Finalize 撤销 Py_Initialize 和 PyRun_SimpleString 的所有初始化。

例 10.55　在 C 中运行 Python 脚本
src/ch10/sec10.11/4/dpi.c

```
4  #include <Python.h>
5  #include <svdpi.h>
6  #include <veriuser.h>
7
8  void call_py()
9  {
```

```
10    // 初始化python接口
11    Py_Initialize();
12    // 执行python脚本命令
13    PyRun_SimpleString("print('Hello world.')");
14    // 结束python接口和Python/C API函数的所有初始化
15    Py_Finalize();
16  }
```

注意与 Python 混合编程时，需要在 VCS 的编译选项中添加 Python 库名和头文件 Python.h 的路径信息，如例 10.56 所示。这里使用的 Python 版本为 3.6m。

例 10.56　在 VCS 的编译参数中添加 Python 库名和头文件 Python.h 的路径信息

src/Makefile

```
27  # VCS_FLAG += -CC -lpython3.6m -CC -I/usr/include/python3.6m
28  # VCS_FLAG += -LDFLAGS -lpython3.6m
```

在 SystemVerilog 中 C 函数 call_py 被声明成导入函数并调用，如例 10.57 所示。

例 10.57　在测试模块中调用导入函数 call_py

src/ch10/sec10.11/4/test.sv

```
4  import "DPI-C" function void call_py();
5
6  module automatic test;
7    initial call_py();
8  endmodule
```

10.12.2　调用不带参数的 Python 函数

SystemVerilog 也可以调用 Python 文件（模块）中的函数。与 SystemVerilog 中的模块概念不同，Python 模块是指一个扩展名为 ".py" 的源文件，包含了 Python 中的类、函数和语句等内容。本节先介绍在 SystemVerilog 中调用不带参数的 Python 函数。

首先定义 Python 模块 hello，即创建文件 hello.py。在此文件中定义不带参数的函数 say_hello，如例 10.58 所示。

例 10.58　Python 中函数 say_hello 的定义

src/ch10/sec10.11/5/hello.py

```
1  def say_hello():
2      print("Hello, world.")
```

接下来在 C 函数 call_py 中调用 Python 函数 say_hello，如例 10.59 所示。C 函数 call_py 的执行过程如下。

1. 调用函数 Py_Initialize 初始化 Python 解释器。

2. 调用函数 PyRun_SimpleString 添加 Python 文件路径信息。

3. 调用函数 PyImport_ImportModule 读取文件 hello.py。

4. 调用函数 PyObject_GetAttrString 检查文件 hello.py 中是否存在 say_hello 函数，并返回指向该函数的句柄。

5. 调用函数 PyObject_CallObject 执行 say_hello 函数。

6. 调用函数 Py_Finalize 撤销 Py_Initialize 和其他函数的所有初始化。

例 10.59   在 C 中调用不带参数的 Python 函数

src/ch10/sec10.11/5/dpi.cpp

```
4   #include <iostream>
5   #include <Python.h>
6   #include <svdpi.h>
7   #include <veriuser.h>
8
9   using namespace std;
10
11  int call_py()
12  {
13    // 初始化python接口
14    Py_Initialize();
15    if(!Py_IsInitialized()){
16      cout << "Python init fail" << endl;
17      return 1;
18    }
19
20    // 设置python文件路径并读入
21    PyRun_SimpleString("import sys");
22    PyRun_SimpleString("sys.path.append('..')");
23    PyObject* pModule = PyImport_ImportModule("hello");
24    if(pModule == NULL)
25    {
26      cout <<"Module not found." << endl;
27      return 1;
28    }
29
30    // 检索python函数
31    PyObject* pFunc = PyObject_GetAttrString(pModule, "say_hello");
32    if(!pFunc || !PyCallable_Check(pFunc))
33    {
34      cout <<"Function not found." << endl;
35      return 1;
36    }
```

```
37
38      // 调用python函数
39      PyObject_CallObject(pFunc, NULL);
40
41      // 结束python接口和Python/C API函数的所有初始化
42      Py_Finalize();
43      return 0;
44  }
45
46  #ifdef __cplusplus
47  extern "C" {
48  #endif
49      // 包装函数
50      int do_call_py()
51      {
52        return call_py();
53      }
54  #ifdef __cplusplus
55  }
56  #endif
```

C 函数 call_py 中调用了 Python/C API 中的 C++ 函数，它不能直接与 SystemVerilog 交互，必须借助包装函数 do_call_py，该函数调用 call_py 并传递返回值。包装函数 do_call_py 在 SystemVerilog 中被声明成导入函数并进行调用，如例10.60 所示。

例 10.60   在测试模块中调用导入函数 do_call_py

src/ch10/sec10.11/5/test.sv

```
4   import "DPI-C" function int do_call_py();
5
6   module automatic test;
7     initial begin
8       if (do_call_py())
9         $display("Call Python failed.");
10      else
11        $display("Call Python successed.");
12    end
13  endmodule
```

10.12.3   调用带有参数的 Python 函数

首先定义 Python 模块 alu，即创建文件 alu.py。然后在此文件中定义带有 2 个输入参数的函数 sum，如例10.61 所示。该函数将参数 a 与 b 的和作为返回值。

例 10.61　Python 中 sum 函数的定义

src/ch10/sec10.11/6/alu.py

```python
1  def sum(a, b):
2      print("Now is in python module")
3      print("{} + {} = {}".format(a, b, a+b))
4      return a + b
```

接下来在 C 函数 call_py 中调用 Python 函数 sum，如例10.62 所示。为了节约篇幅，这里省略了与例10.59相同的代码，C 函数 call_py 的执行过程如下。

1. 调用函数 PyTuple_New 创建一个长度为 2 的元组。
2. 调用函数 PyTuple_SetItem 以元组的形式传递函数参数，参数序号从 0 开始，字符串"i" 表示传递的参数类型为 int。
3. 调用函数 PyEval_CallObject 执行 sum 函数。
4. 调用函数 PyArg_Parse 接收函数的返回值。

例 10.62　在 C 中调用带有参数的 Python 函数

src/ch10/sec10.11/6/dpi.cpp

```cpp
11  int call_py(int a, int b)
12  {
38      // 创建python元组，长度为2
39      PyObject* pArgs = PyTuple_New(2);
40
41      // 使用元组传入函数参数
42      PyTuple_SetItem(pArgs, 0, Py_BuildValue("i", a));
43      PyTuple_SetItem(pArgs, 1, Py_BuildValue("i", b));
44
45      // 调用Python函数
46      PyObject* pReturn = PyEval_CallObject(pFunc, pArgs);
47
48      // 接收Python函数返回值
49      int sum;
50      PyArg_Parse(pReturn, "i", &sum);
51      cout << "return result is " << sum << endl;
52
53      // 结束python接口和Python/C API函数的所有初始化
54      Py_Finalize();
55  }
```

10.13 练 习 题

✍ **练习 10.1**　编写 C 函数 shift_c，它有两个输入参数，分别是 32 位无符号整数 i 和表示移动位数的整数 n。输入 i 将被移位 n 位。n 是正数时左移，n 是负数时右移，n 等于 0 时没有操作。函数返回移位后的结果。编写一个 SystemVerilog 模块调用这个 C 函数并测试每种移位结果。

✍ **练习 10.2**　扩展练习10.1，为函数 shift_c 添加第三个参数加载标志 ld。当 ld 为 1 时，i 将被移动 n 位，然后加载到一个内部 32 位寄存器。当 ld 为 0 时，内部寄存器被移动 n 位。函数返回操作后的寄存器内容。创建一个 SystemVerilog 模块调用这个 C 函数并测试每个特性，同时输出运行结果证明该函数能正确工作。

✍ **练习 10.3**　扩展练习10.2，在 SystemVerilog 中使用多个移位器实例，即在 C 中为每个移位器都申请独立的存储空间，每个移位器都使用它的地址作为唯一性标识符，在调用函数 shift_c 时打印对应移位器的地址和参数。在测试模块中创建 2 个独立的移位器，并验证移位器可以正确工作。

✍ **练习 10.4**　扩展练习10.3，打印出函数 shift_c 被调用的总次数，即使这个函数被例化了不止一次。

✍ **练习 10.5**　扩展练习10.4，定义 C 函数 load 实现移位器实例的初始化。

✍ **练习 10.6**　扩展练习10.5，将移位器的功能封装在 C++ 类中。

✍ **练习 10.7**　修改练习10.1 中的 C 函数 shift_c，该函数调用导出函数 shift_sv 完成同样的移位操作。

✍ **练习 10.8**　扩展练习10.7，像10.10.3 节中那样在两个不同的 SystemVerilog 对象中调用 SystemVerilog 函数 shift_sv。假设 SystemVerilog 函数 shift_build 已经导出到 C 代码。

✍ **练习 10.9**　扩展练习10.7，完成如下操作。

1. 创建 SystemVerilog 类 shift，它包含了方法 shift_sv，移位结果保存在类中的属性，函数 shift_print 显示保存的结果。

2. 定义 SystemVerilog 导出函数 shift_build。

3. 支持创建多个 shift 对象，并使用队列中的句柄指向这些对象。

4. 创建一个测试平台可以构建多个 shift 对象，证明经过计算后每个对象都保存了一个独立的结果。

测试平台Makefile

在 Linux 中经常使用 make 命令编译和执行测试。make 命令启动后会自动读取当前目录下一个名为 "makefile" 或 "Makefile" 的文件，当然也可以使用-f 选项手动指定某个目录中的 Makefile 文件。例如在运行 9.5.2 小节中的例子时需要将 src 目录下的 Makefile 文件复制到 sec9.9 目录中，如图 A.1 所示。

图 A.1　将 Makefile 文件复制到工程目录下

Makefile 文件中包含了控制项目编译和运行的代码，这样 make 命令可以根据当前测试平台和设计的修改情况智能地判断哪些文件需要被重新编译，从而自动编译所需要的文件并链接测试模块。本书中使用的 Makefile 文件如例A.1 所示，为了方便后续学习 UVM，该文件加入了 UVM 编译选项。

例 A.1　Makefile 文件

src/Makefile

```
1  PRJ_HOME ?= $(PWD)
2  PRJ_NAME ?= $(shell basename $(PWD))
3  SIM_PATH ?= $(PRJ_HOME)
4  WORK_PATH ?= $(PRJ_HOME)/work
5
6  # LIB_NAME := [VMM/SVM/UVM]
7  LIB_NAME :=
8  # TEST_NAME := test_simple test_bad
9  # TEST_NAME := test_normal test_crc test_cov
```

```
10
11  VCS_VDB = design.vdb
12  SIM_VDB = sim.vdb
13
14  CM_FLAG += -cm line+cond+fsm+tgl+branch+assert
15
16  VERDI_FLAG := -sverilog +v2k -f $(SIM_PATH)/filelist.f
17  ifeq ($(LIB_NAME),UVM)
18    VERDI_FLAG += -ntb_opts uvm-1.2
19  endif
20
21  VCS_FLAG := $(VERDI_FLAG) \
22    -debug_access+all+dmptf -kdb -lca \
23    -debug_region+cell+encrypt \
24    -LDFLAGS -Wl,--no-as-needed
25  VCS_FLAG += -timescale=1ns/1ps
26  VCS_FLAG += $(CM_FLAG) -cm_dir $(VCS_VDB)
27  # VCS_FLAG += -CC -lpython3.6m -CC -I/usr/include/python3.6m
28  # VCS_FLAG += -LDFLAGS -lpython3.6m
29
30  SIM_FLAG := +ntb_random_seed=0
31  # SIM_FLAG := +ntb_random_seed_automatic
32  SIM_FLAG += $(CM_FLAG) -cm_dir $(SIM_VDB)
33  # SIM_FLAG += +fsdb+delta
34  # SIM_FLAG += -verdi
35  # SIM_FLAG += +UVM_PHASE_TRACE +UVM_OBJECTION_TRACE
36
37  .PHONY: all vcs sim cov wave clr
38
39  all: vcs sim
40
41  vcs: $(WORK_PATH)
42    @cd $(WORK_PATH) && vcs $(VCS_FLAG) -l compile.log
43
44  sim: $(WORK_PATH)
45  ifdef LIB_NAME
46    @$(foreach item, $(TEST_NAME), cd $(WORK_PATH) && ./simv $(SIM_FLAG) +$(LIB_NAME)
        _TESTNAME=$(item) -l $(item).log;)
47  else
48    @cd $(WORK_PATH) && ./simv $(SIM_FLAG) -l sim.log
49  endif
50
```

```
51  wave: $(WORK_PATH)
52    @cd $(WORK_PATH) && verdi $(VERDI_FLAG) &
53
54  cov: $(WORK_PATH)
55    @cd $(WORK_PATH) && urg -dir $(VCS_VDB) $(SIM_VDB) -dbname merge.vdb -format both
56    @cd $(WORK_PATH) && verdi -cov -covdir merge.vdb &
57
58  $(WORK_PATH):
59    @mkdir -p $(WORK_PATH)
60
61  clr:
62    @rm -rf $(WORK_PATH) *.pyc
```

Makefile 文件中变量 LIB_NAME 的设置方法如下。

1. LIB_NAME 默认为空，表示编译时不加载任何库。

2. 当运行 5.11.1 节中的例子时，需要将变量 LIB_NAME 设置为"VMM"，表示测试平台模拟 VMM 的工作方式，运行时直接创建所有的全局测试对象。接下来在变量 TEST_NAME 后补充测试类名 test_simple 和 test_bad。当前的 Makefile 文件支持回归测试，它会将所有测试类都运行一遍。

3. 当运行 5.11.10 节和第 9 章的例子时，需要将变量 LIB_NAME 设置为"SVM"，表示编译时加载书中的 SVM 库，使用简化的工厂机制动态创建测试对象。在运行 5.11.10 节中的例子时需要在变量 TEST_NAME 后补充测试类名 test_simple 和 test_bad。在运行第 9 章中的例子时需要补充测试类名 test_normal、test_crc 和 test_cov。

4. 如果测试平台使用了 UVM，应该将变量 LIB_NAME 设置为"UVM"，同时在变量 TEST_NAME 后补全测试类名。

变量 CM_FLAG 的内容表示打开验证平台的代码覆盖收集。仿真时功能覆盖默认是自动开启的。运行回归测试后所有测试类所产生的代码覆盖和功能覆盖会被汇总成一个新的数据库，查看这个汇总数据库可以清晰地看到验证平台中还存在哪些覆盖盲区。

变量 SIM_FLAG 中的选项设置方法如下。

1. 选项 +ntb_random_seed 用于手动设置随机种子值。

2. 选项 +ntb_random_seed_automatic 用于开启自动设置种子值。

3. 开启选项-verdi 将在 verdi 中以交互模式运行仿真。

4. 选项 +UVM_PHASE_TRACE +UVM_OBJECTION_TRACE 用于开启 UVM 调试功能。

在控制台中执行 make 命令时可以添加不同的伪目标，如例A.2 所示。

例 A.2　make 命令的运行方法

```
make [-f Makefile文件位置] [all/vcs/sim/cov/wave/clr]
```

伪目标只是一个标签，它们被定义在 Makefile 文件中，其含义如下。

1. 伪目标"all"依赖于另外 2 个伪目标"vcs"和"sim"，表示编译并运行回归测试，它是 make 命令的默认伪目标。

2. 伪目标 "vcs" 后的命令只编译测试平台。

3. 伪目标 "sim" 后的命令表示在 Shell 或 verdi 中运行回归测试。

4. 伪目标 "wave" 后的命令表示使用 verdi 查看仿真波形图。

5. 在测试结束后，使用伪目标 "cov" 后的命令调用 verdi 查看回归测试的功能覆盖结果。

6. 伪目标 "clr" 后的命令表示清理编译和执行测试过程中所产生的临时文件。

在编译10.12 节中的 Python 代码时如果报错，可能的原因是 Linux 系统中还没有安装 Python3，使用 root 权限安装 Python3 的命令如例A.3 所示。

例 A.3　安装 python-devel 开发包

```
yum install -y python-devel
```

参 考 文 献

[1] SystemVerilog IEEE 1800-2017[J]. IEEE Computer Society, 2018.

[2] SPEAR C, TUMBUSH G. SystemVerilog for Verification[M]. 3rd. Springer, 2014.

[3] 张强. UVM 实战（卷 I）[M]. 北京: 机械工业出版社, 2014.

[4] UVM Class Reference Manual 1.2[J]. Accellera Systems Initiative Inc., 2014.

[5] SELIGMAN E, SCHUBERT T, KUMAR M V A K. Formal Verification: An Essential Toolkit for Modern VLSI Design[M]. 1st. Morgan Kaufmann, 2023.

[6] MEHTA A B. SystemVerilog Assertions and Functional Coverage: Guide to Language, Methodology and Applications[M]. 1st. Springer, 2013.

[7] IEEE Standard for Verilog Hardware Description Language[J]. IEEE Computer Society, 2006.

[8] 刘斌. 芯片验证设计漫游指南 [M]. 北京: 电子工业出版社, 2018.

[9] 夏宇闻, 韩彬. Verilog 数字系统设计教程 [M]. 第 4 版. 北京: 北京航空航天大学出版社, 2017.

[10] A.REEK K. C 和指针 [M]. 北京: 人民邮电出版社, 2020.

[11] LIPPMAN S B, LAJOIE J, MOO B E. C++ Primer[M]. 第 5 版. 北京: 电子工业出版社, 2013.

[12] SHVETS A. 深入设计模式 [J/OL]. 2021. https://refactoringguru.cn/design-patterns.

[13] MATTHES E. Python 编程从入门到实践 [M]. 第 3 版. 北京: 人民邮电出版社, 2020.

[14] 陈皓. 跟我一起写 Makefile[J/OL]. 2022. https://seisman.github.io/how-to-write-makefile/.